普通高等教育机械类专业教材

机械工程材料

陈永楠◎主　编
王　楠　徐义库　赵秦阳◎副主编

人民交通出版社
北京

内 容 提 要

本教材为普通高等教育机械类专业教材，系统地介绍了机械工程材料的基本知识，主要包括材料的性能、材料结构、材料的凝固与结晶、金属的塑性变形与再结晶、铁碳合金、钢的热处理、合金钢、铸铁、有色金属及其合金、高分子材料、陶瓷材料与复合材料。为方便教学，各章附有习题。

本教材结合目前教学改革基本指导思想和原则编写，内容精练、应用性强，同时强调先进性、创新性。

本教材可作为普通高等学校本科机械类及近机械类专业教材，也可作为高职高专及其他教育层次机械类专业教材使用，亦可作为相关行业专业技术人员的参考书。

图书在版编目（CIP）数据

机械工程材料 / 陈永楠主编. — 北京：人民交通出版社股份有限公司, 2025. 5. — ISBN 978-7-114-20265-0

Ⅰ．TH14

中国国家版本馆 CIP 数据核字第 202580BD68 号

书　　名：机械工程材料
著　作　者：陈永楠
责任编辑：杨　思
责任校对：赵媛媛
责任印制：张　凯
出版发行：人民交通出版社
地　　址：(100011)北京市朝阳区安定门外外馆斜街 3 号
网　　址：http://www.ccpcl.com.cn
销售电话：(010)85285911
总　经　销：人民交通出版社发行部
经　　销：各地新华书店
印　　刷：北京科印技术咨询服务有限公司数码印刷分部
开　　本：787×1092　1/16
印　　张：18.5
字　　数：467 千
版　　次：2025 年 5 月　第 1 版
印　　次：2025 年 5 月　第 1 次印刷
书　　号：ISBN 978-7-114-20265-0
定　　价：53.00 元

(有印刷、装订质量问题的图书，由本社负责调换)

前言

  本书是根据"教育部高等学校机械类专业教学指导委员会"对机械类专业"机械工程材料"课程的教学指导意见，并结合我们多年来的教学实践而编写的。本书旨在培养机械类各专业学生具有合理选用机械工程材料、正确确定材料加工工艺方法、妥善安排工艺路线的初步能力。

  该课程的内容包括机械工程材料性能（第 1 章）、金属学（第 2 章）、热处理（第 3 章~第 6 章）、常用机械工程材料（第 7 章~第 12 章）四方面。

  本书的特点是：

  1. 紧密聚焦机械类专业的需要，与机械设计与制造、工程力学、物理、化学等课程紧密联系，力求目的明确，针对性强。

  2. 全书紧密结合教学基本要求，对主要内容都有一定的理论分析，避免只讲现象和结论。取材力求新颖，编写按照由浅入深、深入浅出、循序渐进、便于教学的思路，注重培养学生分析问题和解决问题的能力，并注意前后内容的衔接。另外，在理论分析的同时，加以实例分析，起到了理论联系实际的作用。

  3. 为了使学生深入掌握教材内容，教材在每章后列出了一定数量的习题，起到总结基本概念、巩固所学知识、培养分析和解决实际问题能力的作用。

  本书由长安大学陈永楠担任主编，长安大学王楠、徐义库、赵秦阳担任副主编。长安大学郝建民、陈宏、王利捷、张勇、邢亚哲、姜超平、张荣军等参与编写。

  本书在编写过程中，参考了部分国内外有关教材、科技著作及论文，并得到了有关单位和同志的大力支持，特别是叶育德同志为本书的编写做了大量的工作，在此致以诚挚的谢意。

  由于编者水平有限，教材难免有疏漏和不妥之处，敬请读者指正。

编 者
2024 年 12 月

目录

| 第 1 章　材料的性能 ·············· 1
 1.1　材料的静态力学性能 ············ 2
 1.2　材料的动态力学性能 ············ 9
 1.3　材料的断裂韧性 ·············· 12
 1.4　材料的理化性能 ·············· 14
 1.5　材料的磨损性能 ·············· 14
 1.6　材料的工艺性能 ·············· 15
 习题 ·························· 16

| 第 2 章　材料结构 ·················· 18
 2.1　材料中原子的键合方式 ·········· 19
 2.2　金属晶体结构 ················ 21
 2.3　实际金属的晶体结构 ············ 26
 2.4　合金的晶体结构 ·············· 28
 2.5　非金属材料的结构 ·············· 32
 习题 ·························· 35

| 第 3 章　材料的凝固与结晶 ············ 37
 3.1　凝固的基本概念 ·············· 38
 3.2　金属的结晶 ················ 39
 3.3　合金的凝固与二元合金相图 ······ 44
 习题 ·························· 59

| 第 4 章　金属的塑性变形与再结晶 ······ 61
 4.1　金属的塑性变形 ·············· 62
 4.2　塑性变形对金属组织和性能的影响 ·· 68
 4.3　回复与再结晶过程 ············ 71
 4.4　金属的热变形 ················ 76
 4.5　金属强化机制 ················ 78
 习题 ·························· 82

| 第 5 章　铁碳合金 ·················· 83
 5.1　铁碳合金的基本组织 ············ 84
 5.2　典型铁碳合金相图的平衡结晶过程及组织 ······ 87

5.3 碳钢·· 96
习题·· 103

第6章　钢的热处理·· 105
6.1 钢在加热时的转变·· 107
6.2 钢在冷却时的转变·· 111
6.3 钢的退火和正火·· 120
6.4 钢的淬火和回火·· 122
6.5 钢的表面热处理与化学热处理······························· 132
习题··· 140

第7章　合金钢·· 143
7.1 合金元素在钢中的作用······································ 144
7.2 合金结构钢·· 151
7.3 合金工具钢·· 166
习题··· 192

第8章　铸铁·· 194
8.1 铸铁的石墨化·· 196
8.2 常用铸铁的特点与应用······································ 199
习题··· 216

第9章　有色金属及其合金··· 218
9.1 铝及其合金·· 219
9.2 铜及其合金·· 230
9.3 钛及其合金·· 238
9.4 钼及其合金·· 245
9.5 镁及其合金·· 251
9.6 铌及其合金·· 252
9.7 锌及其合金·· 254
习题··· 255

第10章　高分子材料·· 256
10.1 高分子合成材料的力学状态与基本特点······················ 257
10.2 高分子化合物的合成方法·································· 259
10.3 几种常用的高分子合成材料································ 261
习题··· 268

第11章　陶瓷材料·· 269
11.1 陶瓷材料的结构··· 270
11.2 陶瓷材料的性能··· 271
11.3 陶瓷材料制造工艺··· 272
11.4 常用陶瓷材料··· 274
习题··· 278

| 第12章　复合材料 …………………………………… 279
    12.1　复合材料的结构 ………………………………… 280
    12.2　复合材料的分类和特点 ………………………… 280
    12.3　复合材料的增强机理和复合原则 ……………… 281
    12.4　常用复合材料 …………………………………… 282
    习题 ………………………………………………………… 286
| 参考文献 ……………………………………………………… 288

第 1 章 CHAPTER 1
材料的性能

　　材料性能是指材料在外界因素作用下表现出来的行为,通常可分为两类:使用性能和工艺性能。使用性能是指机械零件在正常工作情况下应具备的性能,包括机械性能、物理性能、化学性能等;工艺性能是指机械零件在冷、热加工的制造过程中应具备的性能,包括铸造性能、锻造性能、焊接性能和切削加工性能。

　　在机械制造中,一般机械零件是在常温、常压和中性腐蚀性介质中使用的,如汽车、拖拉机上的各类齿轮、轴等。但有一些机械零件却是在高温、高压和腐蚀介质中使用的,如化工机械、石油机械和锅炉中的容器、管道等。材料的性能是零件设计和选材的主要依据。

1.1 材料的静态力学性能

材料的静态力学性能是指在各种不同性质外力作用下材料所表现出的抵抗能力,主要有强度、塑性和硬度等。

一、强度和塑性

强度是指材料在静载荷作用下,抵抗产生塑性变形或断裂的能力。若将断裂看成变形的极限,则强度可简称为变形的抵抗能力。由于载荷的作用方式有拉伸、压缩、弯曲、剪切等方式,所以强度也分为抗拉强度、抗压强度、抗弯强度、抗剪强度等。各种强度间常有一定的联系,使用中一般多以抗拉强度作为最基本的强度指标。

塑性是指材料在载荷作用下,产生永久变形而不被破坏的能力。

抗拉强度和塑性是依据国家标准《金属材料 拉伸试验 第1部分:室温试验方法》(GB/T 228.1—2021)通过静拉伸试验测定的。它是把一定尺寸和形状的试样装夹在拉力试验机上,然后对试样逐渐施加拉伸载荷,直至把试样拉断为止。根据试样在拉伸过程中承受的载荷和产生的变形量大小,可以测定该材料的强度和塑性。

(一)拉伸图与应力-应变曲线

拉力试样在进行拉伸试验时,随着载荷的逐渐增加,试样的伸长量也逐渐增加,通过自动记录仪随时记录载荷(P)与伸长量(ΔL)的数值,直至试样被拉断为止,然后将记录数值绘在载荷(即外力)为纵坐标、伸长量为横坐标的图上。连接各点所得的曲线即为拉抻曲线,该图称为拉伸图。

由图1-1可见,低碳钢试样在拉伸过程中,其载荷与变形关系有以下几个阶段。

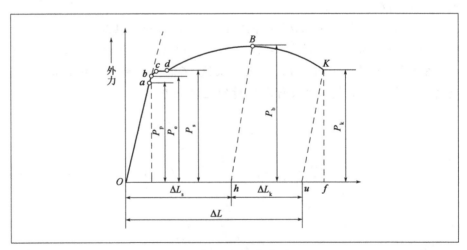

图1-1 低碳钢的拉伸图

(1)当载荷不超过 P_p 时,拉伸曲线 Oa 为一直线,即试样的伸长量与载荷成正比地增加,如果卸除载荷,试样立即恢复到原来的尺寸,试样属于弹性变形阶段,完全符合胡克定律。P_p 是能符合胡克定律的最大载荷。

(2)当载荷超过 P_p 后,拉伸曲线开始偏离直线,即试样的伸长量与载荷已不再成正比关系,但若卸除载荷,试样仍能恢复到原来的尺寸,故仍属于弹性变形阶段。P_e 是试样发生完全弹性变形的最大载荷。

(3)当载荷超过 P_e 后,试样将进一步伸长,但此时若去除载荷,弹性变形消失,而另一部分变形被保留,即试样不能恢复到原来的尺寸,这种不能恢复的变形称为塑性变形或永久变形。

(4)当载荷达到 P_s 时,拉伸曲线出现了水平的或锯齿形的线段,这表明在载荷基本不变的情况下,试样却继续变形,这种现象称为"屈服"。引起试样屈服的载荷称为屈服载荷。

(5)当载荷超过 P_s 后,试样的伸长量与载荷又呈曲线关系上升,但曲线的斜率比 Oa 段的斜率小,即载荷的增加量不大,而试样的伸长量却很大。这表明在载荷超过 P_s 后,试样已开始产生大量的塑性变形。当载荷继续增加到某一最大值 P_b 时,试样的局部截面积缩小,产生所谓"颈缩"现象。由于试样局部截面的逐渐减小,承载能力也逐渐降低,当达到拉伸曲线上 K 点时,试样断裂。P_k 为试样断裂时的载荷。

应该指出,工业上使用的许多材料在进行静拉伸试验时,其承受的载荷与变形量之间的关系并非都与上述低碳钢相同。某些脆性金属(如铸铁等)在尚未产生明显塑性变形时已经断裂,故不仅没有屈服现象,而且也不产生缩颈现象。

由于拉伸图上的载荷 P 与伸长量 ΔL,不仅与试验的材料性能有关,而且还与试样的尺寸有关。为了消除试样尺寸因素的影响,用数学方法处理可得到应力-应变曲线。图1-2为低碳钢的应力-应变曲线。

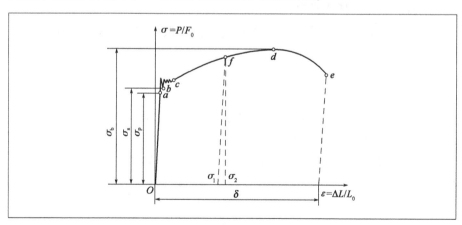

图1-2 低碳钢的应力-应变示意图

试样承受的载荷 P 除以试样的原始横截面积 F_0,得到试样所受的应力 σ,即

$$\sigma = \frac{P}{F_0}$$

试样的伸长量 ΔL 除以试样原始长度 L_0，得到试样的相对伸长，即应变 ε

$$\varepsilon = \frac{\Delta L}{L_0}$$

以 σ 与 ε 为坐标绘出应力-应变的关系曲线,叫作应力-应变曲线。由于拉伸试样按国标《金属材料　拉伸试验　第 1 部分:室温试验方法》(GB/T 228.1—2021)有统一规定,其原始横截面积 F_0、原始长度 L_0 为常数,所以应力-应变曲线的形状与拉伸图完全相似,只是坐标与数值不同。但它不受试样尺寸的影响,可以直接看出材料的一些机械性能。

(二)静拉伸试验测定的各项指标及意义

1. 弹性模量

弹性模量 $E(\text{MN/m}^2)$ 是指材料在弹性状态下的应力与应变的比值,即

$$E = \frac{\sigma}{\varepsilon}$$

在应力-应变曲线上,弹性模量就是试样在弹性变形阶段线段的斜率,即引起单位弹性变形时所需的应力。因此,它表示材料抵抗弹性变形的能力。弹性模量 E 值越大,则材料的刚度越大,材料抵抗弹性变形的能力就越强。

绝大多数的机械零件都是在弹性状态下进行工作的,在工作过程中一般不允许有过多的弹性变形,更不允许有明显的塑性变形。因此,对其刚度都有一定的要求。提高零件刚度的办法,除了增加零件横截面或改变横截面形状外,从材料性能上来考虑,还必须增加其弹性模量 E。弹性模量 E 值主要取决于各种材料本身的性质,热处理、微合金化及塑性变形等对它的影响很小。

2. 比例极限与弹性极限

比例极限 $\sigma_\text{p}(\text{MN/m}^2)$ 是应力与应变之间能保持正比例关系的最大应力值,即

$$\sigma_\text{p} = \frac{P_\text{p}}{F_0}$$

式中:P_p——载荷与变形能保持正比例关系的最大载荷,MN;
　　　F_0——试样的原始横截面积,m^2。

弹性极限 $\sigma_\text{e}(\text{MN/m}^2)$ 是材料产生完全弹性变形时所能承受的最大应力值,即

$$\sigma_\text{e} = \frac{P_\text{e}}{F_0}$$

式中:P_e——试样发生完全弹性变形的最大载荷,MN;
　　　F_0——试样的原始横截面积,m^2。

由于弹性极限与比例极限在数值上非常接近,故一般不必严格区分。它们是表示材料在不产生塑性变形时能承受的最大应力值。对工作中不允许

有微量塑性变形的零件(如精密的弹性元件、炮筒)等的设计与选材,比例极限(σ_p)、弹性极限(σ_e)是重要依据。

3. 屈服强度

屈服强度σ_s(MN/m^2)是材料开始产生明显塑性变形时的最低应力值,即

$$\sigma_s = \frac{P_s}{F_0}$$

式中:P_s——试样发生屈服时的载荷,即屈服载荷,MN;

F_0——试样的原始横截面积,m^2。

工业上使用的某些材料(如高碳钢和某些经热处理后的钢等)在拉伸试验中没有明显的屈服现象发生,故无法确定屈服强度σ_s。参考《金属材料 拉伸试验 第1部分:室温试验方法》(GB/T 228.1—2021)的规定,可用试样在拉伸过程中标距部分产生0.2%塑性变形量的应力值来表征材料对微量塑性变形的抗力,称为屈服强度,即所谓的"条件屈服强度",记为$\sigma_{0.2}$(MN/m^2)。

$$\sigma_{0.2} = \frac{P_{0.2}}{F_0}$$

式中:$P_{0.2}$——试样标距部分产生0.2%塑性变形量时的载荷,MN;

F_0——试样的原始横截面积,m^2。

一般机械零件在发生少量塑性变形后,零件精度降低或与其他零件的相对配合受到影响而造成失效,所以,屈服强度就成为零件设计时的主要依据,同时也是评定材料强度的重要机械性能指标之一。

4. 强度极限

强度极限σ_b(MN/m^2)是材料在破断前所能承受的最大应力值,即

$$\sigma_b = \frac{P_b}{F_0}$$

式中:P_b——试样在破断前所能承受的最大载荷,MN;

F_0——试样的原始横截面积,m^2。

塑性材料在拉伸过程中,若承受的载荷小于P_b,则试样产生均匀的塑性变形;当载荷超过P_b时,将引起缩颈而产生集中变形。可见,强度极限σ_b是表示材料抵抗大量均匀塑性变形的能力。低塑性材料在拉伸过程中,一般不产生缩颈现象,因此,强度极限σ_b就是材料的断裂强度,它表示材料抵抗断裂的能力。在工程上,强度极限常称为抗拉强度,也是零件设计时的重要依据,同时也是评定材料强度的重要机械性能指标之一。

5. 延伸率与断面收缩率

延伸率δ和断面收缩率Ψ是表示金属材料塑性好坏的指标。

(1)延伸率。延伸率是指试样拉断后标距增长量与原始标距长度之比,即

$$\delta = \frac{L_k - L_0}{L_0} \times 100\%$$

式中:L_k——试样断裂后的标距长度,m。

L_0——试样原始的标距长度，m。

（2）断面收缩率。断面收缩率是指试样拉断处横截面积的缩减量与原始横截面积之比，即

$$\Psi = \frac{F_0 - F_k}{F_0} \times 100\%$$

式中：F_k——试样拉断处的最小横截面积，m^2；

F_0——试样的原始横截面积，m^2。

材料的延伸率 δ 和断面收缩率 Ψ 的数值越大，则表示材料的塑性越好。由于断面收缩率比延伸率更接近材料的真实应变，因而在塑性指标中，用断面收缩率比延伸率更为合理，但现有的材料塑性指标往往仍较多地采用延伸率。

材料的塑性对要求进行冷塑性变形加工的工件有着重要的作用。此外，在工件使用中偶然过载时，由于材料能发生一定的塑性变形，工件不至于突然破坏。同时，在工件的应力集中处，塑性能起到削减应力峰（即局部的最大应力）的作用，从而保证工件不致突然断裂，这就是大多数工件除要求高强度外，还要求具有一定塑性的道理。

二、硬度及其测定

硬度是衡量材料软硬程度的指标。目前，生产中测定硬度的方法最常用的是压入硬度法，它是用一定几何形状的压头在一定载荷下压入被测试的材料表面，根据被压入程度来测定其硬度值。用同样的压头在相同大小载荷作用下压入材料表面时，若压入程度越大，则材料的硬度值越低；反之，硬度值就越高。因此，压入法所表示的硬度是指材料表面抵抗更硬物体压入的能力。

由于硬度试验设备简单，操作迅速方便，又可直接在零件或工具上进行试验而不破坏工件，并且还可能根据测得的硬度值估计出材料的近似强度极限和耐磨性；此外，硬度与材料的冷成型性、切削加工性、可焊性等工艺性能间也存在着一定联系，可作为选择加工工艺时的参考；所以，硬度试验是实际生产中作为产品质量检查、制定合理加工工艺的最常用的试验方法。在产品设计图纸的技术条件中，硬度是一项主要技术指标。为了能获得科学的试验结果，被测材料表面不应有氧化皮、脱碳层和划痕、裂纹等缺陷。

测定硬度的方法很多，生产中应用较多的有布氏硬度、洛氏硬度、维氏硬度、显微硬度等试验方法。

（一）布氏硬度

布氏硬度试验法是用一直径为 D 的淬火钢球（或硬质合金球），在规定载荷 P 的作用下压入被测试材料的表面（图 1-3），停留一定时间，然后卸除载荷，测量钢球（或硬质合金球）在被测试材料表面上所形成的压痕直径 d，由此计算出压痕面积，进而得到所承受的平均应力值，以此作为被测试材料的硬度，称为布氏硬度值，记作 HBS。

$$\text{HBS} = \frac{P}{F} = \frac{2P}{\pi D(D - \sqrt{D^2 - d^2})}$$

在布氏硬度试验中载荷 P 的单位为 N,压头直径与压痕直径 d 的单位为 mm,所以,布氏硬度的单位为 N/mm^2,但习惯上只写明硬度的数值而不标出单位。

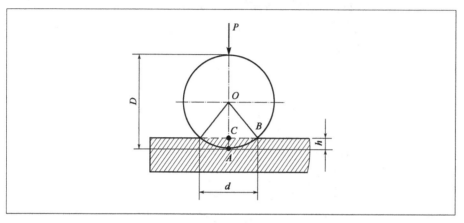

图 1-3 布氏硬度试验原理示意图

在进行布氏硬度试验时,一方面应根据材料的软硬和工件厚度的不同,正确选择载荷 P 和压头直径 D(为使同一材料在不同 P、D 下测得相同的布氏硬度值,应使 P/D^2 为常数);另一方面,为保证测得布氏硬度的准确性,压痕直径 d 与压头直径 D 的比值在一定范围($0.2D < d < 0.5D$),可以认为是可靠数据。

由于压头材料不同,因此,布氏硬度用不同符号表示,以示区别。当压头为淬火钢球时用 HBS 表示,适用于布氏硬度低于 450 的材料,如 270HBS。当压头为硬质合金球时用 HBW 表示,适用于布氏硬度大于 450 且小于 650 的材料,如 500HBW。

布氏硬度试验法的优点:因压痕面积较大,能反映出较大范围内被测试材料的平均硬度,故试验结果较精确,特别是对于组织比较粗大且不均匀的材料(如铸铁、轴承合金等),更是其他硬度试验方法所不能代替的。

(二) 洛氏硬度

洛氏硬度试验是目前工厂中广泛应用的试验方法。它是用一个顶角为 120°的金刚石圆锥体或一定直径的钢球为压头,在规定载荷作用下压入被测试材料表面,通过测定压头压入的深度来确定其硬度值。

图 1-4 表示金刚石圆锥压头的洛氏硬度试验原理。图中 0—0 为圆锥体压头的初始位置;1—1 为初载荷作用下的压头压入深度为 h_1 时的位置;2—2 为总载荷(初载荷 + 主载荷)作用下压头压入深度为 h_2 时的位置;h_3 为卸除主载荷后,由于弹性变形恢复,压头提高时的位置。这时,压头实际压入试样的深度为 h_3。故由于主载荷所引起的塑性变形而使压头压入深度为 $h = h_3 - h_1$,并以此来衡量被测试材料的硬度。显然,h 越大时,被测试材料的硬度越低;反之,则越高。这和布氏硬度大小的概念相矛盾,也和人们的习惯不一

致,为此,采用一个常数 K 减去 h 来表示硬度大小,并规定每 0.002mm 的压痕深度为一个硬度单位,由此获得的硬度值称为洛氏硬度值,用符号 HR 来表示。

$$HR = \frac{K-h}{0.002}$$

式中,K 为常数,用金刚石圆锥体作压头时 $K=0.2$mm;用钢球作压头时 $K=0.26$mm。由此获得的洛氏硬度值 HR 为一无名数,在试验时一般均根据硬度计的指示器直接读出。

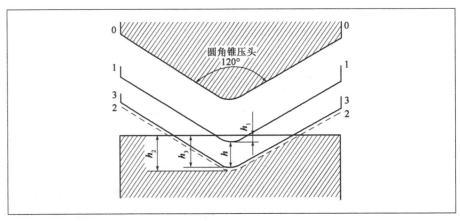

图 1-4　洛氏硬度试验原理示意图

为了能用同一硬度计测定从极软到极硬材料的硬度,人们采用了由不同的压头和载荷组合成 15 种不同的洛氏硬度标尺。其中常用 HRA、HRB、HRC 三种标尺,如 62HRC、70HRA 等。表 1-1 为这三种常用标尺的试验条件和应用举例。

常用的三种洛氏硬度试验规范　　　　　　　　　　　　表 1-1

符号	压头	载荷(N)	硬度值有效范围(HR)	使用范围
HRA	金刚石圆锥	600	20~88	适用于测量硬质合金、表面淬火层或渗碳层
HRB	(1/16″)❶钢球	980	25~100 (相当于60~230HBS)	适用于测量有色金属、退火、正火钢等
HRC	金刚石圆锥 120°	1470	20~67 (相当于230~700HBS)	适用于调质钢、淬火钢等

洛氏硬度试验法的优点是操作迅速简便,由于压痕较小,故可在工件表面或较薄的材料上进行试验。同时,采用不同标尺,可测出从极软到极硬材料的硬度。其缺点是因压痕较小,对组织比较粗大且不均匀的材料,测得的结果不够准确。

(三) 维氏硬度

维氏硬度的试验原理基本上同于布氏硬度试验法。它是用一个相对面

---

❶　表示压头直径为 1.588mm。

间夹角为136°的金刚石正四棱锥体压头,在规定载荷 P 作用下压入被测试材料表面,保持一定时间后卸除载荷。然后再测量压痕投影的两对角线的平均长度 d,进而计算出压痕的表面积 F,以压痕表面积上平均压力(P/F)作为被测材料的硬度值,称为维氏硬度,记作 HV。

$$HV = \frac{P}{F} = 0.102 \times \frac{2P\sin\frac{136°}{2}}{d^2} = 0.102 \times 1.8544 \times \frac{P}{d^2}$$

维氏硬度单位为 N/mm²,但通常不标,如 800HV。

维氏硬度试验法的优点:因试验时所加载荷小,压入深度浅,故适于测试零件表面淬硬层及化学热处理的表面层(如渗碳层、渗氮层等);同时,维氏硬度是一个连续一致的标尺,试验时载荷可以任意选择,而不影响其硬度值的大小,因此,可以测定从极软到极硬的各种材料的硬度值。

(四)显微硬度

显微硬度试验原理与维氏硬度完全相同,仅是所用载荷就比低载荷维氏硬度要小得多,通常小于 200g,所得的压痕仅有几个微米到几十个微米(μm),因此,显微硬度是用于测试合金显微组织中的不同相、加工硬化层、镀层、金属箔等的硬度。

显微硬度值用 HM 表示。实际上显微硬度值和维氏硬度值完全相同,也可用 HV 表示。

1.2 材料的动态力学性能

一、冲击韧性

以很大速度作用于机件上的载荷称为冲击载荷。许多机器零件和工具在工作过程中,往往受到冲击载荷的作用,如汽车发动机的活塞销与连杆、变速箱中的轴及齿轮、锻锤的锤杆等。由于冲击载荷的加荷速度高,作用时间短,材料在受冲击时应力分布与变形很不均匀,脆化倾向性增大。所以对承受冲击载荷零件的性能要求,除要求具有足够的静载荷强度外,还必须要求材料具有足够抵抗冲击载荷的能力。

为了评定材料在冲击载荷作用下抵抗破坏的能力,需进行一次冲击试验。一次冲击试验是一种动载荷的试验。本节介绍应用最普遍的一次冲击弯曲试验。

(一)冲击试验原理

一次冲击弯曲试验通常是在摆锤式冲击试验机上进行的。试验时将带有缺口的试样放在试验机两支座上(图 1-5a),将质量为 G 的摆锤抬到 H 高度(图 1-5b),使摆锤具有位能 GHg(g 为重力加速度)。然后让摆锤由此高度下落将试样冲断,并向另一方向升高到 h 的高度,这时摆锤具有的位能为 Ghg。因而,冲击试样消耗的能量(即冲击功 A_k)(N·m)为:

$$A_k = G(H-h)g$$

在试验时,冲击功 A_k 值可以从试验机的刻度盘上直接读得。

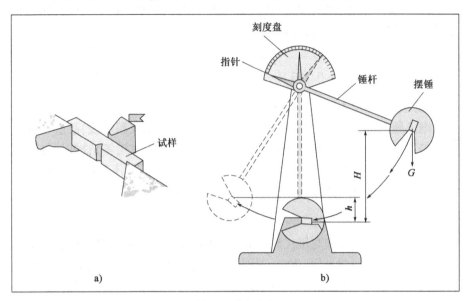

图1-5 冲击试验

冲击韧性就是将冲击功 A_k 除以试样断口处的横截面积,即

$$a_k = \frac{A_k}{F}$$

式中:a_k——冲击韧性值,一般以 J/cm^2 为单位;

A_k——冲击功,J,即 N·m;

F——试样断口处的横截面积,cm^2。

冲击功 A_k 或冲击韧性 a_k 代表了在指定温度下,材料在缺口和冲击载荷共同作用下脆化的趋势及其程度,是一个对成分、组织、结构极敏感的参数。一般把冲击韧性 a_k 值低的材料称为脆性材料,冲击韧性 a_k 值高的材料为韧性材料。脆性材料在断裂前无明显的塑性变形,断口较平整、呈结晶状或瓷状,有金属光泽;韧性材料在断裂前有明显的塑性变形,断口呈纤维状,无光泽。

为了使试验结果能相互比较,必须使试样标准化。在特殊情况下,也可采用某些非标准试样。但需要注意,不同类型试样所得的冲击韧性值不能相互比较和换算。

(二) 温度对冲击韧性值的影响

金属材料的冲击韧性值除了与其成分、组织、试样的形状、尺寸与表面质量有关外,冲击速度与温度对冲击韧性值也有影响,尤其是温度对冲击韧性值的影响具有更重要的研究意义。

实践证明,有些材料在室温时并不显示脆性,而在低温下则可能发生脆断,这一现象称为冷脆现象。其表现为冲击韧性值随温度的降低而减小,当试验温度降低到某一温度范围时,其冲击韧性值急剧降低,试样的断口由韧性断口过渡为脆性断口。因此,这个温度范围称为冷脆转变温度范围。在这个温度范围内,通常以试样断口表面上出现50%脆性断口特征时的温度作为冷脆转变温度。

冷脆转变温度的高低是材料质量指标之一,冷脆转变温度越低,材料的低温冲击性能就越好。这对于在寒冷地区和低温下工作的机械和工程结构(如运输机械、地面建筑、输送管道等)尤为重要。

实践表明,冲击韧性值 a_k 对材料的内部结构、缺陷等具有较大的敏感性,在冲击试验中很容易揭示出材料中的某些物理现象,如晶粒粗化、冷脆、热脆和回火脆性等,故目前常用冲击试验来检验冶炼、热处理以及各种加工工艺的质量。此外,冲击试验过程迅速方便,所以在生产和科研中得到广泛应用。应当指出,在生产实际中,机件大多数是在小能量多次冲击载荷下工作的,很少因一次大能量冲击而损坏,对这类零件,应采用小能量多次冲击的抗力指标作为评定材料质量及选材的依据。

二、疲劳

(一)疲劳的基本概念

许多机械零件(如各种发动机曲轴、机床主轴、齿轮、弹簧、各种滚动轴承等)都是在交变载荷下工作的。所谓交变载荷是指载荷大小、方向随时间发生周期性变化的载荷。零件在这种交变载荷下经过一定的时间发生的断裂现象,称为疲劳断裂。疲劳断裂与静载荷作用下的断裂不同,无论是脆性材料还是塑性材料,疲劳断裂都是突然发生的脆性断裂,而且往往工作应力低于其屈服强度,故具有很大的危险性。

产生疲劳断裂的原因一般认为是由于在零件应力集中的部位或材料本身强度较低的部位,存在有裂纹、软点、脱碳、夹杂、刀痕等缺陷,在交变应力的作用下产生了疲劳裂纹,随着应力循环周次的增加,疲劳裂纹不断扩展,使零件承受载荷的有效面积不断减小,当减小到不能承受外加载荷的作用时,零件即发生突然断裂。因此,典型的疲劳断口形貌由疲劳源区、疲劳裂纹扩展区和最后断裂区三部分组成,如图1-6所示。

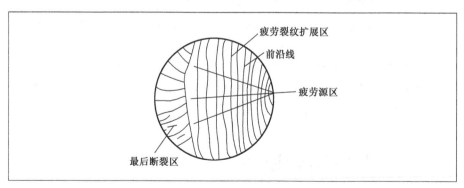

图1-6 疲劳断口示意图

(二)疲劳抗力指标

大量试验证明,材料所受的交变或重复应力与断裂前循环周次 N 之间有如图 1-7 所示的曲线关系,该曲线称为 σ-N 曲线。由 σ-N 曲线可以测定材料的疲劳抗力指标。

1. 疲劳极限

一般钢铁材料的 σ-N 曲线属于图 1-7 中曲线 1 的形式,其特征是当循环应力小于某一数值时循环周次可以达到很大甚至无限大而试样仍不发生疲劳断裂,这就是试样不发生疲劳断裂的最大循环应力,该应力值称为疲劳极限,并用 σ_{-1} 表示光滑试样的对称弯曲疲劳极限。试验中,一般规定经 10^7 循环周次而不断裂的最大应力为疲劳极限,故可以用 $N = 10^7$ 为基数来确定一般钢铁材料的疲劳极限。

2. 条件疲劳强度

一般有色金属、高强度钢及腐蚀介质作用下的钢铁材料的 σ-N 曲线属于图 1-7 中曲线 2 的形式,其特征是所受应力 σ 随着循环周次 N 的增加而不断降低,不存在曲线 1 所示的水平线段。这类材料只能以断裂前循环周次为 N 时所能承受的最大应力来表示,该应力值为疲劳寿命为 N 时的疲劳强度,称为"条件疲劳强度"。N 的数值可根据使用目的及需要来确定,可以用 $N = 5 \times 10^7 \sim 5 \times 10^8$ 为基数来确定其条件疲劳强度。

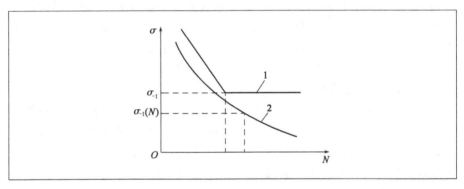

图 1-7　疲劳曲线示意图

(三)提高疲劳抗力的途径

零件的疲劳抗力除与选用材料的本性有关外,还可以通过以下途径来提高其疲劳抗力:改善零件的结构形状以避免应力集中;提高零件表面加工粗糙度;尽可能减少各种热处理缺陷(如脱碳、氧化、淬火裂纹等);采用表面强化处理,如化学热处理、表面淬火、表面喷丸和表面滚压等强化处理,使零件表面产生残余压应力,从而能显著提高零件的疲劳抗力。

1.3 材料的断裂韧性

桥梁、船舶、高压容器、转子等大型构件有时会发生低应力脆断,其名义断裂应力低于材料的屈服强度。尽管在设计时保证了材料足够的延伸率、韧性和屈服强度,但仍可能会被破坏。其原因是构件或零件材料内部存在着或大或小、或多或少的裂纹和类似裂纹的缺陷(如气孔、夹渣等),裂纹在应力作用下会发生失稳扩展,导致机件发生低应力脆断。材料抵抗裂纹失稳扩展而断裂的能力称为断裂韧性。

设有一很大的板件,内有一长为 $2a$ 的贯穿裂纹,受垂直裂纹面的外力拉伸时(图1-8),按照弹性断裂力学的分析,裂纹尖端的应力场大小可用应力场强度因子 K_I 来描述。

$$K_\mathrm{I} = Y\sigma\sqrt{a}$$

式中:Y——与裂纹形状、加载方式及试样几何尺寸有关的量,可查手册得到（本例情况下 $Y = \sqrt{\pi}$）;

σ——外应力,MPa;

a——裂纹的半长度,m。

拉伸时,随外应力 σ 的增大,K_I 值也不断增大,裂纹前沿的内应力 σ_y 也随之增大(图1-9)。当 K_I 增大到某一临界值时,就能使裂纹前沿某一区域内的内应力 σ_y 达到足以使材料分离的值,导致裂纹扩展,可使试样断裂。裂纹扩展的临界状态所对应的 K_I 值记为 K_Ic,单位为 $\mathrm{MN/m^{3/2}}$,这就是材料的断裂韧性。它反映材料抵抗裂纹失稳扩展的能力,是材料的一个新的机械性能指标。

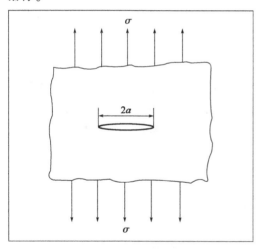

图1-8 含中心穿透裂纹的无线大板的拉伸

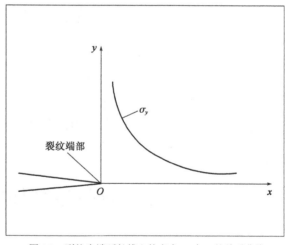

图1-9 裂纹尖端延长线上的应力 σ_y 与 x 的关系曲线

当 $K_\mathrm{I} < K_\mathrm{Ic}$ 时,裂纹不扩展或扩展很慢,不发生脆断;当 $K_\mathrm{I} > K_\mathrm{Ic}$ 时,裂纹失稳扩展,发生脆性断裂;当 $K_\mathrm{I} = K_\mathrm{Ic}$ 时,处于临界状态。因此,$K_\mathrm{I} = K_\mathrm{Ic}$ 就是材料断裂的判据。K_Ic 可以通过实验测定,它是材料本身的特性,取决于材料的成分、组织状态。

断裂韧性是强度和韧性的综合体现。K_Ic 的实用意义在于:只要测出材料的 K_Ic,用无损探伤法确定零件中实际存在的缺陷尺寸,根据上述关系式就可以判断零件在工作过程中有无脆性开裂的危险;测得 K_Ic 和裂纹半长度 a 后,就可以确定材料的实际承载能力。

传统的设计认为:材料的强度越高,则安全系数越大。但断裂力学认为:材料的脆断与断裂韧性和裂纹尺寸有关,以采用强韧性好的材料为宜。所以,材料的强化目前正向着强韧化方向发展。

材料的断裂韧性与热处理的关系极大,正确的热处理可以通过改变材料的组织形态而显著提高其断裂韧性。

1.4 材料的理化性能

一、物理性能

材料的主要物理性能有密度、熔点、热膨胀性、导电性和导热性等。不同用途的机械零件,对其物理性能的要求也各不相同。例如,电器零件要求具有良好的导电性,内燃机的活塞要求材料具有小的热膨胀系数,喷气式发动机的燃烧室则需用高熔点的合金来制造等,飞机、火箭、人造卫星等则要求用比强度(抗拉强度/密度)大的金属材料制作以减轻自重。非金属材料(如工程塑料)密度小,具有一定的强度。工程塑料因其具有较高的比强度,故用于要求减轻自重的车辆、船舶和飞机等交通工具上;而复合材料因其可能达到的比强度、比模量最高,所以是一种最有前途的新型结构材料。

材料的一些物理性能,对制造工艺也有一定的影响。例如,高合金钢的导热性很差,当其进行锻造或热处理时,加热速度要缓慢,否则会产生裂纹。

二、化学性能

材料的化学性能主要是指它们在室温或高温时抵抗各种介质的化学侵蚀能力。在海水、酸、碱、腐蚀性气体等介质中工作的零件,必须采用化学稳定性良好的材料。如化工设备及医疗器械等,通常采用不锈钢和工程塑料来制造。

1.5 材料的磨损性能

任何一部机器在运转时,各机件之间总要发生相对运动。由于相对摩擦,摩擦表面逐渐有微小颗粒分离出来形成磨屑,使接触表面不断发生尺寸变化与质量损失,称为磨损。引起磨损的原因既有力学作用,也有物理、化学作用。因此,磨损是一个复杂的过程。

一、磨损的类型与材料的耐磨性

磨损是摩擦的必然结果。为了对比不同材料的磨损特性,可采用磨损量或磨损量的倒数来表示,也可用相对耐磨性 ε 来表示。即

$$\varepsilon = \frac{标准试样的磨损量}{被测试样的磨损量}$$

磨损量的表示方法很多。从测量上可分为失重法和尺寸法两类,即用试

样质量的减少、长度或体积的变化来表示磨损量。

按磨损机理和条件的不同,通常将磨损分为黏着磨损、磨粒磨损、接触疲劳磨损和腐蚀磨损四大基本类型(表1-2)。

磨损的分类 表1-2

分类	产生条件	磨损特征	实例
黏着磨损	在法向加载下两接触物体表面相对滑动时产生的磨损	磨损表面有细的划痕,严重时有材料的转移	蜗轮与蜗杆、凸轮与挺杆间的磨损
磨粒磨损	硬的磨粒或凸起物在与摩擦表面接触过程中使表面材料发生损耗	磨损表面有明显的划痕或犁沟,磨损物为条状或切削状	犁铧、磨球与衬板间的磨损
接触疲劳磨损	两个接触体相对滚动或滑动时,材料表面因疲劳损伤导致局部区域产生小片金属剥落而使物质损失	点蚀与剥落	滚动轴承、齿轮齿面的磨损
腐蚀磨损	摩擦副之间、摩擦副与环境介质发生化学或电化学反应形成腐蚀产物,腐蚀产物的不断形成与脱落引起腐蚀磨损	磨损表面有化学反应膜或小麻点	汽缸与活塞、船舶外壳、水轮机叶片的磨损

二、提高材料耐磨性的途径

磨损是造成材料损耗的主要原因,也是零件主要失效形式之一。尽管影响磨损过程的因素很多,但材料的磨损主要是发生在材料表面的变形与断裂过程。因此,提高摩擦副表面的强度、硬度和韧性,是提高材料耐磨性的有效措施。由于对不同磨损类型,提高耐磨性的方法不尽相同,下面主要讨论提高材料黏着磨损和磨粒磨损的途径。

改善润滑条件,增强氧化膜的稳定性及氧化膜与基体的结合力,增强表面粗糙度以及采用表面热处理都能减轻黏着磨损。对于磨粒磨损,应设法提高表面硬度。但当机件受重载荷,特别是在较大冲击载荷下工作时,则要求有较高的硬度和韧性相结合。另外,控制和改变材料第二相的数量、分布、形态等,对提高材料的耐磨粒磨损能力有决定性影响。

1.6 材料的工艺性能

材料的工艺性能是物理、化学、机械性能的综合。按工艺方法的不同,工艺性能可分为铸造性能、可锻性能、焊接性能和切削加工性能等。在设计零部件和选择工艺方法时,为了使工艺简单,产品质量好、成本低,必须要考虑材料工艺性能是否良好的问题。

一、铸造性能

铸造性能主要是指液态金属的流动性和凝固过程中的收缩和偏析倾向。

流动性好的金属或合金易充满型腔,宜浇铸薄而复杂的铸件,熔渣和气体容易上浮,不易形成夹渣和气孔。收缩小,则铸件中缩孔、缩松、变形、裂纹等缺陷较少。偏析少,则各部分成分较均匀,从而使铸件各部分的机械性能趋于一致,合金钢偏析倾向大,高碳钢偏析倾向又比低碳钢大,因此,合金钢铸造后要用热处理来清除偏析。常用金属材料中,灰铸铁和锡青铜铸造性能较好。

二、可锻性能

可锻性能是指材料受外力锻打变形而不破坏自身完整性的能力。可锻性能包含材料的可塑性和变形抗力两个概念。塑性好,变形抗力小,则可锻性能好。低碳钢的可锻性能比中、高碳钢好,而碳钢又比合金钢好。铸铁是脆性材料,不能进行锻造。

三、焊接性能

焊接性能是指材料是否适宜通常的焊接方法与工艺的性能。焊接性能好的材料易于用一般的焊接方法和工艺施焊,且焊时不易形成裂纹、气孔、夹渣等缺陷,焊后接头强度与母材相近。低碳钢有优良的焊接性能,高碳钢和铸铁则较差。

四、切削加工性能

切削加工性能是指材料是否易于切削。切削性能好的材料切削时消耗的动力小,切屑易于排出,刀具寿命长,切削后表面粗糙度好。需切削加工的材料,硬度要适中,太高则难以切削,且刀具寿命短;太软则切屑不易断,表面粗糙度差。故通常要求材料的硬度为180~250HBS。材料太硬或太软时,可通过热处理来进行调整。

五、热处理性能

热处理是改变材料性能的主要手段。在热处理过程中,材料的成分、组织、结构发生变化从而引起了材料机械性能变化。热处理性能是指材料热处理的难易程度和产生热处理缺陷的倾向,其衡量的指标或参数很多,如淬透性、淬硬性、耐回火性、氧化与脱碳倾向及热处理变形与开裂倾向等,本教材后续章节将重点对此讨论。

1. 名词解释。

抗拉强度:

屈服强度:

塑性:

硬度：

刚度：

疲劳强度：

冲击韧性：

断裂韧性：

2. 设计刚度好的零件，应根据何种指标选择材料？材料的弹性模量 E 越大，则材料的塑性越差。这种说法是否正确？为什么？

3. 如图 1-10 所示的四种不同材料的应力-应变曲线，试比较这四种材料的抗拉强度、屈服强度（或屈服点）、刚度和塑性，并指出屈服强度的确定方法。

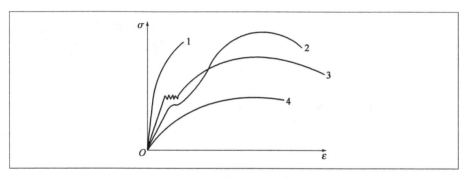

图 1-10　四种不同材料的应力-应变曲线

4. 常用的硬度测试方法有几种？这些方法测出的硬度值能否进行比较？

5. 下列几种工件应该采用何种硬度试验法测定其硬度？

(1) 锉刀；

(2) 黄铜轴套；

(3) 供应状态的各种碳钢钢材；

(4) 硬质合金刀片；

(5) 耐磨工件的表面硬化层；

6. 反映材料受冲击载荷的性能指标是什么？不同条件下测得的这种指标能否进行比较？怎样应用这种性能指标？

7. 疲劳破坏是怎样形成的？提高零件疲劳寿命的方法有哪些？

8. 断裂韧性是表示材料何种性能的指标？为什么在设计中要考虑这种指标？

第 2 章

CHAPTER 2

材料结构

材料结构是指组成材料的原子(或离子、分子)的聚集状态,可分为三个层次:一是组成材料的单个原子结构和彼此的结合方式,二是原子的空间排列,三是宏观与微观组织。材料的结构决定了材料性能,研究材料的结构,将有助于我们加深对材料性能的了解。

2.1 材料中原子的键合方式

原子由带正电的原子核和带负电的核外电子组成。当两个或多个原子形成分子或固体时,原子间的作用力是由原子的外层电子排布结构造成的,其外层轨道必须通过接收或释放额外电子,形成具有净负电荷或正电荷的离子,或是通过共有电子对来达到相对稳定的结构,这使得原子间产生如下的键合方式(或称结合键)。

一、金属键

金属原子的结构特点是外层电子少,容易失去。当金属原子相互靠近时,其外层的价电子脱离原子成为自由电子,为整个金属所共有,它们在整个金属内部运动,形成电子气。这种由金属正离子和自由电子之间互相作用而结合起来的结合方式称为金属键。金属键的经典模型有两种,一种认为金属原子全部离子化,另一种认为金属键为中性原子间的共价键及正离子与自由电子间的静电引力的复杂结合。金属键模型如图 2-1 所示。

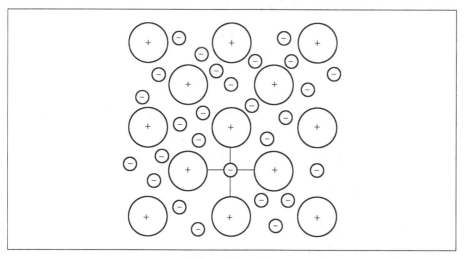

图 2-1 金属键模型

金属键无方向性和饱和性,故金属的晶体结构大多具有高对称性,利用金属键可解释金属所具有的各种特性。当金属受力变形而改变原子之间的相对位置时不会破坏金属键,故金属具有良好的延展性。在一定电位差下,自由电子可在金属中定向运动形成电流,显示出良好的导电性。随着温度升高,正离子(或原子)本身振幅增大,阻碍电子通过,电阻升高,因此,金属具有正的电阻温度系数。在固态金属中,不仅正离子的振动可传递热能,而且电子的运动也能传递热能,故比非金属具有更好的导热性。金属中的自由电子可吸收可见光的能量,被激发、跃迁到较高能级,因此金属不透明。当它跳回到原来能级时,将所吸收的能量重新辐射出来,使金属具有金属光泽。

二、离子键

当两种电负性相差大的原子(如碱金属元素与卤族元素的原子)相互靠近时,其中电负性小的原子失去电子,成为正离子,电负性大的原子获得电子成为负离子,两种离子靠静电引力结合在一起形成离子键。

由于离子的电荷分布呈球形对称,因此,它在各方向上都可以和相反电荷的离子相吸引,即离子键没有方向性。离子键的另一个特性是无饱和性,即一个离子可以同时和几个异号离子相结合。例如,在 NaCl 晶体中,每个 Cl^- 离子周围都有 6 个 Na^+ 离子,每个 Na^+ 离子也有 6 个 Cl^- 离子等距离排列着。离子晶体在空间三个方向上不断延续就形成了巨大的离子晶体。NaCl 离子键示意如图 2-2 所示。

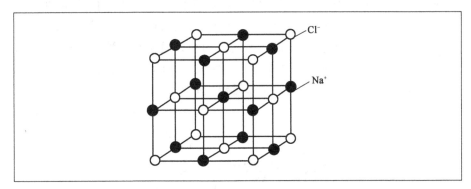

图 2-2　NaCl 离子键示意图

离子型晶体中,正、负离子静电引力较强,所以有较高熔点,离子晶体如果发生相对移动,将失去电平衡,使离子键遭到破坏,故离子键材料是脆性的。离子的运动不像电子那么容易,故导电性较差。

三、共价键

有些同类原子(如周期表ⅣA、ⅤA、ⅥA 族中大多数元素或电负性相差不大的原子)互相接近时,原子之间不产生电子的转移,此时借共用电子对所产生的力结合,形成共价键。金刚石、单质硅、SiC 等属于共价键。实践证明,一个硅原子与 4 个在其周围的硅原子共享其外壳层能级的电子,使外层壳层获得 8 个电子,每个硅原子通过 4 个共价键与 4 个邻近原子结合,如图 2-3 所示。共价键具有方向性,对于硅来说,所形成的四面体结构中,每个共价键之间的夹角约为 109°28′。在外力作用下,原子发生相对位移时,键将遭到破坏,故共价键材料是脆性的。为使电子运动产生电流,必须破坏共价键,需加高温、高压,因此,共价键材料具有很好的绝缘性。金刚石中碳原子间的共价键非常牢固,其熔点高达 3750℃,是自然界中最坚硬的固体。

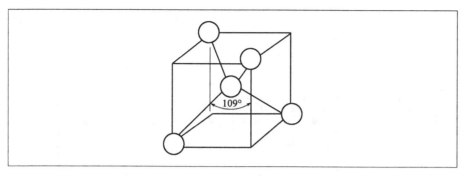

图 2-3　Si 形成的四面体

四、范德瓦耳斯键

许多物质其分子具有永久极性。分子的一部分往往带正电荷,而另一部分往往带负电荷,一个分子的正电荷部位和另一个分子的负电荷部位间,以微弱静电力相吸引,使之结合在一起,称为范德瓦耳斯键也叫分子键。分子晶体因其结合键能很低,所以其熔点很低。金属与合金这种键不多,而聚合物通常链内是共价键,而链与链之间是范德瓦耳斯键。

2.2　金属晶体结构

一、晶体结构的基本概念

固体根据其内部原子的排列是否有规律性分为晶体和非晶体两类。原子在三维空间中作规则的周期性重复排列的物质称为晶体,否则为非晶体。

晶体是固体中数量最大的一类。只有少数固态物质是非晶体,如普通玻璃、松香、石蜡等。金属在固态下通常都是晶体,大多数固态的无机物也都是晶体。晶体之所以具有规则的原子排列,主要是各原子之间的相互吸引力和排斥力相平衡的结果。由于晶体内部原子排列的规律性,有时甚至可以见到某些物质的外形也具有规则的轮廓,如水晶、食盐及黄铁矿等,而金属晶体一般看不到有这种规则的外形。图 2-4a)所示为一种最简单的晶体结构示意图。

为了便于分析各种晶体中的原子排列规律,常以通过各原子中心的一些假想连线把它们在三维空间里的几何排列形式描绘出来,如图 2-4b)所示,各连线的交点称为"节点",在节点上的小圆圈(或黑点)表示各原子中心的位置,我们把这种表示晶体中原子排列形式的空间格子叫作"晶格"(或点阵)。由于晶体中原子重复排列的规律性,我们可以从其晶格中确定一个最基本的几何单元来表达其排列形式的特征,如图 2-4c)所示。组成晶格的这种最基本的几何单元,我们把它叫作"晶胞"。晶胞的各边尺寸 a、b、c 叫作"晶格常数",晶胞各边之间的相互夹角常分别以 α、β 及 γ 表示。如图 2-4c)所示的晶胞,其晶格常数($a=b=c$,而 $\alpha=\beta=\gamma=90°$,这种晶胞叫作简单立方晶胞。具有简单立方晶胞的晶格叫作简单立方晶格。简单立方晶格只见于非金属晶体中,在金属中则看不到。

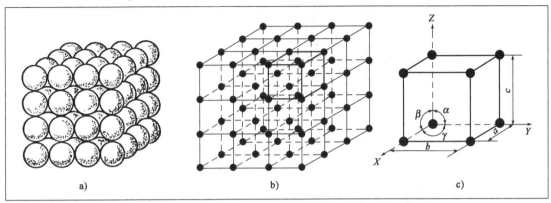

图 2-4 晶体结构示意图
a)原子排列模型;b)晶格;c)晶胞

各种晶体物质,或其晶格形式不同,或其晶格常数不同,主要与其原子构造、原子间的结合力(或称结合键)的性质有关;因晶格形式与晶格常数不同,于是不同晶体便表现出不同的物理、化学和机械性能。

二、典型的金属晶体结构

金属晶体结构有很多种,其中典型金属的晶体结构具有下列三种基本类型。

(一)体心立方晶格

体心立方晶格的晶胞如图 2-5 所示。其晶胞是一个立方体,所以,通常只用一个晶格常数 a 表示即可。在体心立方晶胞的每个角上和晶胞中心都排列一个原子(图 2-5b)。由图 2-5a)可见。体心立方晶胞每个角上的原子为相邻的八个晶胞所共有,每个晶胞实际上只占有 $\frac{1}{8}$ 个原子。而中心的原子为该晶胞所独有。所以,体心立方晶胞中原子数为 $8 \times 1/8 + 1 = 2$(个)。

具有体心立方晶格的金属有 α-Fe、W、Mo、V、Cr、β-Ti 等。

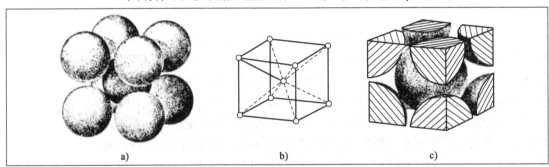

图 2-5 体心立方晶胞示意图
a)原子排列模型;b)晶胞;c)晶胞原子数

(二) 面心立方晶格

面心立方晶格的晶胞如图 2-6 所示,其晶胞也是一个立方体,所以,也只用一个晶格常数表示即可。在面心立方晶胞的每个角上和晶胞的六个面的中心都排列一个原子(图 2-6b)。由图 2-6c)可见,面心立方晶胞每个角上的原子为相邻的八个晶胞所共有,而每个面中心的原子却为两个晶胞共有。所以,面心立方晶胞中原子数为 $8 \times 1/8 + 6 \times 1/2 = 4$(个)。

具有面心立方晶格的金属有 γ-Fe、At、Cu、Ag、Au、Pb、β-Co 等。

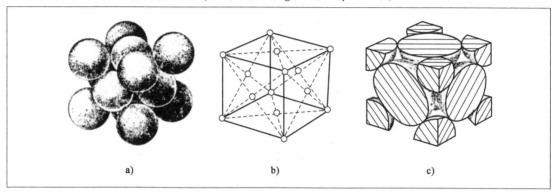

图 2-6 面心立方晶胞示意图
a)原子排列模型;b)晶胞;c)晶胞原子数

(三) 密排六方晶格

密排六方晶格的晶胞如图 2-7 所示。其晶胞是一个六方柱体,它由六个呈长方形的侧面和两个呈六边形的底面所组成。因此,要用两个晶格常数表示,一个是柱体的高度 c,另一个是六边形的边长 a。在密排六方晶胞的每个角上,以及上、下底面的中心都排列一个原子,另外在晶胞中间还有三个原子(图 2-7b)。由图 2-7c)可见,密排六方晶胞每个角上的原子为相邻的六个晶胞所共有。所以,密排六方晶胞中原子数为 $12 \times 1/6 + 2 \times 1/2 + 3 = 6$(个)。密排六方晶胞的晶格常数比值 $c/a \approx 1.633$。

具有密排六方晶格的金属有 Mg、Zn、Be、Cd、α-Tl、α-Co 等。

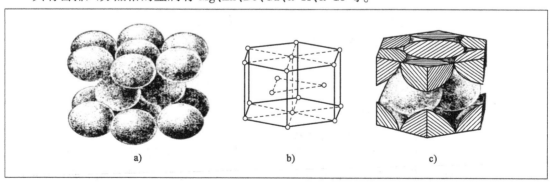

图 2-7 密排六方晶胞示意图
a)原子排列模型;b)晶胞;c)晶胞原子数

三、晶格的致密度及晶面和晶向

(一) 晶格的致密度

晶格中原子排列的紧密程度常用晶格的致密度表示。致密度是指晶胞中原子所占体积与该晶胞体积之比。例如,在体心立方晶格中,每个晶胞含有 2 个原子,这 2 个原子共占体积为 $2 \times \left(\frac{4}{3}\pi r^3\right)$,式中 r 为原子半径。原子半径 r 与晶格常数 a 的关系为 $r = \frac{\sqrt{3}}{4}a$,晶胞体积为 a^3,故体心立方晶格的致密度为

$$\frac{2 \text{ 个原子体积}}{\text{晶胞体积}} = \frac{2 \times \frac{4}{3}\pi r^3}{a^3} = \frac{2 \times \frac{4}{3}\pi \left(\frac{\sqrt{3}}{4}a\right)^3}{a^3} = \frac{\sqrt{3}}{8}\pi = 0.68$$

这表明在体心立方晶格中有68%的体积被原子占据,其余为空隙。同理亦可求出面心立方及密排六方晶格的致密度均为 0.74。显然,晶格的致密度数值越大,则其原子排列越紧密。此外,还常用"配位数"这一概念来定性描述晶体中原子排列的紧密程度。所谓配位数即指晶格中任一原子周围所紧邻的最近且等距离的原子数。体心立方晶格的配位数为 8,面心立方与密排六方晶格的配位数均为 12。显然,配位数越大,原子排列就越紧密。三种典型金属晶格的各种特征数据见表 2-1。

三种典型金属晶格的特征数据　　　表 2-1

晶格类型	晶格参数	晶胞中的原子数	原子半径	配位数	致密度
体心立方	$a = b = c,$ $\alpha = \beta = \gamma = 90°$	2	$\frac{\sqrt{3}}{4}a$	8	0.68
面心立方	$a = b = c,$ $\alpha = \beta = \gamma = 90°$	4	$\frac{\sqrt{2}}{4}a$	12	0.74
密排六方	$a = b \neq c,$ $\alpha = \beta = 60°, \gamma = 90°$	6	$\frac{1}{2}a$	12	0.74

(二) 晶面及晶向指数

在金属晶体中,通过一系列原子所构成的平面,称为晶面。通过两个以上原子中心的直线,表示了晶格空间的各种方向,称为晶向。

为便于研究,晶格中任何一个晶面或晶向都用一定的符号❶来表示。表示晶面的符号称为晶面指数,表示晶向的符号称为晶向指数。

1. 晶面指数

确定晶面指数的方法包括如下三个步骤。

(1) 设晶格中某一原子为原点,通过该点平行于晶胞的三棱边作 OX、OY、OZ 三坐标轴,以晶格常数 a、b、c 分别作出相应的三个坐标轴上的量度单位,求出所需确定的晶面在三坐标轴上的截距(图 2-8)。

---

❶ 晶面符号为 (hkl)。

(2)将所得三截距之值变为倒数。

(3)再将这三个倒数按比例化为最小整数,并加上圆括号,即为晶面指数。晶面指数的一般形式用(hkl)表示。

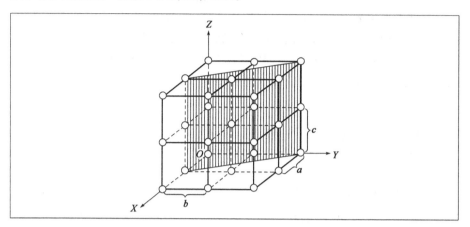

图 2-8　晶面指数的确定方法

在立方晶格中,最常用的晶面及晶面指数是(100)(110)及(111)三种。

应该指出的是:所谓晶面指数,并非仅指晶格中的某一晶面,而是泛指该晶格中所有那些与其平行的位向相同的晶面。另外,在一种晶格中,如果某些晶面,虽然它们的位向不同,但各晶面中的原子排列相同时[如(100)(010)(001)等],若无必要予以区别,则可把这些晶面统用{100}一种晶面指数来表示,换句话说,即(hkl)这类符号指某一确定位向的晶面指数,而{hkl}则可指所有那些位向不同而原排列相同的晶面指数。

2. 晶向指数

晶向指数确定的方法是:

(1)通过坐标原点引一直线,使其平行于所求的晶向。

(2)求出该直线上任意一点的三个坐标值。

(3)将三个坐标值按比例化为最小整数,加上方括号,即为所求的晶向指数;[100][110][111]晶向为在立方晶格中最具有意义的三种晶向。与晶面指数的表示方法相类似,如[100][010]及[001]等具有相同原子排列的晶向,若无必要区别时,可笼统用<100>这种符号来表示。在立方晶格中,指数相同的晶面和晶向是相互垂直的。

(三)晶面及晶向的原子密度

所谓某晶面的原子密度即指其单位面积中的原子数,而晶向的原子密度则指其单位长度上的原子数。在各种晶格中,不同晶面和晶向上的原子密度都是不同的。

(四)晶体的各向异性

由于晶体中不同晶面和晶向上原子的密度不同,因此,在晶体中不同晶面和晶向上原子结合力也就不同,从而在不同晶面和晶向上显示出不同的性能,这就是晶体具有各向异性的原因。晶体的这种"各向异性"的特点是它区别于非晶体的重要标志之一。晶体的各向异性在其化学性能、物理性能和机械性能等方面都同样会表现出来,如在弹性模量、抗拉强度、屈服强度或电阻率、磁导率、线胀系数,以及在酸中的溶解速度等许多方面。

晶体的各向异性在工业上也得到了应用。但必须指出,在工业金属材料中,通常见不到它们具有这种各向异性的特征。这是因为上面所讨论的金属晶体都是理想状态的晶体结构,而实际上的金属晶体结构与理想晶体相差很远,为此,还必须进一步讨论实际金属的晶体结构。

2.3 实际金属的晶体结构

一、单晶体和多晶体结构

如果一块晶体,其内部的晶格位向完全一致,我们称这块晶体为"单晶体",如图2-9a)所示,以上的讨论我们指的都是这种单晶体中的情况。在工业生产中,只有经过特殊制作才能获得单晶体。

实际使用的工业金属材料,即使体积很小,其内部仍包含了许许多多颗粒状的小晶体,每个小晶体内部的晶格位向是一致的,而各个小晶体彼此间位向都不同,这种外形不规则的小晶体通常称为"晶粒"。晶粒与晶粒之间的界面称为"晶界"。这种实际上由许多晶粒组成的晶体结构称为"多晶体"结构,如图2-9b)所示。

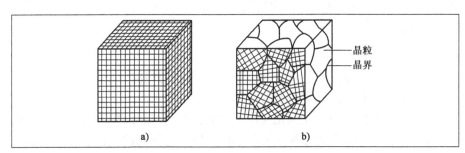

图2-9 单晶体与多晶体示意图
a)单晶体;b)多晶体

晶粒的尺寸是很小的,如钢铁材料的晶粒一般为 $10^{-3} \sim 10^{-1}$ mm,故只有在金相显微镜下才能观察到。在金相显微镜下所观察到的金属材料各类晶粒的显微形态,即晶粒的形状、大小、数量和分布等情况,称为"显微组织"或"金相组织",简称组织。

实践证明:在实际金属晶体中,一个晶粒的内部,其晶格位向也并不是像理想晶体那样完全一致,而是存在着许多尺寸更小、位向差也很小(一般为几十分到1°~2°)的小晶块,它们相互嵌镶成一颗晶粒,这些小晶块称为亚结构(或称亚晶粒、嵌镶块)。在亚结构内部,晶格的位向是一致的。两相邻亚结构间的边界称为亚晶界。因亚结构组织尺寸较小,故常须在高倍显微镜或电子显微镜下才能观察得到。

二、晶体缺陷

随着科学技术的发展,人们不仅看到了晶粒中的亚晶,而且还进一步发现金属中存在大量的各种各样的晶体缺陷。晶体缺陷根据几何形态特征不同,可分为如下三类。

(一)点缺陷——空位和间隙原子

在实际晶体结构中,晶格的某些节点,往往未被原子所占有,这种空着的位置称为"空位"。同时,又可能在个别晶格空隙处出现多余的原子,这种不占有正常的晶格位置,而处在晶格空隙之间的原子称为"间隙原子"。

在空位和间隙原子附近,由于原子间作用力的平衡被破坏,其周围的原子离开了原来的平衡位置。这种晶格中原子偏离平衡位置的现象称为晶格畸变。

应当指出,晶体中的空位和间隙原子都处在不断运动和变化之中。空位和间隙原子的运动是金属中原子扩散的主要方式之一。

(二)线缺陷——位错

线缺陷即晶格中的"位错线",或简称"位错"。所谓位错可视为晶格中一部分晶体相对于另一部分晶体的局部滑移而造成的结果,晶体已滑移部分与未滑移部分的交界线即为位错线。由于晶体中局部滑移的方式不同,可形成不同类型的位错。如图2-10所示为该晶体的右上部分相对于右下部分的局部滑移所造成的最简单的一种位错,由于右上部分的局部滑移,结果在晶格的上半部中挤出了一层多余的原子面,好像在晶格中额外插入了半层原子面一样,该多余半原子面的边缘便为位错线,这种位错线叫作"刃型位错线"。沿位错线的周围,晶格发生了畸变。

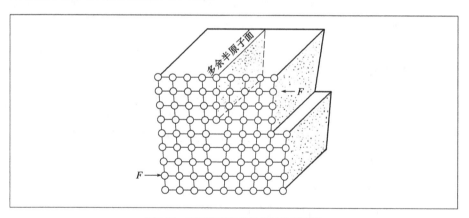

图2-10 刃型位错线的晶格结构示意图

金属晶体中的位错线往往大量存在,相互连接呈网状分布。位错线的密度通常在 $10^4 \sim 10^{12} \mathrm{cm/cm^3}$。

(三)面缺陷——晶界和亚晶界

面缺陷即晶界和亚晶界,这两种晶体缺陷,都是因晶体中不同区域之间的晶格位向差异所造成的，但在小角度位向差的亚晶界情况下，则可把它看成是一种位错线的堆积（或称"位错壁"）。

通过上述讨论可见，凡晶体缺陷处及其附近，均有明显的晶格畸变，因而会引起晶格能量的提高，并使金属的物理、化学和机械性能发生显著的变化，若晶界和亚晶界越多，位错密度越大，金属的强度便越高。

2.4 合金的晶体结构

一、合金的基本概念

由两种或两种以上的金属元素或金属元素与非金属元素组成的具有金属特性的物质，称为合金。例如，黄铜是由铜和锌组成的合金；碳钢和铸铁也是合金，主要由铁和碳组成。

组成合金的最基本的、独立的物质叫作组元。组元通常是纯元素，但也可以是稳定的化合物。根据组成合金组元数目的多少，合金可以分为二元合金、三元合金和多元合金等。

给定组元以不同的比例配制出一系列成分不同的合金，这一系列合金就构成一个合金系，合金系也可以分为二元系、三元系和多元系等。

合金中具有同一化学成分且结构相同的均匀部分叫作相。合金中相和相之间有明显的界面。若合金是由成分、结构都相同的同一种晶粒构成的，各晶粒间虽有界面分开，但它们仍属于同一种相；若合金是由成分、结构都不相同的几种晶粒构成的，则它们将属于不同的几种相。

合金的性能一般都是由组成合金的各相的成分、结构、形态、性能和各相的组合情况所决定的。因此，在研究合金的组织与性能之前，必须先了解合金组织中的相结构。

二、合金的相结构

如果把合金加热到熔化状态，则组成合金的各组元即相互溶解成均匀的溶液。但合金溶液经冷却结晶后，由于各组元之间相互作用不同，固态合金中将形成不同的相结构，合金的相结构一般可分为固溶体和金属化合物两大类。

（一）固溶体

通常固溶体是指由组成合金基体的金属或化合物（溶剂）在固态下溶有其他元素（溶质）的原子所形成的晶体。

1. 固溶体的结构与分类

按照溶质原子在溶剂晶格中分布情况的不同，将固溶体一般分为以下两类。

（1）置换固溶体。当溶质原子代替一部分溶剂原子而占据溶剂晶格中的某些节点位置时，所形成的固溶体称为置换固溶体，如图 2-11a)所示。

在置换固溶体中,溶质在溶剂中的溶解度主要取决于两者原子直径的差别和它们在周期表中的相互位置及晶格类型。一般来说,溶质原子和溶剂原子直径差别越小,则溶解度越大;两者在周期表位置越靠近,则溶解度也越大;如果上述条件能很好地满足,而且溶质与溶剂的晶格结构也相同,则这些组元往往能无限互相溶解,即可以任何比例形成置换固溶体,这种固溶体称为无限互溶固溶体,如铁和铬、铜和镍便能形成无限固溶体。反之,若不能很好满足上述条件,则溶质在溶剂中的溶解度是有限的,这种固溶体称为有限固溶体,如铜和锌、铜和锡都能形成有限固溶体。有限固溶体的溶解度还与温度有密切关系,一般温度越高,溶解度越大。

(2)间隙固溶体。若溶质原子在溶剂晶格中并不占据节点的位置,而是处于各节点间的空隙中,则这种形式的固溶体称为间隙固溶体,如图2-11b)所示。由于溶剂晶格的空隙是有限的,故能够形成间隙固溶体的溶质原子,其尺寸都比较小。一般情况下,当溶质原子与溶剂原子直径的比值$\frac{d_{质}}{d_{剂}}<0.59$时,才能形成间隙固溶体。因此,形成间隙固溶体的溶质元素,都是一些原子半径小于1×10^{-10}m的非金属元素,如B(0.82×10^{-10}m)、C(0.77×10^{-10}m)、O(0.73×10^{-10}m)、N(0.73×10^{-10}m)等。

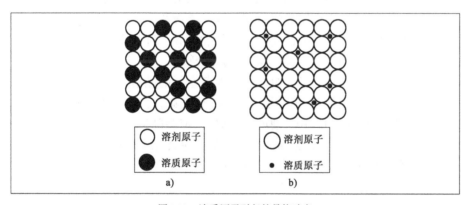

图2-11 溶质原子引起的晶格畸变
a)置换固溶体;b)间隙固溶体

在金属材料的相结构中,形成间隙固溶体的例子很多,如碳钢中碳原子溶入α-Fe晶格空隙中形成的间隙固溶体,称为铁素体;碳原子溶入γ-Fe晶格空隙中形成的间隙固溶体称为奥氏体。

无论是置换固溶体还是间隙固溶体,随着溶质原子的溶入,溶剂晶格将发生畸变,溶入的溶质原子越多,所引起的畸变就越大,固溶体晶格结构的稳定性就越小。

2. 固溶体的性能

当溶质元素的含量极少时,固溶体的性能与溶剂金属基本相同;随着溶质含量的升高,固溶体的性能将发生明显改变。一般情况是:强度、硬度逐渐升高,而塑性、韧性有所下降,电阻率逐渐升高,导电性逐渐下降,磁矫顽力升高,等等。

通过溶入某种溶质元素形成固溶体而使金属的强度、硬度升高的现象称为固溶强化。固溶强化的产生是由于溶质原子溶入后，要引起溶剂金属的晶格产生畸变，进而使位错移动时所受到的阻力增大。固溶强化是材料的一种主要的强化途径。实践表明，适当掌握固溶体中的溶质含量，可以在提高金属材料的强度、硬度的同时，使其仍能保持相当好的塑性和韧性。例如，向铜中加入19%镍，可使合金的强度极限由$220MN/m^2$升高至$380\sim400MN/m^2$，硬度由44HB升高至70HB，而塑性仍然保持$\Psi=50\%$。若将铜通过其他途径（如冷变形时的加工硬化）获得同样的强化效果，其塑性将几乎完全丧失。这就说明，固溶体的强度、韧性和塑性之间能有较好的配合，所以，对综合机械性能要求较高的结构材料，几乎都是以固溶体作为最基本的组成相。可是，通过单纯的固溶强化所达到的最高强度指标仍然有限，仍不能满足人们对结构材料的要求，因而在固溶强化的基础上须再补充进行其他的强化处理。

(二) 金属化合物

组成合金的两个元素，当它们在化学元素周期表上的位置相距较远时，往往容易形成化合物。金属材料中的化合物可以分为金属化合物和非金属化合物两类。凡是由相当程度的金属键结合，并具有明显金属特性的化合物，称为金属化合物，它可以成为金属材料的组成相。例如，碳钢中的渗碳体（Fe_3C）、黄铜中的β相（CuZn）都属于金属化合物。凡是没有金属键结合，并且又没有金属特性的化合物，称为非金属化合物。

金属化合物的晶格类型与组成化合物各组元的晶格类型完全不同，一般金属化合物具有复杂的晶格结构，熔点高，硬而脆。当合金中出现金属化合物时，通常能提高合金的强度、硬度和耐磨性，但会降低塑性和韧性。金属化合物是各类合金钢、硬质合金和许多有色金属的重要组成相。

金属化合物的种类很多，常见的有以下三种类型。

1. 正常价化合物

组成正常价化合物的元素是严格按原子价规律结合的，因而其成分固定不变，并可用化学式表示。它通常是由在周期表上相距较远、电化学性质相差很大的两种元素形成的，如Mg_2Si、Mg_2Sn、Mg_2Pb等。由于这类化合物成分固定，不能形成固溶体。

正常价化合物具有很高的硬度和脆性，在合金中，当它在固溶体基体上做合理分布时，将使合金得到强化，因而起着强化相的作用，如Al-Mg-Si系合金中的Mg_2Si就是一例。

2. 电子化合物

这类化合物是由第一族元素、过渡族元素与第二至第五族元素结合而成。它们与正常价化合物不同，不遵循原子价规律，而是按照一定的电子浓度组成一定晶格结构的化合物。

所谓电子浓度是指化合物中价电子数与原子数的比值。

在电子化合物中，一定的电子浓度一般有一定的晶格结构相对应。应该注意,虽然电子化合物可以用化学式表示,但实际上它是一个成分可变的相,也就是在电子化合物的基础上可以再溶解一定量的组元,形成以该化合物为基的固溶体。

电子化合物的熔点和硬度都很高,但塑性很差,因此,与正常价化合物一样,一般只能作为强化相存在于合金中。

3. 间隙化合物

间隙化合物一般是由原子直径较大的过渡族元素(如 Fe、Cr、Mo、W、V 等)和原子直径较小的非金属元素(如 H、C、N、B 等)所组成,如合金中不同类型的碳化物(如 VC、Cr_7C_3、$Cr_{23}C_6$ 等)。钢经化学热处理后在其表面形成的碳化物和氮化物(如 Fe_3C、Fe_4N、Fe_2N、FeB 等)都属于间隙化合物。

间隙化合物的晶格结构特点是:直径较大的过渡族元素的原子占据了新晶格的正常位置,而直径较小的非金属元素的原子则有规律地嵌入晶格的空隙中,因而称为间隙化合物。

间隙化合物又可分为两类,一类是具有简单晶格结构的间隙化合物,也称为间隙相,如 VC、WC、TiC 等;另一类是具有复杂晶格结构的间隙化合物,如 Fe_3C、$Cr_{23}C_6$、Cr_7C_3、Fe_4W_2C 等。图 2-12 所示为 Fe_3C 的晶格。

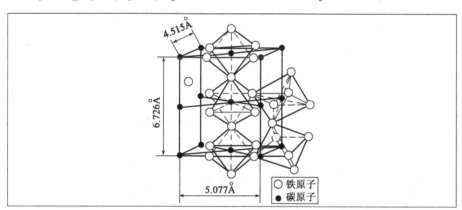

图 2-12 Fe_3C 的晶格结构

$1\text{Å} = 10^{-10}\text{m}$

Fe_3C 是钢中最重要的一种具有复杂晶格结构的间隙化合物。在 Fe_3C 中,铁原子可以被其他金属原子(如 Mn、Cr、Mo、W 等)所置换,分别形成(Fe、Mn)$_3$C 与(Fe、Cr)$_3$C 等以 Fe_3C 为基的置换固溶体,称为合金渗碳体。Fe_3C 中的碳也可被氮、硼等元素的原子所置换而形成 $Fe_3(C,N)$、$Fe_3(C,B)$。

间隙化合物具有极高的熔点和硬度,而且十分稳定,尤其是间隙相更为突出。所以,间隙化合物在钢铁材料和硬质合金中具有很大的作用。例如,碳钢中的 Fe_3C 可以提高钢的硬度和强度;工具钢中的 VC 可以提高钢的耐磨性;高速钢中的 W_2C、VC 等可使钢在高温下保持高硬度;而 WC 和 TiC 则是硬质合金材料的主要组成物;在结构钢中加入少量 Ti 形成 TiC,可在加热时阻碍奥氏体晶粒的长大,起到细化晶粒的作用。

2.5 非金属材料的结构

一、高分子合成材料的聚态结构

高分子合成材料是分子量很大的材料,它是由许多单体(低分子)用共价键连接(聚合)起来的大分子化合物。所以,高分子又称大分子,高分子化合物又称高聚物或聚合物。例如,聚氯乙烯就是由氯乙烯聚合而成的。

把彼此能相互连接起来而形成高分子化合物的低分子化合物(如氯乙烯)称为单体,而所得到的高分子化合物(如聚氯乙烯)就是高聚物。组成高聚物的基本单元称为链节。若用 n 值表示链节的数目,则 n 值越大,高分子化合物的分子量 M 也越大,即

$$M = n \times m$$

式中,m 为链节的分子量,通常称 n 为聚合度。整个高分子链就相当于由几个链节按一定方式重复连接起来,成为一条细长链条。高分子合成材料大多是以碳和碳结合为分子主链,即分子主干由众多的碳原子相互排列成长长的碳链,两旁再配以氢、氯、氟或其他分子团,或配以另一较短的支链,使分子呈交叉状态。分子链和分子链之间还依赖分子间作用力连接。

从分子结构式中可以发现高分子化合物的化学结构有以下三个特点。

(1)虽然高分子化合物的分子量巨大,但它们的化学组成一般都比较简单,和有机化合物一样,仅由几种元素所组成。

(2)高分子化合物的结构像一条长链,在这个长链中含有许多个结构相同的重复单元,这种重复单元叫作"链节"。这就是说,高分子化合物的分子是由许许多多结构相同的链节所组成的。

(3)高分子化合物的链节与链节之间,这和链节内各原子之间一样,也是通过共价键进行结合,即组成高分子链的所有原子之间的结合键都属共价键。

低分子化合物按其分子式,都有确定的分子量,而且每个分子都一样。高分子化合物则不然,一般所得聚合物总是含有各种大小不同(链长不同,分子量不同)的分子。换句话说,聚合物是同一化学组成、聚合度不等的同系混合物。所以,高分子化合物的分子量实际上是一个平均值。

(一)高聚物的结构

高聚物的结构可分为两种类型:均聚物和共聚物。

1. 均聚物

只含有一种单链节,若干个链节用共价键按一定方式重复连接起来,像一根又细又长的链子一样。这种高聚物结构在拉伸状态或在低温下易呈直线形状(图2-13a),而在较高温度或稀溶液中,则易呈蜷曲状。这种高聚物的特点是可溶,即它可以溶解在一定的溶液之中,加热时可以熔化。基于这一特点,线性高聚物结构的聚合物易于加工,可以反复应用。一些合成纤维、热塑性塑料(如聚氯乙烯、聚苯乙烯等)就属于这一类。

支链型高聚物结构好像一根"节上生枝"的枝干一样(图2-13b),主链较长,支链较短。其性质和线性高聚物结构基本相同。

网状高聚物是在一根根长链之间由若干个支链把它们连接起来,构成一种网状形状。如果这种网状的支链向空间发展的话,便得到体型高聚物结构(图2-13c)。这种高聚物结构的特点是在任何情况下都不熔化,也不溶解。成型加工只能在形成网状结构之前进行,一经形成网状结构,就不能再改变其形状。这种高聚物在保持形状稳定、耐热及耐溶剂作用方面有其优越性。热固性塑料(如酚醛、脲醛等塑料)就属于这一类。

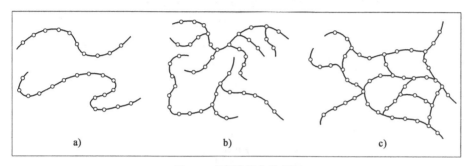

图2-13 均聚物结构示意图
a)线型结构(线性高聚物结构);b)支链型结构;c)网状结构(体型高聚物结构)

2. 共聚物

共聚物是由两种以上不同的单体链节聚合而成的。由于各种单体的成分不同,共聚物的高分子排列形式也多种多样,可归纳为:无规则型、交替型、镶嵌型、接枝型。例如,将 M_1 和 M_2 两种不同结构的单体分别以有斜线的圆圈和空白圆圈表示,则共聚物高分子结构可以用图2-14表示。

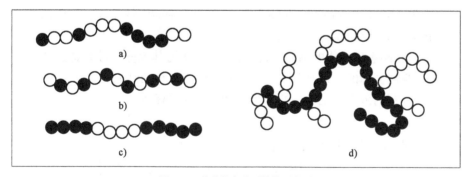

图2-14 共聚物高分子结构示意图
a)无规则型;b)交替型;c)镶嵌型;d)接枝型

无规则型是 M_1、M_2 两种不同单体在高分子长链中呈无规则排列;交替型是 M_1、M_2 单体在高分子长链中呈有规则的交替排列;镶嵌型的 M_1 聚合片段和 M_2 聚合片段彼此交替连接;接枝型的 M_1 单体连接成主链,又接连了不少 M_2 单体组成的支链。

共聚物在实际应用上具有十分重要的意义。因为共聚物能把两种或多种自聚的特性,综合到一种聚合物中来。因此,有人把共聚物称作非金属的

"合金",这是一个很恰当的比喻。例如,ABS(Acrylonitrile-Butadiene-Styrene)树脂是丙烯腈、丁二烯和苯乙烯三元共聚物,具有较好的耐冲击、耐热、耐油、耐腐蚀及易加工等综合性能。

(二) 高聚物的聚集态结构

高聚物的聚集态结构,是指高聚物材料本体内部高分子链之间的几何排列和堆砌结构,也称为超分子结构。实际应用的高聚物材料或制品,都是许多大分子链聚集在一起的,所以,高聚物材料的性能不仅与高分子的分子量和大分子链结构有关,而且和高聚物的聚集状态有直接关系。

高聚物按照大分子排列是否有序,可分为结晶态和非结晶态两类。结晶态聚合物分子排列规则有序;非结晶态聚合物分子排列杂乱不规则。

结晶态聚合物由晶区(分子作有规则紧密排列的区域)和非晶区(分子处于无序状态的区域)所组成,如图2-15所示。

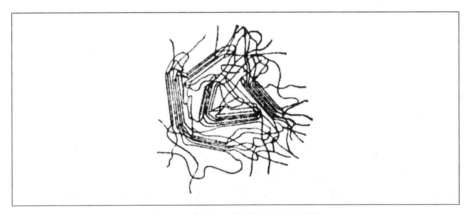

图2-15 高聚物的晶区和非晶区示意图

高聚物部分结晶的区域称为微晶,微晶的多少称为结晶度。一般结晶态高聚物的结晶度为50%~80%。

对于非晶态聚合物的结构,人们过去一直认为其大分子排列是杂乱无章的,相互穿插交缠的。近来研究发现,非晶态聚合物的结构只是大距离范围的无序,小距离范围内是有序的,即远程无序,近程有序。

二、陶瓷材料的组织结构

陶瓷是由金属和非金属的无机化合物所构成的多晶多相固态物质,现代陶瓷材料是无机非金属材料的统称。陶瓷材料是多相多晶材料,一般由晶相、玻璃相及气相组成。其显微结构由原料、组成和制造工艺所决定。

晶相是陶瓷材料的主要组成相,是固溶体或化合物。晶相可分为主晶相、次晶相和第三晶相等。主晶相对陶瓷材料的性能起决定性作用。陶瓷中的晶相主要有硅酸盐、氧化物和非氧化物三种。硅酸盐的基本结构是硅氧四面体(SiO_4),四个氧离子构成四面体,硅离子位于四面体间隙中,四面体之间的连接方式不同,构成不同结构的硅酸盐,如岛状、链状、层状、立体网状等。大多数氧化物的结构是氧离子堆积的立方和六方结构,金属离子位于其八面体或四面体间隙中。

玻璃相是非晶态的低熔点固体相。除陶瓷的釉层是玻璃相外,瓷料的组成物和混入的杂质在烧结时也常常形成玻璃相。玻璃相的作用是黏结分散的晶相,填充气孔空隙、降低烧结温度及抑制晶体长大等。但玻璃相的热稳定性差,机械强度比晶相低。陶瓷材料的种类不同,陶瓷材料内玻璃相的数量也不等。高压电瓷中玻璃相达35%~60%,日用瓷则达60%以上。

气相是指陶瓷内孔隙中的气体。陶瓷材料中存在的气体是在工艺制作过程中形成并保留下来的。气体多独立分布在玻璃相中,有时也以细小气孔出现在晶界或晶内。均匀分布的气孔可使陶瓷材料的绝缘、绝热性能大大提高,密度小的陶瓷材料,可以通过控制气孔数量、大小及分布来获得。气孔是产生应力集中的地方,故导致陶瓷材料机械强度降低,并引起陶瓷材料的介电损耗增大,抗电击穿能力下降。此外,因气相对光有散射作用,作为透明陶瓷,必须消除微小气孔。一般气孔占陶瓷总体积的5%~10%,根据需要而生产的多孔陶瓷,其气孔比例可高达30%甚至50%以上。

习　题

1. 名词解释。
晶体：
非晶体：
晶格：
晶胞：
晶格常数：
致密度：
晶面指数：
晶向指数：
晶体的各向异性：
点缺陷：
线缺陷：
面缺陷：
位错：
单晶体：
多晶体：
固溶体：
金属间化合物：
固溶强化：
结合键：
2. 金属键、离子键、共价键及分子键结合的材料其性能有何特点？
3. 常见的金属晶体结构有哪几种？它们的原子排列和晶格常数有什么特点？α-Fe、β-Fe、γ-Fe、Cu、Ni、Pb、Cr、V、Mg、Zn各属何种晶体结构？

4. 已知 Fe 的原子直径为 2.54×10^{-10}m，求 Fe 的晶格常数，并计算 1mm³ Fe 中的原子数。

5. 标出图 2-16 中影线所示晶面的晶面指数及 a、b、c 三晶向的晶向指数。

在立方晶格中，如果晶面指数和晶向指数的数值相同，那么该晶面和晶向间存在着什么关系？例如，(111) 与 [111]，(110) 与 [110]……

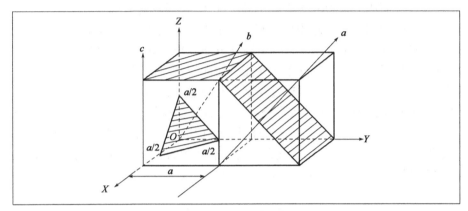

图 2-16　立方晶格中的晶面指数及晶向指数

6. 画出立方晶格中 (110) 晶面与 (111) 晶面，并画出在晶格中和 (110)、(111) 晶面上原子排列情况完全相同而空间位向不同的几个晶面。

7. 单晶体与多晶体有何区别？为什么单晶体具有各向异性，而多晶体则无各向异性？

8. 试比较 α-Fe 与 γ-Fe 晶格的原子排列紧密程度与溶碳能力。

9. 金属的晶体结构由面心立方转变为体心立方时，其体积如何变化？为什么？

10. 实际金属晶体中存在哪些晶体缺陷？对性能有什么影响？

11. 简述固溶体和金属间化合物在晶体结构与机械性能方面的区别。

12. 固溶体可分为几种类型？形成固溶对合金有何影响？

13. 金属间化合物有几种类型？它们在钢中起什么作用？

14. 高分子化合物在结构上有哪些特点？

第 3 章 CHAPTER 3
材料的凝固与结晶

大多数工程材料都是经过熔炼和浇铸之后经压力加工而形成，都要经过由液态到固态的凝固过程。对铸件和焊接件来说，结晶过程基本决定了它的使用性能和使用寿命。因此，研究和控制金属的结晶过程成为提高金属力学性能和工艺性能的一个重要手段。本章先从纯金属的凝固结晶开始介绍，通过了解结晶过程的本质，从而揭示金属结晶的基本规律。主要讨论工程材料的凝固规律以及凝固结晶后的晶体结构类型、组织状况和性能特点。

3.1 凝固的基本概念

一、晶体的凝固

物质从液态到固态的转变过程称为凝固，凝固后的产物可以是晶体也可以是非晶体，如果通过凝固形成了晶体结构，则将晶体的凝固称为结晶。金属的凝固是最典型的结晶过程，而玻璃的凝固是最典型的非晶体凝固过程。

凡纯元素（金属或非金属）的结晶都具有一个严格的平衡结晶温度（即理论结晶温度 T_0），高于此温度（即实际结晶温度 T_1）才能进行结晶；两者之差 $\Delta T = T_0 - T_1$ 称为过冷度，如图3-1所示。处于平衡结晶温度时，液体与晶体同时共存，这是因为它们的液体与晶体之间的能量在该温度下能够达到平衡。这一能量叫作自由能（F）。对于同一物质的液体与晶体，由于其结构不同，它们的自由能随着温度的变化而具有不同的变化规律。由此可见，要使液体进行结晶，就必须使其温度低于理论温度，造成液体与晶体间的自由能差：（$\Delta F = F_{液} - F_{晶}$），即具有一定的结晶驱动力才行。液体与固体在不同温度下自由能的变化如图3-2所示。

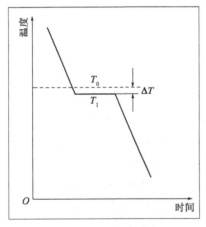

图3-1 纯金属结晶冷却曲线

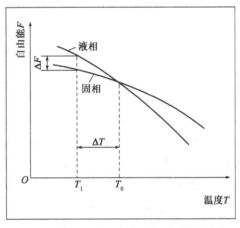

图3-2 液体与固体在不同温度下自由能的变化

根据图3-1可以看出，在开始结晶之前，随着时间的延长，纯金属的温度呈线性持续下降；到达一定温度后，随着时间的延长温度不再发生变化，形成温度平台，在此过程中，从液相中结晶出晶体，释放结晶潜热，使金属的温度保持不变；在结晶完成后，金属的温度持续下降。其中的 ΔT 为过冷度。

过冷度大小与冷却速度有关，冷速越大，过冷度越大。

二、非晶体的凝固

若凝固后的物质不是晶体，而是非晶体，那就不能称之为结晶，只能称为凝固。相对于晶态而言，非晶态是物质的另一种结构状态，它不像晶态原子那样有规则地排列成一定的晶体结构，而是呈短程有序、长程无序的混合结构。玻璃、松香、石蜡等都是非晶体,或称为非晶态,其特点是各向同性。

凝固时形成晶体还是非晶体,主要取决于熔融液体的黏度和凝固时的冷却速度。液态金属的黏度越大,原子间的运动越困难,凝固形成非晶态物质的倾向则越大,如石英熔体、大分子高聚物熔体。金属熔体的黏度小,原子运动能力强,大多数都凝固为晶体结构。

从能量的观点看,熔体在凝固时若能够完全释放内能,则会转变为晶体;若只释放了部分内能,则转变为非晶体。所以,非晶体是处于亚稳定状态的物质。

3.2 金属的结晶

一、金属的结晶过程

金属材料的凝固过程大部分属于结晶,结晶的过程是一个晶核不断形成和长大的过程,发生在晶体凝固过程中的温度平台上。纯金属结晶过程示意图如图 3-3 所示。

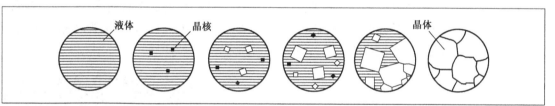

图 3-3　纯金属结晶过程示意图

1. 晶核的形成

晶核的生成有两种方式,即自发形核和非自发形核。

实验证明,即使在液态金属非常纯净时,其内部微小的区域内也存在一些原子排列规则的且极不稳定的原子集团。当液态金属冷却到结晶温度以下并达到一定的过冷度时,这些微小的原子集团形成结晶核心并长大,成为自发形核。

所谓的非自发形核,是因为金属内部存在杂质(自带或人工加入),杂质的存在能够促使在其表面上形成晶核,这种依附杂质而生成晶核的方法叫作非自发形核,也叫作异质形核。

在金属实际结晶时,自发形核和非自发形核总是同时存在的,且非自发形核往往起优先和主导作用。

2. 晶核的长大

晶核形成之后,液相中的原子或原子团通过扩散不断依附于晶核表面,晶核半径增大,固液界面向液相中推移,这个过程称为晶核长大。

晶核长大的形态与界面结构以及液固界面前沿温度分布有密切关系,晶体的长大方式有平面推进和树枝状生长两种方式。在正温度梯度(液体中距液固界面越远,温度越高)条件下,粗糙界面的晶体以平面状长大,而光滑界面的晶体以台阶状长大;在负温度梯度(液体中距液固界面越远,温度越低)条件下,粗糙界面的晶体以树枝状长大,光滑界面的晶体以树枝状—多面体—台阶状长大,粗糙界面晶体生长与温度的关系如图3-4所示。

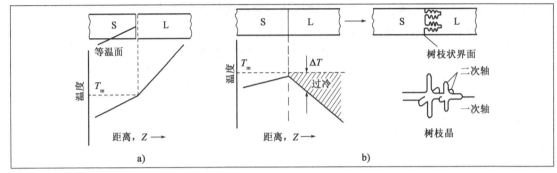

图3-4 粗糙界面晶体生长与温度的关系
a)正温度梯度下生长方式;b)负温度梯度下生长方式
S-固体;L-液体;T_m-理论凝固温度;ΔT-过冷度

金属晶体主要以树枝状方式长大。在金属晶体的结晶过程中,一般来说,由于形核时晶体中的顶角、棱边散热条件优于其他部位,所以长得较快较大,即首先长出一次晶轴,然后在一次晶轴上长出二次晶轴,以此方式不断长大与分枝,直至液态金属完全消失,最后形成树枝状晶体,称为枝晶。相关枝晶结构如图3-5 与图3-6 所示。

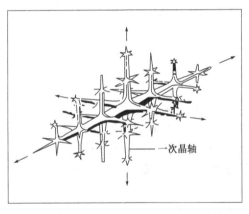

图3-5 金属材料中的一次枝晶和二次枝晶结构

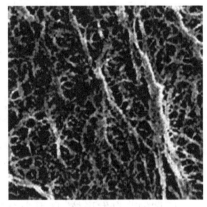

图3-6 金属材料中的枝晶结构

二、结晶后晶粒的大小及控制

1. 晶粒的大小(又称晶粒度)及其对材料性能的影响

晶粒度是晶粒大小的度量,影响晶粒度大小的主要因素是晶体的形核率和长大速率。在单位时间内,单位体积中所产生的晶核数称为形核率 N,其单位为晶核数/$(s \cdot mm^3)$。单位时间晶核长大的线速度称为长大速率 G,单位为 mm/s,形核率 N 越大,结晶晶粒越多,晶粒越细小;若形核率不变,长大速率越小,则结晶所需的时间就越长,形核越多,晶粒越细。图3-7 所示为形核率(N)和长大速率(G)与过冷度 ΔT 之间的关系。

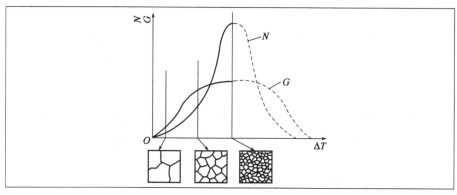

图 3-7 形核率(N)和长大速率(G)与过冷度 ΔT 的关系

由图 3-7 可知,在一般过冷度下(图中实线部分),形核率 N 的增长率大于长大速率 G 的增加率,因此,过冷度 ΔT 增加会使 N 与 G 的比值增大,使单位体积中晶粒数目 Z 增多,晶粒变细;同时,图中虚线部分说明当过冷度很大时,N 和 G 随过冷度 ΔT 的增加而减小。其原因是在过冷度很大的情况下,实际结晶温度已很低,液体中原子扩散速度很小,因而使结晶困难,导致形核率 N 和长大速率 G 均降低。同时,曲线的后半部分以虚线表示,是因为在实际工业生产中金属的结晶达不到如此高的过冷度,一般在达到此过冷度之前早已结晶完毕。

结晶完成之后的金属由许多大小不一、形状各异的小晶粒组成,晶粒的大小会对材料的力学性能及其他性能产生一定的影响。通常情况下,晶粒越细,金属的强度、塑性、韧性等就会越高。表 3-1 为多晶体纯铁晶粒大小与力学性能的关系。

多晶体纯铁的晶粒大小与力学性能   表 3-1

晶粒平均直径(μm)	σ_b(MPa)	σ_s(MPa)	δ(%)
9.70	165	40	28.8
7.00	180	38	30.6
2.50	211	44	39.5
0.20	263	57	48.8
0.16	264	65	50.7
0.10	278	116	50.0

2. 晶粒大小的控制

细化晶粒是提高金属性能的重要途径之一,在结晶的过程中控制晶粒的大小在实际生产中具有重要的意义。控制晶粒大小的途径有以下几种。

(1)增大过冷度。

由于晶粒大小取决于形核率与长大速率的比值,形核率和长大速率都与过冷度密切相关,因此,晶粒的大小可由过冷度来控制。过冷度越大,形核率和长大速率越大,并且形核率的增加速度更快,因此,形核率与长大速率的比值也越大,故晶粒变细。

提高液态金属的冷却速度是增大过冷度的主要方式,此外,提高液态金属的冷却能力也是增大过冷度的有效方法,如在浇铸时采用高温熔化低温浇铸的方法来获得较细的晶粒。

(2)变质处理。

变质处理就是有意地向液态金属中加入某些变质剂,增大金属结晶时的晶核形核率 N 或降低长大速率 G,从而细化晶粒,改善凝固组织,提高材料的性能。

变质剂的作用有两种:一种情况是变质剂加入液态金属,增加形核核心,此类变质剂称为孕育剂;另一种情况是加入变质剂,不能提供结晶核心,但是能改变晶核的生长条件,强烈阻碍晶核的长大。第二种方法广泛用于工业生产上。例如,向钢中加入钛、硼、铝等,向铸铁中加入硅、钙等,向铝-硅系合金中加入钠或钠盐等,都是典型的实例。

另外,机械振动、超声波等方法都可以使已形成的粗大晶轴断裂,使晶粒细化,提高铸件的各项性能。

三、金属铸锭的凝固组织

在实际的生产中,液态金属或合金都是在铸锭模或铸型中进行冷却,虽然其结晶还是遵循了上述的基本规律,但结晶过程还将受到其他各种因素(如液态金属的纯度、熔化温度、浇铸温度、冷却条件等)的影响。图3-8为钢铸件典型组织示意图,可明显地分为3个各具特征的晶区。

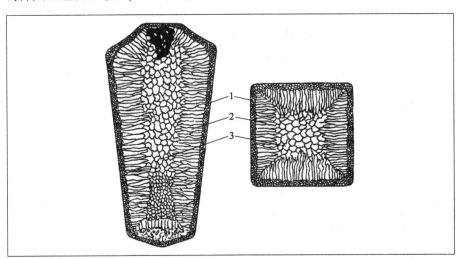

图3-8 钢铸件典型组织示意图
1-表面细晶区;2-中间柱状晶区;3-中心等轴晶区

1. 表面细晶区

当液态金属或合金浇入铸锭模后,因为锭模温度低,液态金属与模壁接触时受到激冷,产生很大的过冷度,并且模壁可为非自发形核提供形核基础,因此,在模壁处形成大量的晶核,形成表面等轴细晶粒区。

2. 中间柱状晶区

柱状晶粒的形成主要受铸锭模壁散热的影响。随着表面细晶粒区的形成,散热速度减慢,模壁温度升高,剩余液态金属的冷却速度逐渐减慢,并且由于结晶潜热的释放,使细晶区前沿液体的过冷度减小,晶核的形核率不如长大速率大,各晶粒便可得到较快的成长,而此时凡枝干垂直于模壁的晶粒,不仅因其沿着枝干向模壁传热比较有利,而且它们的成长也不至因相互抵触而受限制,所以,只有这些晶粒才能优先得到成长,从而形成中间柱状晶粒。

3. 中心等轴晶区

随着柱状晶粒成长到一定程度,通过已结晶的柱状晶层和模壁向外散热的速度越来越慢,在铸锭中心部的剩余液体温差也越来越小,散热方向性已不明显,剩余液体趋于均匀冷却的状态;同时由于种种原因(如液态金属的流动)一些未熔杂质移动至铸锭中心,或一些破碎的枝晶飘移到铸锭中心,它们都可以成为剩余液体的晶核,这些晶核由于在不同方向上的成长速度相近,因而便形成较粗大的等轴晶区。

与纯金属铸锭相比,合金铸锭一般具有更加明显的三个晶区,并且中心等轴晶区与中间柱状晶区都较宽。

由上述可知,钢锭组织是不均匀的。从表层到心部依次由细小的等轴晶粒、柱状晶粒和粗大的等轴晶粒所组成。改变凝固条件可以通过改变这三层晶区的相对大小和晶粒的粗细,甚至获得只有两层或单独一个晶区所组成的铸锭来实现。

钢锭一般不希望得到柱状晶组织,因为其塑性较差,而且柱状晶平行排列呈现各向异性,在锻造或轧制时容易发生开裂,尤其在柱状晶区的前沿及柱状晶彼此相遇处,当存在低熔点杂质而形成一个明显的脆弱界面时,更容易发生开裂,所以,生产上经常采用振动浇铸或变质处理等方法来抑制结晶时柱状晶粒层的扩展。但对于某些铸件(如定向凝固涡轮叶片和单晶涡轮叶片),则常采用定向凝固法有意使整个叶片由同一方向、平行排列的柱状晶所构成。对于塑性极好的有色金属也希望获得柱状晶组织,其原因为这种组织较致密,对机械性能有利,而在压力加工时,这些金属本身具有良好的塑性,柱状晶组织不会导致开裂。

金属铸锭中的缺陷除了晶界偏析、晶内偏析等微观缺陷外,还经常存在宏观缺陷,如缩孔、疏松、铸造裂纹、冷隔、气孔、夹杂物等。其中缩孔的形成原因与收缩相关。

收缩包括凝固前的液态收缩、由液态变为固态的凝固收缩及凝固后的固态收缩。液态收缩率为 1%~2%,凝固收缩率为 2%~7%,固态收缩率为 5%~9%。钢件中缩孔和缩松的形成是因为钢液凝固时要发生体积收缩。当钢液在钢模中由外向内自高温向低温凝固时,最后凝固的部位由于得不到钢液的补充,便会在钢锭的上部形成缩孔,如图 3-9 所示。缩孔周围的微小分散孔隙叫疏松,其形成如图 3-10 所示。它主要是由于枝晶在成长过程中,因枝干间得不到钢液的补充而形成的。

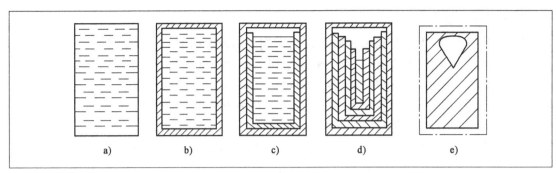

图 3-9 缩孔形成示意图

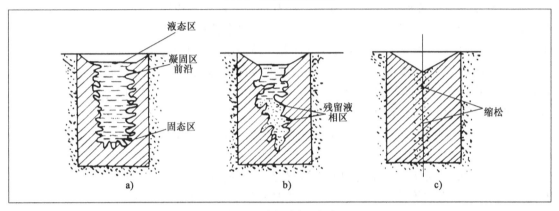

图 3-10 缩松形成示意图

防止缩孔与缩松的基本途径：根据合金的体积收缩特性、结晶温度范围大小及铸锭尺寸等，制定正确的铸锭工艺，在保证铸锭自下而上顺序的凝固条件下，尽可能使缩孔分散或将缩松转化为铸锭头部的集中缩孔。凡是提高铸锭断面温度梯度的措施（如铁模铸锭时，提高浇铸温度和浇铸速度），均有利于集中缩孔的形成；降低浇铸温度和浇铸速度，提高模温，则有利于分散缩孔或缩松的形成。

3.3 合金的凝固与二元合金相图

一、合金相图的建立

与纯金属结晶相比，合金的结晶有它自己的特点。首先，合金的结晶不一定是在恒温下进行，大部分合金的结晶是在一个温度范围内完成，而纯金属的结晶是在一个固定的温度下完成；其次，合金的结晶不仅会发生晶体结构的变化，还伴随化学成分的变化，而纯金属的结晶只发生晶体结构的变化。

1. 相图的相关概念

纯金属结晶后得到单相固溶体，而合金结晶后可以获得单相固溶体，也可以获得单相金属化合物，但更常见的是获得既有固溶体又有金属化合物的多相组织(图 3-11)。相图是用来表示合金系中各个合金结晶过程的图,用来研究合金系的状态、温度、压力及成分之间的关系。

下面介绍几个跟相图有关的基本概念。

(1)组元。通常把组成合金的最简单、最基本、能够独立存在的物质称为组元。组元大多数情况下是元素,但既不分解也不发生任何化学反应的稳定化合物也可称为组元,如 Fe_3C 可视为一组元。

(2)合金系。由两个或两个以上组元按不同比例配制成的一系列不同成分的合金,称为合金系,或简称系,如 Pb-Sn 系、Fe-Fe_3C 系等。

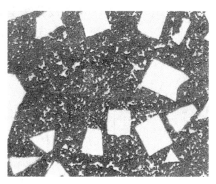

图 3-11 多相固态合金显微组织
(25% Pb + 15% Sn + 60% Bi)

(3)平衡相、平衡组织。如果合金在某一个温度停留任意长的时间,合金中各个相的成分都是均匀不变的,各相的相对质量也不变,那么该合金就处于相平衡状态,此时合金中的各相称为平衡相。这些平衡相所构成的组织就称为平衡组织。平衡相在合金中处于最稳定的状态。

(4)平衡结晶。如果合金在结晶过程或者相变过程中冷却速度非常缓慢,则原子有充分的时间扩散,结晶相接近于处于平衡状态的平衡相,处于平衡状态的结晶为平衡结晶。

(5)相图。用来表示合金系中各个合金的结晶过程的简明图解称为相图,又称状态图或平衡图,相图上所表示的组织都是在十分缓慢冷却的条件下获得的,都是接近平衡状态的组织。

2. 二元相图的建立

几乎所有的合金相图都是用实验方法测定出来的。最常用的实验方法是热分析法,下面就以 Cu-Ni 系合金为例进行介绍。

配制不同成分的 Cu-Ni 系合金,见表 3-2。

不同成分的 Cu-Ni 系合金　　　　表 3-2

元素	成分比例(%)					
Cu	100	80	60	40	20	0
Ni	0	20	40	60	80	100

配制的合金越细,实验数据间隔越小,测绘出来的合金相图就越精确。

如图 3-12 所示,作出每个合金的冷却曲线,并找出各冷却曲线上的临界点(即转折点和停止点)。

作一个以温度为纵坐标(单位为℃),以合金成分为横坐标(单位为质量或原子百分数)的直角坐标系统,并在横坐标上各成分点作垂直线——成分垂线,然后把每个合金冷却曲线上的临界点分别标在各合金的成分垂线上。

将各成分线上具有相同意义的点连接成线,并根据已知条件和实际分析结果写上数字、字母和各区所存在的相或组织的名称,就得到一个完整的二元合金相图。

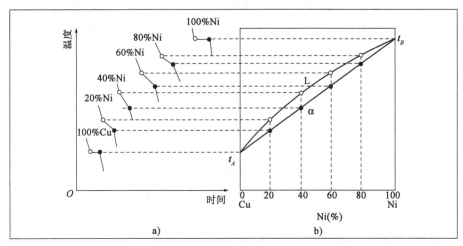

图 3-12 Cu-Ni 系合金相图的测定
a)Cu-Ni 系合金的冷却曲线;b)Cu-Ni 系合金相图

冷却曲线上的转折点及停止点,表示金属及合金在冷却到该温度时发生了冷却速度的突然改变,这是由于金属及合金在结晶(即相变,包括固态相变)时有结晶潜热放出,抵消了部分或全部热量散失。

如图 3-12 所示,t_A 点是纯铜的熔点,t_B 点是纯镍的熔点。图中只有两条线,上面一条是不同成分合金在缓慢冷却时开始结晶的温度线,或者是在缓慢加热时合金熔化终了的温度线,在相图中称为液相线。下面一条线是不同成分合金在缓慢冷却时结晶结束的温度线,也是合金在缓慢加热时开始熔化的温度线,称为固相线。液相线和固相线把相图分为三个区域,在液相线之上的部分为液相区,用"L"表示;固相线下的部分称为固相区,用"α"表示,为 Cu 与 Ni 组成的无限固溶体;两线之间的部分称为液固混合区,在此区间固液两相平衡存在,用"α + L"表示。

合金结晶的临界点即合金的实际结晶温度和冷却速度密切相关。合金的冷却速度越大,临界点就越低;合金的冷却速度越小,则临界点越高。由于相图中的数据是在无限缓慢冷却条件下测得的,它应该属于平衡结晶的情况,因而相图又称为平衡图。

二、二元匀晶相图

1. 相图分析

组成二元合金的两个组元,在液态和固态时能够无限互溶,且只发生匀晶反应的相图称为匀晶相图。图 3-13 为典型的 Cu-Ni 匀晶相图及冷却过程中的组织转变。在图 3-13 中,上 AB 为液相线,在此温度之上合金为液相(L);下 AB 为固相线,在此温度之下合金为固相(α)。在液相线与固相线之间合金处于液、固两相（L＋α）并存的状态。固相线的两个端点 A 和 B 是合金系统的两个组元 Cu 和 Ni 的熔点。

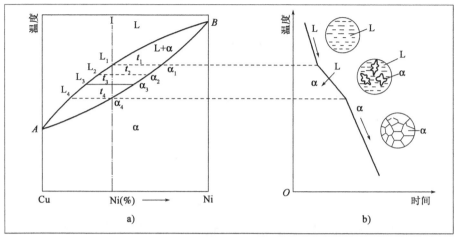

图 3-13　Cu-Ni 匀晶相图及冷却曲线及组织转变
a）Cu-Ni 二元合金相图；b）L 合金的冷却曲线及组织转变示图

2. 合金的结晶过程

如图 3-13b）所示，设有一定成分合金 L，在温度下降的过程中与相图上的液相线和固相线交于两点 L_1 与 $α_4$。分析合金在冷却曲线上的各段所发生的结晶或相变过程，如图 3-13b）所示。

当合金以非常缓慢的冷却速度进行冷却时，在 L_1 点以上时液态合金只进行简单冷却，冷至 L_1 时，开始从液态合金中结晶出 α 相，即（L→α）；随着温度继续下降，固相量不断增多，液相的量不断减少，同时液相和固相的成分也将通过原子扩散不断改变，液相成分随着液相线变化，固相成分随着固相线变化；温度到达 $α_4$ 点时，最后一滴 L_4 成分的液体也转变为固溶体，此时固溶体的成分又变回到合金成分 $α_4$ 上来。液相金属全部结晶为固相，结晶过程完毕。

由以上分析，固溶体的结晶是在一定的温度区间完成的，并且在单相区内，相的成分就是合金的成分，相的质量就是合金的质量。

3. 二元相图的杠杆定律

二元合金两相平衡时，两平衡相的成分与温度有关，温度一定则两平衡相的成分均为确定值。通过该温度时的合金点作水平线，分别与相区两侧分界线相交，两个交点的成分坐标即为相应两平衡相成分。

如图 3-14 中，成分为 b 的 Cu-Ni 合金，过 b 点的水平线与液相线和固相线分别交于 a、c 两点，a、c 点的成分坐标值即为 Ni 含量 $b\%$ 的合金 T_1 温度时液、固相的平衡成分。Ni 含量 $b\%$ 的合金在 T_1 温度处于两相平衡共存状态时，两平衡相的相对质量也是确定的。图 3-14 中 b 点所示合金含 Ni 量为 $b\%$，T_1 温度时液相 L（Ni 含量 $a\%$）和 α 固相（Ni 含量 $c\%$）两相平衡共存。设该合金质量为 Q，液相、固相质量为 Q_L、$Q_α$，显然，由质量平衡得合金中 Ni 的质量等于

液、固相中 Ni 质量之和，即

$$Q \cdot b\% = Q_L \cdot a\% + Q_\alpha \cdot c\%$$

合金总质量等于液、固相质量之和，即

$$Q = Q_L + Q_\alpha$$

二式联立得

$$(Q_L + Q_\alpha) \cdot b\% = Q_L \cdot a\% + Q_\alpha \cdot c\%$$

化简整理后得

$$\frac{Q_L}{Q_\alpha} = \frac{b\% - c\%}{a\% - b\%} = \frac{bc}{ab}$$

或整理得

$$Q_L \cdot ab = Q_\alpha \cdot bc$$

因该式与力学的杠杆定律（图 3-14）相同，所以，我们把 $Q_L \cdot ab = Q_\alpha \cdot bc$ 称为二元合金的杠杆定律。杠杆两端为两相成分点 Q_L、Q_α，支点为该合金成分点 $b\%$。利用该式，还可以推导出合金中液、固相的相对质量的计算公式，如下：

设液、固相的相对质量分别为 W_L、W_α，即 $W_L = \frac{Q_L}{Q}$、$W_\alpha = \frac{Q_\alpha}{Q}$；将 $\frac{Q_L}{Q_\alpha} = \frac{bc}{ab}$ 两端加 1 得 $\frac{Q_L}{Q_\alpha} + 1 = \frac{bc}{ab} + 1$，即 $\frac{Q_L + Q_\alpha}{Q_\alpha} = \frac{Q}{Q_\alpha} = \frac{bc + ab}{ab} = \frac{ac}{ab}$，则 $W_\alpha = \frac{ab}{ac}$。用 1 减去该式两端得 $1 - W_\alpha = 1 - \frac{ab}{ac}$，即 $W_L = \frac{ac - ab}{ac} = \frac{bc}{ac}$。

必须指出，杠杆定律只适用于相图中的两相区，即只能在两相平衡状态下使用。

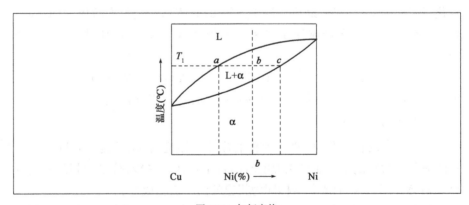

图 3-14　杠杆定律

4. 固溶体的枝晶偏析

固溶体合金在结晶的过程中，只有在极缓慢的条件下原子具有充分扩散的能力，固相成分和液相成分才会沿着固相线和液相线变化。但在实际生产条件下，合金不可能无限缓慢冷却，一般冷却较快，此时合金内部尤其是固相内部的原子扩散过程不能充分进行，如图 3-15a）所示。在 Cu-Ni 结晶过程中，会使先结晶出来的固相 Ni 含量较高,后结晶出来的固相 Ni 含量较低。对于某一个晶粒来说,则表现为先形成的心部 Ni 含量较高,后形成的外层 Ni 含量较低。这种晶粒内部化学成分不均匀的现象称为晶内偏析。因为固溶体的结晶一般是按树枝状方式成长的,这就使先结晶的枝干成分与后结晶的分枝成分不同,由于这种偏析呈树枝状分布,故又称为枝晶偏析。图 3-15b) 为 Cu-Ni 系合金的枝晶偏析显微组织,可以看出 α 固溶体是呈树枝状的,先结晶的枝干富镍,不易腐蚀,呈白色,而后结晶枝间富铜,易侵蚀因而呈暗黑色。枝晶偏析可采用均匀化退火(扩散退火)的方式消除。

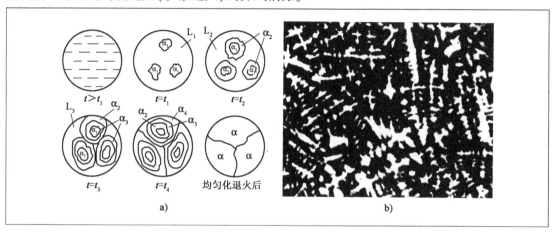

图 3-15　合金凝固的枝晶偏析
a)枝晶偏析的过程;b)Cu-Ni 系合金的枝晶偏析显微组织

三、二元共晶相图

组成二元合金的两种组元,在液态无限互溶而只在固态有限互溶,并发生共晶反应时,所构成的相图为共晶相图。如 Pb-Sn 二组元组成的合金系,其相图就是一种典型的共晶相图,此外还有 Pb-Sb、Cu-Ag、Pb-Bi、Cd-Zn、Sn-Cd、Zn-Sn 等二元共晶体系。

1. 相图分析

以 Pb-Sb 系合金为例,对共晶相图进行分析,如图 3-16 所示。

在图 3-16 中,ACB 为液相线,$AECDB$ 为固相线,在 ACB 以上合金为液相,在 $AECD$ 以下合金为固相,在两线之间为合金液固两相共存区;A 点为 Pb 的熔点,B 点为 Sb 的熔点。在此相图中,有两种溶解度有限的固溶体:一个是以 Pb 为溶剂,以 Sb 为溶质的 α 固溶体,其溶解度曲线为 EF;另一个是以 Sb 为溶剂,以 Pb 为溶质的 β 固溶体,其溶解度曲线为 DG。当合金成分≤E 点时,液相在固相线 AE 以下结晶为 α 固溶体;当合金成分≥D 点时,液相在固相线 BD 以下结晶为单相 β 固溶体。对于成分在 E 点至 D 点之间的合金在结晶温度达到固相线的水平部分 ECD 时,将从其液相中同时析出两种成分不同的固溶体 α 和 β。

这种由一定成分的液相,在恒温下同时结晶出两种成分与结构都不同的

固相的反应,称为共晶反应。共晶反应的表达式为:
$$L_C \Leftrightarrow \alpha_E + \beta_D$$

共晶反应的产物为两相机械混合物,称为共晶体;发生反应的温度称为共晶温度,ECD 称为共晶线;EC 为亚共晶合金,CD 为过共晶合金。

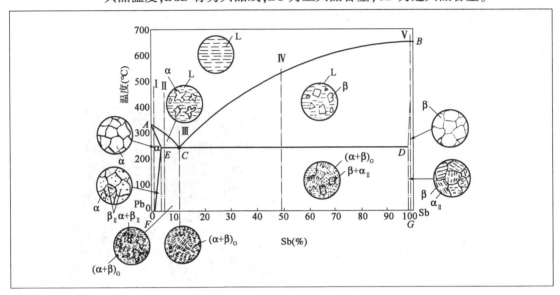

图 3-16 Pb-Sb 系合金相图及成分线❶

2. 合金的结晶过程

(1)共晶成分合金的结晶。

共晶合金成分垂线为图 3-16 Ⅲ,合金的冷却曲线及结晶过程如图 3-17 所示。该合金从液态缓慢冷却至 1 点温度时,垂线同时与固相线和液相线相交,表明在此恒温下液相开始结晶并完成结晶过程,发生共晶反应,析出两相共晶体 α_E 和 β_D,共晶反应的反应表达式为:
$$L_C \Leftrightarrow \alpha_E + \beta_D$$

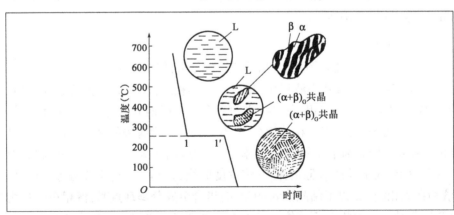

图 3-17 合金的冷却曲线及结晶过程

---

❶ 下标 G 表示共晶组织。

在温度从1点温度冷却到室温的过程中，α_E 和 β_D 的溶解度随着 EF 和 DG 线不断下降，共晶体中的 α_E 和 β_D 均发生二次结晶，即从 α_E 中析出 α_{II}，β_D 中析出 β_{II}。最后，α_E 的成分从 E 点变到 F 点，β_D 的成分从 D 点变到 G 点。二次相（α_{II} 和 β_{II}）一般分布于晶界或固溶体之中，共晶体的形态不发生变化，并且其量小又不容易分辨，所以在共晶体中一般不予考虑。故合金Ⅲ结晶后的室温组织全部为 $(\alpha+\beta)_C$ 共晶体，其组织组成物只有一种，即共晶体，组成相为两个，即 α 相和 β 相，两相彼此相间排列，交错分布，共晶合金组织如图3-18所示。

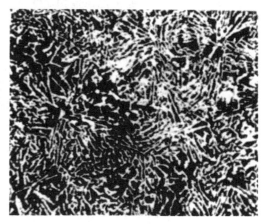

图3-18　Pb-Sb共晶合金组织（100×）

（2）亚共晶合金的结晶过程。

如图3-16Ⅱ所示，合金成分位于共晶成分点 C 以左，E 点以右，属于亚共晶合金。合金Ⅱ的冷却曲线及结晶过程如图3-19所示。在1点温度以上时，合金为液相，到达1点温度后，从液相中开始结晶，发生匀晶反应，析出 α 固溶体。随着温度缓慢下降，α 固溶体的含量不断增多，剩余液相的含量不断减少，与此同时固相和液相成分分别沿固相线和液相线变化。当合金冷却至3点时，剩余的液相恰好到达共晶成分（C 点），剩余的液相即在此点发生共晶反应。在共晶反应进行的同时，冷却曲线应出现一个平台，在此恒温过程中，剩余液相发生共晶反应全部转化为共晶固溶体 $(\alpha+\beta)_C$。这时合金的固态组织是先共晶 α 固溶体和 $(\alpha+\beta)_C$ 共晶体。液相消失之后合金继续冷却至室温，在3点温度以下，Sb 在 α 中的固溶度和 Pb 在 β 中的固溶度分别沿着 EF 和 DG 变化，表明随着温度的降低，Sb 在 α 中的固溶度和 Pb 在 β 中的固溶度均下降，因此，从 α 和 β 中分别析出 β_{II} 和 α_{II} 两种次生相（固态相变），但是由于前述共晶体中的次生相可以不予考虑，因而只需考虑从先共晶 α 固溶体中析出的 β_{II} 的数量。根据杠杆定律，可计算出其相对量。合金Ⅱ的最终组织应为 $\alpha+(\alpha+\beta)_C+\beta_{II}$。

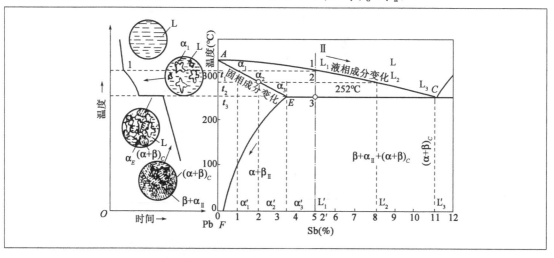

图3-19　合金Ⅱ的冷却曲线及结晶过程

通常把在金相显微镜下观察到的具有某种形貌或形态特征的部分,称为组织。组织组成物可以由一个相组成,也可以由几个相复合组成;同一个相,也可分布于几种组织中。

图 3-20 是含 5%Sb 的 Pb-Sb 亚共晶合金显微组织,它由三种物质组成:图中暗黑色树枝状为初晶 α 固溶体,黑白相间分布的为 (α+β) 共晶体,α 枝晶内的白色小颗粒为 $β_{II}$。

上述组织中的 α、$β_{II}$ 及 (α+β) 通常叫作合金的"组织组成物"。

(3) 过共晶合金的结晶过程。

如图 3-16 Ⅳ所示,该合金成分位于 C 点和 D 点之间,为过共晶合金。其结晶过程与亚共晶合金 Ⅱ 的结晶过程相似,包括匀晶反应、共晶反应和二次结晶三个步骤。但与亚共晶结晶过程不同的是,在凝固过程中从液相中析出的是先共晶 β 固溶体,在二次结晶过程中从 β 固溶体中析出 $α_{II}$,室温下合金 Ⅳ 的最终组织应为 $β+(α+β)_C+α_{II}$,其显微组织如图 3-21 所示。

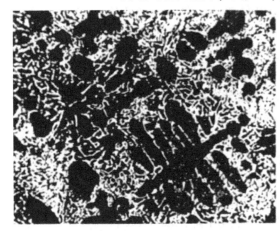

图 3-20 含 5%Sb 的 Pb-Sb 亚共晶合金组织　　图 3-21 过共晶 Pb-Sb 的显微组织

(4) Sb 量小于 E 点的合金结晶过程。

如图 3-16 Ⅰ所示,Sb 量小于 E 点的合金冷却曲线及结晶过程如图 3-22 所示。

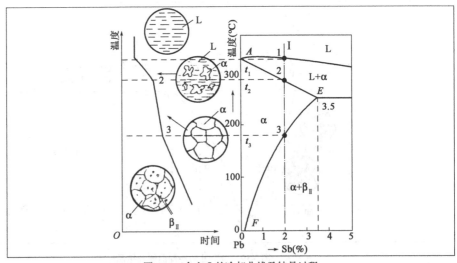

图 3-22 合金 Ⅰ 的冷却曲线及结晶过程

液态合金冷却至 1 点温度时,发生匀晶反应,从液态合金中结晶出 α 固溶体;随着温度的降低,α 固溶体不断增多,至 2 点温度时液相全部冷却为 α 固溶体;2 点温度至 3 点温度,固溶体 α 成分无变化;从 3 点温度继续下降的过程中,由于 Sb 在 α 固溶体中的固溶度随温度的降低而降低,因此,α 固溶体中析出了 $β_{II}$,发生二次结晶过程,最终凝固组织为 $α + β_{II}$。

四、二元包晶相图

两组元在液态下无限相互互溶,在固态下有限相互互溶,并发生包晶转变的相图称为包晶相图。具有这种相图的合金主要有 Pt-Ag、Ag-Sn、Al-Pt、Cd-Hg、Sn-Sb 等,应用最多的 Cu-Zn、Cu-Sn、Fe-C、Fe-Mn 等合金系中也包含这种类型的相图。因此,二元包晶相图也是二元合金相图的一种基本形式。

下面以 Pt-Ag 系合金系为例,对包晶相图进行分析。Pt-Ag 系合金相图如图 3-23 所示。

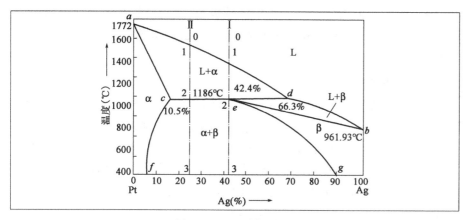

图 3-23　Pt-Ag 系合金相图

Pt-Ag 系合金相图中存在三种相:Pt 与 Ag 形成的液相 L 相;Ag 溶于 Pt 中的有限固溶体 α 相;Pt 溶于 Ag 中的有限固溶体 β 相。e 点为包晶点。e 点成分的合金冷却到 e 点所对应的温度(包晶温度)时发生以下反应:

$$α_e + L_d \longrightarrow β_e$$

这种由一种液相与一种固相在恒温下相互作用而转变为另一种固相的反应叫作包晶反应。发生包晶反应时三相共存,它们的成分确定,反应在恒温下平衡地进行。水平线 ced 为包晶反应线。cf 为 Ag 在 α 中的溶解度线,eg 为 Pt 在 β 中的溶解度线。

1. 合金 I 的结晶过程

合金 I 的结晶过程如图 3-24 所示。液态合金冷却到 1 点温度以下时,结晶出 α 固溶体,L 相成分沿 ad 线变化,α 相成分沿 ac 线变化。合金刚冷却到 2 点温度而尚未发生包晶反应前,由 d 点成分的 L 相与 c 点成分的 α 相组成。此两相在 e 点温度时发生包晶反应,β 相包围 α 相而形成。反应结束后,L 相与 α 相均全部反应耗尽,形成 e 点成分的 β 固溶体。温度继续下降时,从 β

中析出 α_{II}。最后室温组织为 $\beta+\alpha_{II}$。其组成相和组织组成物的成分以及相对质量可根据杠杆定律来确定。

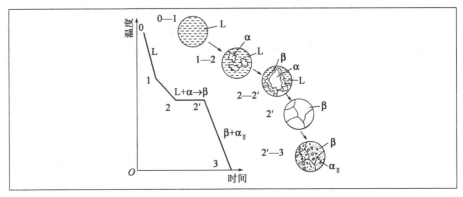

图 3-24 合金 I 结晶过程示意图

在合金结晶过程中,如果冷速较快,包晶反应时原子扩散不能充分进行,则生成的 β 固溶体中会发生较大的偏析。原 α 处 Pt 含量较高,而原 L 区含 Pt 量较低,这种现象称为包晶偏析。包晶偏析可通过扩散退火来消除。

2. 合金 II 的结晶过程

合金 II 的结晶过程如图 3-25 所示。液态合金冷却到 1 点温度以下时结晶出 α 相,刚至 2 点温度时合金由 d 点成分的液相 L 和 c 点成分的 α 相组成,两相在 2 点温度发生包晶反应,生成 β 固溶体。与合金 I 不同,合金 II 在包晶反应结束之后,仍剩余有部分 α 固溶体。在随后的冷却过程中,β 和 α 中将分别析出 α_{II} 和 β_{II},所以,最终室温组织为 $\alpha+\beta+\alpha_{II}+\beta_{II}$。

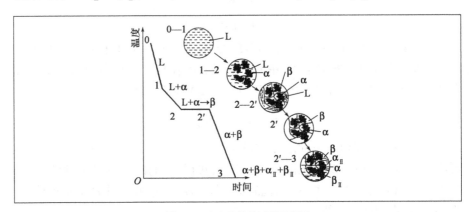

图 3-25 合金 II 结晶过程示意图

包晶反应易发生晶内偏析。在实际的生产过程中,由于冷却速度较快,固态物质中原子的扩散过程比较困难,包晶转变的进行速度极为缓慢,包晶反应经常不能进行到底,在结晶终了时将获得成分不均匀的不平衡组织,如图 3-26 所示。

图 3-27 为含 65% Sn 的 Cu-Sn 系合金由于包晶反应不能充分进行而得到的不平衡组织。图中灰色的是原始 ε 相,包围它的白色相是包晶反应生成 η 相,

黑色基体是剩余液相在227℃形成的共晶体。包晶偏析易发生在包晶转变温度较低的合金中,可通过长时间的扩散退火降低或消除。

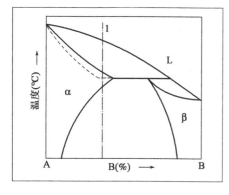

图3-26 因快冷而可能发生的包晶反应　　图3-27 含65%Sn的Cu-Sn系合金的不平衡组织

五、共析相图

共析反应是指从某种均匀一致的固相中同时析出两种化学成分和晶格结构完全不同的新固相的转变过程。共析反应从形式上与共晶反应十分相似,只是共析反应的反应物是固相,而共晶反应的反应物是液相而已。由于共析反应是在固态合金中进行的,转变温度较低,原子扩散困难,因而容易达到较大的过冷度,所以与共晶体相比,共析组织更细致、更均匀。共析反应的表达式为

$$\alpha_c \xrightleftharpoons{\text{恒温}} \beta_{1d} + \beta_{2e}$$

如图3-28所示,其下半部分为共析相图,形状与共晶相图相似。d点成分(共析成分)的合金(共析合金)从液相经匀晶反应生成γ相后,继续冷却到d点温度(共析温度)时,发生共析反应,共析反应的形式类似于共晶反应,而区别在于它是由一个固相(γ相)在恒温下同时析出两个固相(c点成分的α相和e点成分的β相)。反应式为:$\gamma_d \xrightarrow{\text{恒温}} \alpha_c + \beta_e$,此两相的混合物称为共析体(层片相间)。由于共析反应是在固态下进行的,所以,共析产物比共晶产物要细密得多。

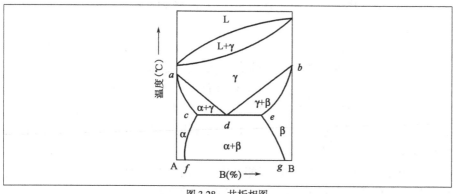

图3-28 共析相图

六、形成稳定化合物的二元合金相图

所谓稳定化合物,是指具有一定熔点,在熔点温度以下能够保持自己固有结构而不发生分解的化合物。具有稳定化合物的相图很多,尤其是在陶瓷相图中更为常见。如 Mg 和 Si 即可形成分子式为 Mg_2Si 的稳定化合物,Mg-Si 系合金相图就是形成稳定化合物的二元合金相图,如图3-29所示。

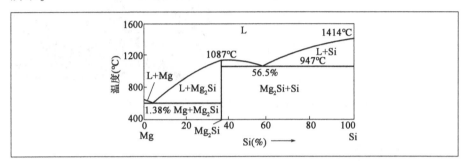

图 3-29 Mg-Si 系合金相图

这类相图的特点是在相图中间有一个代表稳定化合物的垂直线(单相区、成分固定),垂足代表稳定化合物的成分,垂直线的顶点代表其熔点。分析这类相图时,可把稳定化合物当作纯组元看待,将相图分成几个部分进行分析。若把稳定化合物 Mg_2Si 视为一个组元,即可认为这个相图是由左、右两个简单共晶相图所组成($Mg-Mg_2Si$ 和 Mg_2Si-Si)的。因此,可以分别对它们进行研究,使问题大大简化。

七、复杂二元相图的分析方法

由以上分析可知,在分析二元相图时,实际二元相图往往比较复杂,可按下列步骤进行分析。

(1)首先看相图中是否存在化合物,如有稳定化合物,则以这些稳定化合物为界(把化合物视为组元),把相图分成几个区域(基本相图)进行分析。

(2)根据相区接触法则,认清各相区的组成相。

组成二元相图的基本单元有单相区、双相区和三相区。这些单元根据相区接触法则组合在一起。

单相区:代表在特征范围内具有单一结构单一的相,若单相为一根垂线,则表示该相成分不变。单相区相的成分、质量与原合金相同。

双相区:邻区原则是含有 P 个相的相区的邻区,只能含有 $P±1$ 个相。违背了这条原则,无法满足相律的要求。双相区中平衡相之间都有互溶度,只是互溶度大小不同而已。双相区在不同温度下两相成分沿相界线变化,各相的相对量可由杠杆法则求得。

三相区:三相共存水平线,三相共存(平衡)时,三个相的成分固定不变,可用杠杆法则求出恒温转变前、后相组成的相对量。

(3) 找出所有的三相共存水平线,分析这些恒温转变的类型,写出转变式。

(4) 应用相图分析典型合金的组晶过程和组织变化规律。

(5) 在应用相图分析实际情况时,切记相图只给出体系在平衡条件下存在的相和相对量,并不能表达出相的形状、大小和分布(这些只取决于相的本性及形成条件);同时,相图只表示平衡状态的情况,而实际生产条件下很难达到平衡状态,因此,要特别重视它们的非平衡条件下可能出现的相和组织。

(6) 相图的正确与否可用相律来判断。

在分析和认识了相图中的相、相区及相变线的特点之后,就可分析具体合金随温度改变而发生的相变及组织变化。

常见三相等温水平线上的反应见表 3-3。

常见三相等温水平线上的反应　　　　　　　　　　　表 3-3

反应名称	图形特征	反应式	说明
共晶反应	α ─ L ─ β	$L \xrightleftharpoons[]{恒温} \alpha + \beta$	恒温下由一个液相同时结晶出两个成分结构不同的新固相
包晶反应	L ─ β ─ α	$\gamma \xrightleftharpoons[]{恒温} \alpha + \beta$	恒温下由一个液相包着一个固相生成另一个新的固相
共析反应	α ─ γ ─ β	$L + \beta \xrightleftharpoons[]{恒温} \alpha$	恒温下由一个固相同时析出两个成分结构不同的新固相

八、相图与合金性能的关系

合金的使用性能决定于合金的成分和组织,而合金的结晶特点又影响了其工艺性能。相图反映了不同成分材料的结晶特点,并且反映了一定温度下材料的成分与其组成相之间的关系,因此,相图与材料成分、性能之间存在一定的联系。掌握这些规律,对选用和配制合金是十分有用的。

1. 合金的使用性能与相图的关系

相图反映出不同成分合金室温时的组成相和平衡组织,而组成相的本质及其相对含量、分布状况又将影响合金的性能。图 3-30 表明了合金的使用性能与相图的关系。合金组织为两相混合物时,如两相的大小与分布都比较均匀,合金的性能大致是两相性能的算术平均值,即合金的性能与成分呈直线关系。此外,当共晶组织十分细密时,强度、硬度会偏离直线关系而出现峰值(图 3-30 中虚线所示)。单相固溶体的性能与合金成分呈曲线关系,反映出固溶强化的规律,在对应化合物的曲线上则出现奇异点。

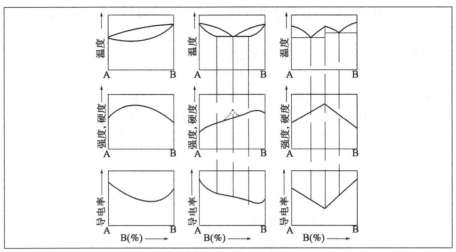

图 3-30　合金的使用性能与相图的关系示意图

对于组织较敏感的某些性能(如材料的强度),与组成相或组织组成物的形态有很大的关系。组成相或组织组成物越细密,则合金的强度越高。在形成化合物时,在性能-成分曲线上会出现使用性能的极大或极小值。

2. 合金的铸造性能与相图的关系

合金的铸造性能主要表现为流动性,以及缩孔、裂纹、偏析等铸造缺陷的形成倾向。这些性能主要取决于相图上液相线与固相线之间的垂直距离和水平距离,即结晶的温度范围和成分范围。

图 3-31 表示了合金铸造性能与相图的关系。在对合金的铸造性能的研究中,对于铸造合金来说,纯组元与共晶成分的合金流动性能越好,缩孔越集中,则铸造性能越好。相图中液相线和固相线的距离越小,液体合金的结晶温度范围越窄,则铸造性能越好。合金的液相线和固相线的距离越大,形成枝晶偏析的倾向性就越大,同时先形成的树枝晶对于液态金属的流动性有很大阻碍,从而形成了更多分散的缩孔。综上所述,共晶合金常选用共晶点或者离共晶点很近的成分合金,这类合金具有良好的铸造性能。

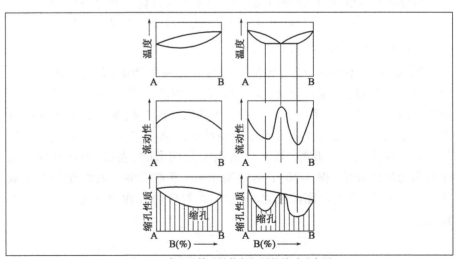

图 3-31　合金的铸造性能与相图的关系示意图

3. 合金的锻造性能与相图的关系

合金为单相组织时,其变形抗力小,变形均匀,不易开裂,变形能力大。

与单相组织相比,双相组织的合金变形能力更差,特别是组织中存在较多的化合物相时合金变形能力更显著,其原因为大多数化合物具有较大的脆性。

习 题

1. 名词解释。

过冷度:

晶核形核率(N):

长大速率(G):

凝固:

结晶:

自由能差:

变质处理:

变质剂:

合金:

组元:

相:

相图:

机械混合物:

枝晶偏析:

比重偏析:

相组成物:

组织组成物:

平衡状态:

平衡相:

2. 为什么纯金属凝固时不能呈枝晶状生长,而固溶体合金却可能呈枝晶状生长?

3. 金属结晶的基本规律是什么?晶核的形核率和长大速率受到哪些因素的影响?

4. 30kg 纯铜与 20kg 纯镍熔化后慢冷至 1250℃,利用 Cu-Ni 相图,确定:

(1) 合金的组成相及相的成分;

(2) 相的质量分数。

5. 铋(Bi)熔点约为 271.5℃,锑(Sb)熔点约为 630.7℃,两组元液态和固态均无限互溶。缓冷时 $w(\text{Bi}) = 50\%$ 的合金在 520℃ 开始析出成分为 $w(\text{Sb}) = 87\%$ 的 α 固相,$w(\text{Bi}) = 80\%$ 的合金在 400℃ 时开始析出 $w(\text{Sb}) = 64\%$ 的 α 固相,根据以上条件:

(1) 绘出 Bi-Sb 相图，标出各线和各相区名称；

(2) 由相图确定 $w(Sb)=40\%$ 合金的开始结晶温度和结晶终了温度，并求出它在 400℃ 时的平衡相成分和相的质量分数。

6. 某合金相图如图 3-32 所示：

(1) 标上 (1)~(3) 区域中存在的相；

(2) 标上 (4)、(5) 区域中的组织；

(3) 相图中包括哪几种转变？写出它们的反应式。

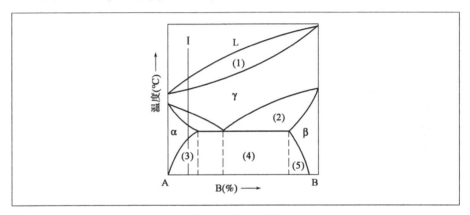

图 3-32　某合金相图

第 4 章
CHAPTER 4
金属的塑性变形与再结晶

在工业生产中,许多金属零件都要经过锻造、挤压、轧制等压力加工,在此过程中,金属会发生不能恢复其原来形状和尺寸的塑性变形,这些塑性变形可以使金属获得一定的外形和尺寸,并且在一定程度上改善了金属的组织和性能。因此,塑性变形也是改善金属材料性能的一个重要手段。在金属材料经过一定的塑性变形后,还可以对金属进行热处理,使其回复和再结晶,材料的性能回到塑性变形前的状态。由此可见,塑性变形及随后的加热对金属材料组织和性能有显著的影响,了解塑性变形的本质,掌握塑性变形及加热时组织的演化规律,有助于发挥金属的性能潜力,对优化材料加工工艺具有重大意义。

4.1 金属的塑性变形

一、单晶体的塑性变形

单晶体是指原子(分子或离子)排列方式完全一致的晶体。单晶体在受到切应力作用时,切应力到达临界值,则单晶体发生塑性变形。单晶体的塑性变形主要有两种方式:滑移和孪生。

(一) 滑移

滑移是指晶体的一部分相对于另一部分沿着特定的晶面(滑移面)和特定的晶向(滑移方向)产生的相对运动。

1. 滑移带和滑移线

如果将表面抛光的单晶体金属进行拉伸,试样经过适量的塑性变形后,在金相显微镜下观察到抛光表面出现许多相互平行的线条,这些线条称为滑移带。每条滑移带都由一组相互平行的滑移线组成,这些滑移线实际上是金属塑性变形后在晶粒表面上产生的一个个滑移台阶。图 4-1 所示为单晶钴经过拉伸变形后表面产生的滑移带和滑移台阶,滑移带是由若干滑移线构成的,如图 4-2 所示。

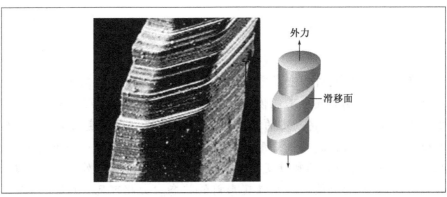

图 4-1 单晶钴拉伸变形后产生的滑移带

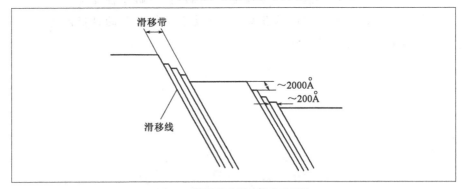

图 4-2 滑移带和滑移线的示意图
$1\text{Å} = 10^{-10}\text{m}$

2. 滑移系

一个滑移面和一个滑移方向组成一个滑移系,滑移系表示晶体在滑移时可能采取的空间取向。滑移系主要与晶体的结构有关,晶体结构不同,滑移系就不同;晶体中的滑移系越多,则滑移越容易进行,金属的塑性就越好。

3. 滑移的特点

(1) 滑移与切应力。

在金属单晶体上施加的外力 F,在某晶面上产生的应力可分解为垂直于该晶面的正应力及平行于该晶面的切应力,如图4-3所示。正应力可使晶体的晶格发生弹性增长,当正应力大于原子间的结合力时,晶体发生断裂;切应力使晶体产生弹性扭曲,当切应力到达一定值后,则沿滑移面产生滑移,使原子到达新的平衡位置。去掉外力后,晶体中的原子不会回到原来的位置,金属发生永久性塑性变形。

因此,晶体的滑移只与作用于滑移面上的切应力有关。

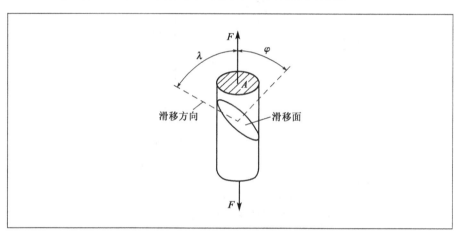

图4-3 晶体滑移时的应力分析
λ-滑移方向与拉伸轴的夹角;φ-滑移面法线与拉伸轴的夹角

(2) 滑移与滑移系。

滑移一般沿最大密排面和密排方向发生。这是因为密排晶面和密排晶向之间的原子间距最大,因而原子结合力最弱,所以在最小的切应力下便能引起它们之间的相对滑动。因此滑移面为该晶体的最密排面,滑移方向为该面上的最密排方向。

每种晶格结构中都有特定的密排面和密排方向,且滑移系的数量不同。面心立方有12个,体心立方常见有12个,密排六方常见有3个,见表4-1。滑移系越多,金属发生滑移的可能性越大。

(3) 滑移与晶体的转动。

随着滑移的进行,晶体还会发生转动,这是因为滑移面上的正应力构成了力偶。如图4-4所示,当晶体受拉伸产生滑移时,如果不受夹头的限制,则拉伸轴线将要逐渐发生偏转(图4-4b)。由于夹头的限制作用,拉伸轴线的方向不能改变,这样就必然使晶体表面做相应的转动。晶体的转动导致滑移系与外力空间位相发生变化,使原来不能滑移的滑移系有可能会进行滑移。

金属三种常见晶格的滑移系　　　　表 4-1

晶格	体心立方晶格		面心立方晶格		密排六方晶格	
滑移面	{110}×6		{111}×4		{0001}×1	
滑移方向	<111>×2		<110>×3		<11$\bar{2}$0>×3	
滑移系	6×2=12		4×3=12		1×3=3	

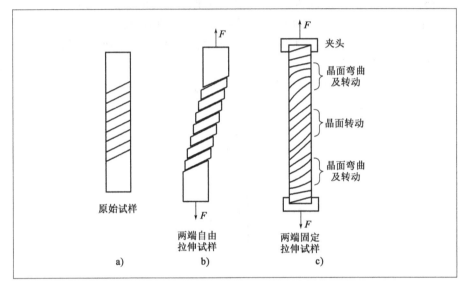

图 4-4　单晶体拉伸变形过程
a)原试样;b)自由滑移变形;c)受夹头限制时的变形

(4) 滑移的机制。

滑移是借助于位错在滑移面上运动来逐步进行的,晶体的滑移必须在一定的外力作用下才能进行。

图 4-5 所示为一刃型位错在切应力的作用下在滑移面上的运动过程,通过一根位错线从滑移面的一侧到另一侧的运动便造成一个原子间距的滑移。对应于位错运动,在滑移面上下原子位移的情况如图 4-6 所示,在滑移的过程中,只需位错中心上面的两列原子(实际为两个半原子面)向右做微量的位移,位错中心下面的一列原子向左做微量的位移,位错中心便会发生一个原子间距的右移。螺型位错运动造成晶体滑移变形的过程如图 4-7 所示。由此可见,通过位错运动方式的滑移,并不需要整个晶体上半部的原子相对于其下半部一起位移,而仅需位错中心附近极少量的原子做微量的位移即可,所以,实际滑移所需的临界切应力远远小于刚性滑移。

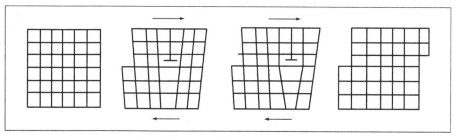

图 4-5　刃型位错在切应力的作用下在滑移面上的运动过程

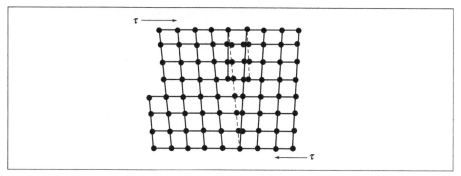

图 4-6　位错运动时的原子位移

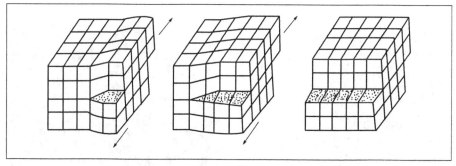

图 4-7　螺型位错运动造成晶体滑移变形的过程示意图

(二) 孪生

在切应力作用下,单晶体有时还可以通过另一种方式发生塑性变形,这种变形方式就叫作孪生。图 4-8 所示为面心立方晶体的孪生变形。

晶体在切应力作用下发生孪生变形时,晶体的一部分沿一定的晶面(孪生面)和一定的方向(孪生方向)相对于另一部分做均匀切变。这种切变不会改变晶体点阵类型,但可以使变形部分的位向发生变化,并与未变形部分的晶体以孪晶界为分界面构成了镜面对称的位向关系。通常把对称两部分的晶体称为孪晶,将形成孪晶的过程称为孪生。

孪生变形之后,孪晶面两侧的晶体形成镜面对称,发生孪生的晶体抛光之后可以在显微镜下观察到孪生带,即孪晶,如图 4-9a) 所示。孪生变形时,在孪晶区发生了均匀切变,相邻原子层沿孪生方向的相对位移距离都是该晶向上原子间距的分数。由于孪生变形是在较大的原子范围内进行的,且变形速度极快,故孪生所需的切应力要比滑移大得多。因此,孪生变形仅在滑移系较少而不易产生滑移的密排六方晶格金属(如 Mg、Zn、Cd 等)中易于发生,在体心立方晶格金属如(α-Fe)中,仅在室温以下或受冲击应力作用时才发生。而在易于滑移的面心立方晶格金属(如 Al、Cu 等)中,一般不发生孪生,但黄铜合金在退火时会产生孪晶,即退火孪晶,如图4-9b)所示。

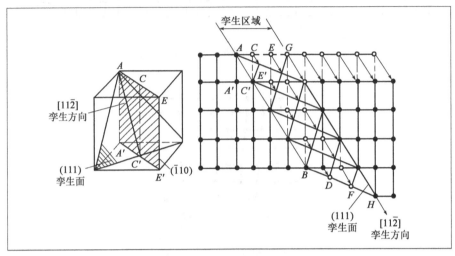

图 4-8 面心立方晶体的孪生变形

a)

b)

图 4-9 孪晶光学显微镜照片
a)TC4 钛合金中的变形孪晶;b)黄铜合金中的退火孪晶

孪生对塑性变形的贡献比滑移小很多,但是由于孪生之后部分晶体位向发生改变,可以使原来处于不利取向的滑移转变为有利取向的滑移,可以使晶体进一步滑移,提高金属的塑性变形能力。

二、多晶体的塑性变形

多晶体的塑性变形与单晶体的塑性变形有相同之处,但由于各个晶粒位相不同,并且晶粒之间还有晶界,所以,多晶体的塑性变形有其独特之处。

1. 晶界阻碍位错运动

晶界是相邻晶粒的过渡区,晶界处原子排列不规则,位错运动到晶界附近时,受到晶界的阻碍而堆积起来,若要继续进行变形,则必须增大外力。在做晶粒拉伸试验时,晶粒变形发生在晶界附近的很小,而远离晶界的很大。如图4-10所示,说明晶界的变形抗力大于晶粒内部。

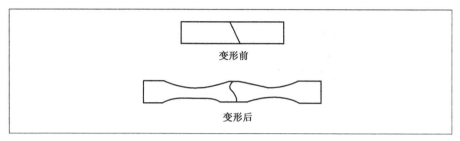

图4-10　由两个晶粒所做成的试样图在拉伸时的变形

2. 晶粒间的位向差阻碍滑移

由于各相邻晶粒之间存在位向差,当一个晶粒发生塑性变形时,周围晶粒如果不发生塑性变形,则不能保持晶粒间的连续性,甚至造成材料出现孔隙或破裂。因此,需要施加更大的外力,使晶粒发生滑移并带动周围相邻晶粒也发生滑移,这就增大了晶粒的变形抗力,阻碍滑移的进行。因此,多晶体的塑性变形抗力总是高于单晶体。锌的拉伸曲线如图4-11所示。

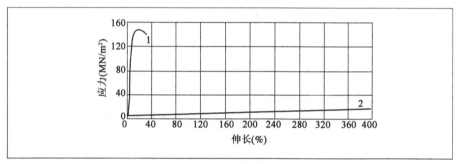

图4-11　锌的拉伸曲线
1—多晶体试样；2—单晶体

3. 多晶体的塑性变形过程

最先产生滑移的是滑移面和外加载荷构成软位相的晶粒。同时,激发邻近处于次软位的晶粒中滑移系的启动,产生塑性变形,使变形过程不断进行下去。此外,晶粒滑移时发生位向转动,使已变形的晶粒中原来软位向逐渐转化为硬位向。所以,多晶体的变形实质是晶粒一批批进行塑性变形,直到所有的晶粒都发生塑性变形。晶粒越细,变形的不均匀性就越小。

如图4-12所示,用A、B、C表示不同位向晶粒分批滑移的次序。而多晶体晶粒是相互牵制的,在变形的同时要发生相对转动,转动的结果使晶粒位向发生变化,原先处于软位向的晶粒可能转变成了硬位向,原先处于硬位向的晶粒也可能转变成了软位向,从而使变形在不同位向的晶粒之间交替发生,使不均匀变形逐步发展到均匀变形。

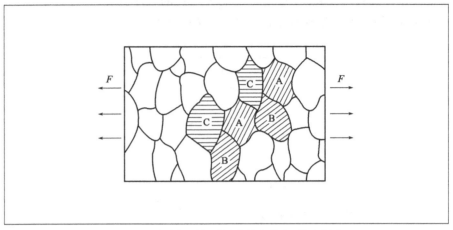

图 4-12　多晶体金属不均匀塑性变形过程的示意图

4.2　塑性变形对金属组织和性能的影响

一、塑性变形对金属组织结构的影响

1. 在晶粒内部出现滑移带和孪生带等组织

图 4-13 为多晶铜变形后，各个晶粒滑移带的光学显微镜照片。铜是面心立方晶体，滑移系是{111}<110>，有 12 种组合。从图 4-13 中可看出，部分晶粒有两个以上的滑移面产生了滑移。由于晶粒取向不同，滑移带的方向也不同。

2. 纤维组织

图 4-13　多晶铜试样拉伸后形成的滑移带

在拉应力的作用下，随塑性变形量的增大，内部晶粒的形状将沿受力方向伸长，当形变量很大时，晶粒被进一步拉长或压扁为细条状或者纤维状，此时的组织称为纤维组织，如图 4-14 所示，变形后的组织使晶体沿纤维方向和沿垂直于纤维方向的力学性能不一致，即产生各向异性。

3. 亚结构

在未变形的晶粒内部常存在大量的位错，为了降低应变能，位错趋向于形成位错壁（亚晶界）。金属经大量的塑性变形后，由于位错的运动和位错的交互作用，位错运动变得不均匀，晶粒再次分化为许多位相略有不同的小晶粒，形成亚晶粒。亚晶粒的出现阻止了滑移的进行，提高了金属的强度及硬度。

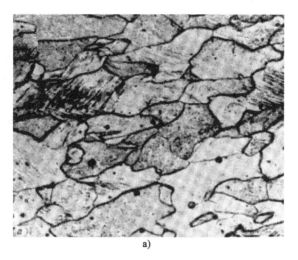

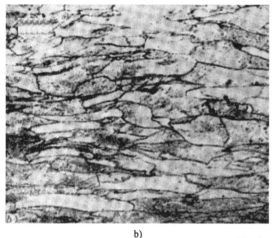 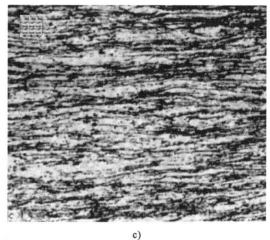

图 4-14 工业纯铁冷塑性变形后组织
a)变形程度 20% ;b)变形程度 50% ;c)变形程度 70%

4. 织构现象

由于多晶体在塑性变形的过程中同时伴随晶粒的转动,故在变形量达到一定程度(70% ~90%)时,多晶体中原来位向不同的各个晶粒,在大体方向上趋于一致,这种位向一致的结构称为织构。晶体织构一般包括丝织构和板织构两种。丝织构,也称为纤维织构,其各晶粒的某一晶向趋于排列一致,如图 4-15a)所示。板织构,也称为轧制织构,其各晶粒的某一晶面趋于相互平行,且在此晶面上的某一晶向也趋于一致,如图 4-15b)所示。形变织构使金属的力学性能呈现各向异性,给加工和使用都造成了一定的困难。

金属中织构的形成,也会使其性能呈现出方向性,在大多数情况下是不利的。冲压中的"制耳"现象,即深冲产品的杯口部出现的波浪形的突起,如图 4-16 所示,就是由各个方向上的延伸率不相等所造成的。但是织构的方向性对于变压器用的硅钢片是有利的。因为沿 <100> 晶向最易磁化,如制作变压器时使其 <100> 晶向平行于磁场,可大大提高变压器效率。

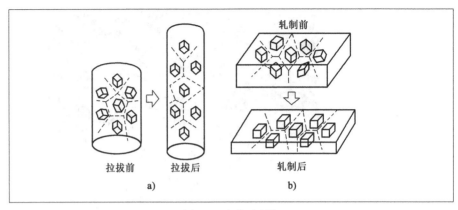

图 4-15 织构示意图
a) 丝织构；b) 板织构

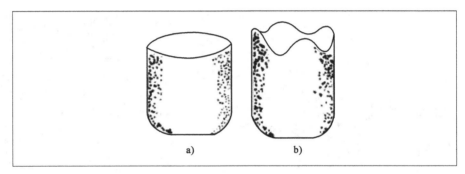

图 4-16 因板织构而造成的"制耳"
a) 无制耳；b) 有制耳

二、塑性变形对金属力学性能的影响

1. 加工硬化

经塑性变形后的金属，由于晶格畸变，位错与空位等晶体缺陷密度增加，其物理化学性能发生一定的变化。随着塑性变形量的增加，金属的强度、硬度升高，塑性、韧性下降，这种现象称为加工硬化。图 4-17 所示为 45 号钢加工硬化过程中金属的力学性能与变形程度的关系曲线。

位错密度及其他晶体缺陷的增加是导致加工硬化的根本原因，金属发生加工硬化后，其强度与硬度有所增加，而塑性和韧性相对下降，电阻率增加，电阻温度系数降低，磁滞与矫顽力略有增加而磁导率下降，耐蚀性降低等都是加工硬化后金属物理化学性能的变化。

2. 残余应力

残余应力是指作用于金属上的外力除去后，仍存在于金属内部的应力，也称为内应力。残余应力根据作用范围的不同，可分为宏观残余应力、微观残余应力、晶格畸变应力三类。

宏观残余应力是指金属各部分塑性变形不均匀所造成的残余应力；微观残余应力是指晶体中各晶粒或亚晶粒塑性变形不均匀所造成的残余应力；晶

格畸变应力是指金属塑性变形时,晶体中一部分原子偏离其平衡位置造成晶格畸变而产生的残余应力。

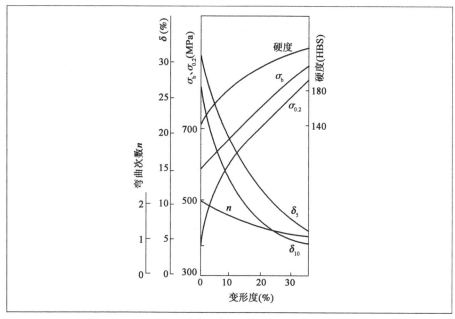

图4-17 力学性能与变形程度的关系曲线

一般地,残余拉应力的存在对金属将产生一些影响,如降低工件的承载能力、使工件的形状和尺寸发生改变、降低工件的耐蚀性等,残余压应力可使金属的疲劳强度和应力腐蚀抗力提高。热处理可以消除冷塑性变形后金属内部的残余应力。

4.3 回复与再结晶过程

塑性变形后的金属,晶体缺陷密度增大,晶粒破碎变形。由于金属各部分变形不均匀,在金属内部形成残余应力,金属处于不稳定状态,具有自发地恢复到原来稳定状态的趋势。常温下,原子活动能力比较弱,这种不稳定状态要经过很长时间才能逐渐过渡到稳定状态。如果对冷塑性变形后的金属加热,原子活动能力增强,就会迅速发生一系列组织与性能的变化,使金属恢复到变形前的稳定状态。变形金属在不同加热温度时晶粒大小和性能变化的示意图如图4-18所示。

塑性变形后的金属在加热过程中,随加热温度的升高,将经历回复、再结晶、晶粒长大三个阶段的变化。

一、回复

当加热温度较低时,在$(0.1 \sim 0.3)T_{熔}$($T_{熔}$为金属的熔点)温度范围内,金属中的原子活动能力较低。通过原子短距离的移动,变形金属内部晶体缺陷的数量减少,晶格畸变程度减轻,残余应力降低,此时的显微组织(晶粒外形)没有发生变化,因此,冷加工纤维组织无明显变化。加热经过冷变形的金属时,在显微组织发生变化前所发生的一系列亚结构的改变过程称为回复。在回复阶段,金属的一些物理、化学性能部分地恢复到了变形前的状态。

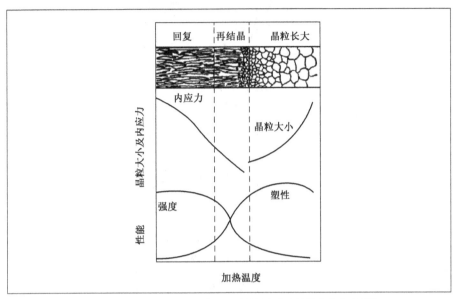

图4-18 变形金属在不同加热温度时晶粒大小和性能变化的示意图

工业上消除内应力退火就是利用回复现象使变形后的组织稳定化,但保留冷变形强化状态。例如,用冷拉弹簧钢丝制成的弹簧,在卷制后要进行一次250~300℃的低温退火处理,以消除残余应力并使弹簧定形;冷拉黄铜制件,为了消除残余应力,避免应力腐蚀破坏,也需要进行280℃的低温退火处理。

二、再结晶

随着加热温度的升高,原子的活动能力增强,当加热到一定温度(如纯铁加热到450℃以上)时,变形金属中的纤维状晶粒将重新变为等轴晶粒,这一阶段称为再结晶。再结晶是通过晶核形成和长大的方式进行的,其转变驱动力为晶体的弹性畸变能。随着温度的升高,新晶核首先在金属中晶粒变形最严重的区域形成,畸变能的降低可以弥补新晶核形成时所增加的界面能,然后晶核吞并旧晶粒,向周围长大形成新的等轴晶粒。当变形晶粒全部转化为新的等轴晶粒时,再结晶过程就完成了。工业纯铁再结晶过程的显微组织如图4-19所示。

由于再结晶过程不涉及晶体结构和化学成分的改变,所以,再结晶过程不属于相变,仅是一种组织转变过程。变形金属经过再结晶后,强度和硬度降低,塑性和韧性显著提高,加工硬化现象消除。此外,发生再结晶后残余在金属内部的内应力全部被消除,金属的性能基本上可恢复到塑性变形之前的状态。

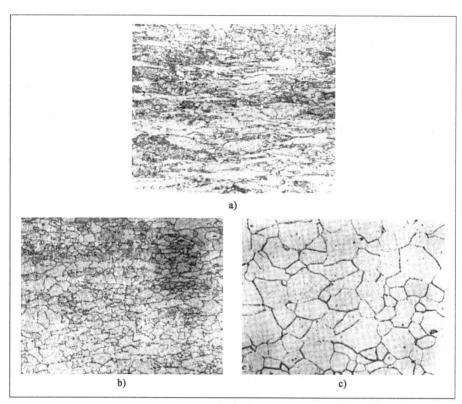

图 4-19 工业纯铁再结晶过程的显微组织
a) 550℃再结晶；b) 600℃再结晶；c) 850℃再结晶

1. 再结晶温度及其影响因素

再结晶不是在恒定温度下发生的,而是在一个温度范围内进行的过程。能进行再结晶的最低温度称为再结晶温度($T_再$)。常用的工业纯金属的再结晶温度见表4-2。

常用的工业纯金属的再结晶温度　　　　　　　表4-2

金属名称	$T_再$(℃)	$T_熔$(℃)	实用再结晶退火温度(℃)
铅	~3	327	—
锡	-7~25	232	—
锌	7~75	419	50~100
镁	~150	651	—
铝	150~240	660	370~400
铜	~230	1083	500~700
铁	~450	1535	650~700
镍	530~660	1455	700~800
钼	~900	2500	—
钨	~1200	3399	—

2. 再结晶温度的影响因素

晶粒的大小对于金属的强度、硬度、塑性、韧性等性能影响非常显著,因此,在工业生产中必须控制再结晶后的晶粒尺寸。所以,我们应掌握影响再结晶温度的因素,以便控制再结晶过程中晶粒的生长。

(1) 金属的塑性变形程度。

金属的塑性变形程度越大,再结晶温度越低,即再结晶越容易发生。这是因为变形量越大,则晶格畸变越严重,金属内部的弹性畸变能越高,高能态向低能态转变的倾向就越大,所以,再结晶的温度就会随着塑性变形程度的增大而降低。金属的再结晶温度与预先变形程度之间的关系如图4-20所示。

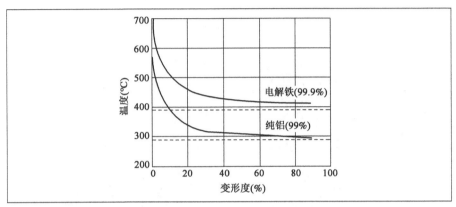

图4-20 金属的再结晶温度与预先变形程度之间的关系

(2) 金属的纯度。

金属纯度越低,再结晶温度越高。这是因为金属中的杂质元素和合金元素(特别是高熔点元素)能够阻碍原子的扩散和晶界的迁移。在实际生产中,再结晶退火温度一般比理论 $T_{熔}$ 高 150~250℃。

(3) 加热速度和保温时间。

再结晶温度是时间的函数,提高加热速度会使再结晶温度在一个较高的温度下发生;保温时间越长,再结晶温度越低。

三、晶粒长大

塑性变形金属经再结晶后,一般都得到细小均匀的等轴晶粒。如果继续升高温度或延长保温时间,则再结晶后形成的新晶粒会逐渐长大,导致晶粒变粗,金属的力学性能下降,这一阶段称为晶粒长大。

晶粒长大可以使金属内部的晶界数量减少,从而降低晶界自由能,使组织处于更稳定的状态,因此,晶粒长大是一个自发的过程。晶粒长大的实质是一个晶粒的边界向另一个晶粒中迁移,把另一个晶粒的晶格位向逐步改变成与这个晶粒相同的位向,小晶粒变小直至消失("吞并"),大晶粒长大。

影响再结晶退火后晶粒度的因素有加热温度与保温时间、塑性变形程度、原始晶粒大小等。

1. 加热温度与保温时间

再结晶退火时的加热温度越高,晶粒越粗,如图4-21所示。加热温度一定时,时间越长,晶粒也越粗,但其影响程度不如加热温度的影响大。

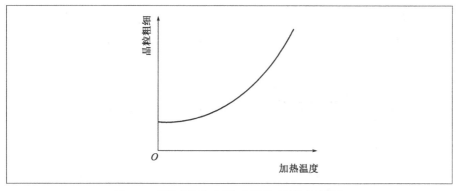

图 4-21 再结晶退火时的加热温度对晶粒度的影响

2. 塑性变形程度

当变形程度很小时,金属不发生再结晶,晶粒大小不变。当达到某一变形程度后,金属开始发生再结晶,而且再结晶后获得异常粗大的晶粒。再结晶退火时的晶粒度与预先变形程度的关系如图 4-22 所示。随着变形程度的增加,各晶粒变形越趋均匀,再结晶时形核率越大,因而使再结晶后的晶粒逐渐变细,冷加工变形度对再结晶后晶粒大小的影响如图 4-23 所示。

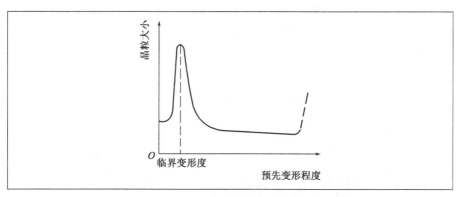

图 4-22 再结晶退火时的晶粒度与预先变形程度的关系

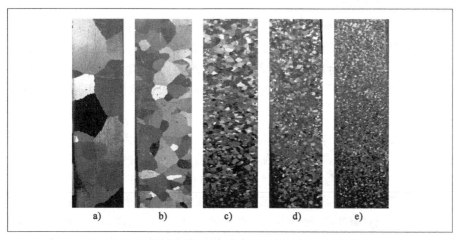

图 4-23 冷加工变形度对再结晶后晶粒大小的影响(纯铝片拉伸)
a)3%;b)6%;c)9%;d)12%;e)15%

3. 原始晶粒大小

在其他条件相同的情况下,原始晶粒越细,再结晶后的晶粒也就越细。

4.4 金属的热变形

一、热加工

在工业生产中,通常将塑性变形的加工方法分为两类:一种为冷变形加工(简称冷加工),一种为热变形加工(简称热加工)。冷加工与热加工以金属的再结晶温度为界限,在金属的再结晶温度以下的加工为冷加工,在再结晶温度以上的加工为热加工。由于加工硬化的效应,对于那些变形量较大的工件进行冷加工十分困难,对一些低塑性或高硬度的金属来说,甚至不能进行冷加工,所以,只能采取热加工的方法进行变形。

热加工时,随着金属温度的升高,原子间结合力减小,冷加工后的加工硬化被消除,金属的强度、硬度降低,塑性、韧性增加。所以,热加工可用较小的能量消耗,来获得较大的变形量。一般情况下,截面尺寸较小、材料塑性较好、加工精度和表面质量要求较高的金属制品用冷加工的方法来获得;而截面尺寸较大、变形量较大、材料在室温下硬脆性较高的金属制品用热加工的方法来获得。

二、热加工对金属组织和性能的影响

1. 改善晶粒组织,细化晶粒

对于铸态金属,粗大的树枝状晶经塑性变形及再结晶而变成等轴(细)晶粒组织;对于经轧制、锻造或挤压的钢坯或型材,在以后的热加工中通过塑性变形与再结晶,其晶粒组织一般也可得到改善。

2. 锻合内部缺陷

通过压实铸态金属中疏松、空隙和微裂纹等缺陷,提高金属致密度。锻合经历两个阶段:缺陷区发生塑性变形,使空隙两壁闭合;在压应力作用下,加上高温,使金属焊合成一体。没有足够大的变形,不能实现空隙闭合,很难达到宏观缺陷焊合;只有足够大的三向压应力,才能实现微观缺陷的锻合。

3. 形成锻造流线

在热变形过程中,随着变形程度的增加,钢锭内粗大树枝状晶沿主变形方向伸长,与此同时,晶间富集的杂质和非金属夹杂物的走向也逐渐与主变形方向一致,形成流线,如图4-24和图4-25所示。由于再结晶的产生,被拉长的晶粒变成细小的等轴晶,而流线却很稳定地保留下来直至室温。

纤维组织具有各向异性的特点,在纵向(平行于纤维方向),材料的韧性、塑性增加,在横向(垂直于纤维方向),韧性、塑性降低但抗剪切能力显著增强。

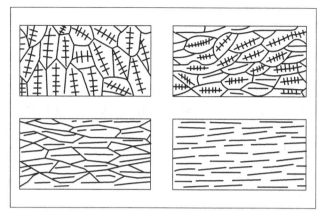
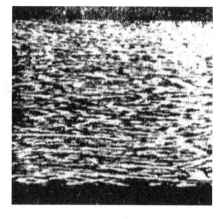

图 4-24　钢锭锻造过程中纤维组织形成的示意　　　图 4-25　低碳钢热加工后的流线

4. 锻造后碳化物对性能的影响

高速钢、高铬钢、高碳工具钢等，其内部含有大量的碳化物，通过锻造或轧制，可使这些碳化物被打碎并均匀分布，从而改变了它们对金属基体的削弱作用。

三、热加工的特点

与其他加工方法相比，热加工所具有的优点是：

(1) 处于热变形时的金属，其变形抗力低，因此能量消耗少。

(2) 金属在热加工变形时，在加工硬化过程的同时，也存在着回复或再结晶的软化过程，使塑性变形容易进行。一般情况下金属塑性、韧性好，产生断裂的倾向性减小。同时，高温下金属原子活动性提高，使金属中密闭的空洞、气泡、裂纹等缺陷产生锻合。要注意，热加工的最佳温度范围因钢种成分的不同而异，要避免在可能发生塑性恶化的温度区间内加工。例如，工业纯铁或钢中含硫量过高时，可能形成分布于晶界上的低熔点硫化物共晶体，热变形时发生开裂的"红脆"现象。

(3) 与冷加工相比，热加工变形一般不易产生织构。这是由于高温下激发的滑移系比较多，滑移面和滑移方向不断发生变化，因此，工件的择优取向性较小。

(4) 在生产过程中，不需要像冷加工那样的中间退火，从而可简化生产工序，提高生产率，降低成本。

(5) 通过控制热加工过程，可以在很大程度上改善金属材料的组织结构以满足各种性能的要求。

但与其他加工方法比较，其不足之处主要是：

(1) 对过薄或过细的工件，由于散热较快，生产中保持热加工温度困难。因此，目前生产较薄或较细的金属材料，一般仍采用冷加工法（冷轧、冷拉）。

(2) 热加工后，工件的表面不如冷加工生产的光洁，尺寸也不如冷加工生产的精确。

(3) 由于在热加工结束时，产品内的温度难以均匀一致，温度偏高处晶粒尺寸要大一些，特别是大断面的情况下更为突出。因此，热加工后产品的组织、性能常常不如冷加工的均匀。

(4) 由于消除了冷加工硬化，热加工金属材料的强度比冷加工的低。

(5) 某些金属材料不宜热加工。例如，当铜中含 Bi 时，形成的低熔点杂质分布在晶界上，热加工会引起晶间断裂。

热加工和冷加工的比较见表 4-3。

热加工和冷加工的比较　　　　　表 4-3

加工类型	工艺方法	组织变化	性能变化
冷加工	冷轧、拉拔、冷挤压、冷冲压、冷镦	晶粒沿变形方向伸长，形成冷加工纤维组织；晶粒破碎，形成亚结构；位错密度增加；晶粒位向趋于一致，形成形变织构	趋于各向异性；强度提高，塑性下降，造成加工硬化
热加工	自由锻、模锻、热轧、热挤压	锻合铸造组织中存在的气孔、缩松等缺陷；击碎铸造柱状晶粒、粗大枝晶及碳化物，偏析减少，晶粒细化，夹杂物沿变形方向伸长，形成流线组织，缓慢冷却可形成带状组织	力学性能提高；密度提高；趋于各向异性，沿流线方向力学性能提高

4.5 金属强化机制

纯金属的强度一般较低。例如，常用的有色金属铝、铜、钛在退火状态的强度极限下分别只有 80～100MPa、220MPa 和 450～600MPa。因此，设法提高金属的强度一直是金属材料研究者的一个重要课题。目前，工业上主要采用以下几种强化金属的途径。

1. 固溶强化

合金组元溶入基体金属的晶格形成的均匀相称为固溶体。形成固溶体后基体金属的晶格将发生程度不等的晶格畸变，但晶体结构的基本类型不变。固溶体按合金组元原子的位置不同可分为置换固溶体和间隙固溶体；按溶解度不同可分为有限固溶体和无限固溶体；按合金组元和基体金属的原子分布方式不同可分为有序固溶体和无序固溶体。纯金属一旦加入合金组元变为固溶体，其强度、硬度将升高而塑性将降低，这个现象称为固溶强化。

金属材料的变形主要是依靠位错滑移完成的，故凡是可以增大位错滑移阻力的因素都将使变形抗力增大，从而使材料强化。合金组元溶入基体金属的晶格形成固溶体后，不仅使晶格发生畸变，也使位错密度增加。畸变产生的应力场与位错周围的弹性应力场交互作用，使合金组元的原子聚集在位错线周围形成"气团"。位错滑移时必须克服气团的钉扎作用，带着气团一起滑移或从气团里挣脱出来，使位错滑移所需的切应力增大。此外，合金组元的溶入还将改变基体金属的弹性模量、扩散系数、内聚力和晶体缺陷,使位错线弯曲,从而使位错滑移的阻力增大。在合金组元的原子和位错之间还会产生电交互作用和化学交互作用,这种作用的产生也是固溶强化的原因之一。

固溶强化遵循下列规律。

(1)对同一合金系,固溶体浓度越大,则强化效果越好。表4-4列出了几种普通黄铜的强度值,它们的显微组织都是单相固溶体,但含锌量不同,强度上有很大差异。

几种普通黄铜的强度值(退火状态)　　　　　表4-4

牌号	H96	H90	H80	H68	H62
显微组织	α固溶体 4%Zn	α固溶体 10%Zn	α固溶体 20%Zn	α固溶体 32%Zn	α固溶体 38%Zn
屈服强度 (MPa)	240	260	310	330	360

(2)合金组元与基体金属的原子尺寸差异对固溶强化效果起主要作用。原子尺寸差异越大,则置换固溶体的强化效果越好。

(3)对同一种固溶体,强度随浓度增加呈曲线关系升高。如图4-26 Cu_2Ni 固溶体机械性能与成分的关系,在浓度较低时,强度升高较快,以后渐趋平缓,大约在原子分数为50%时达到极大值。

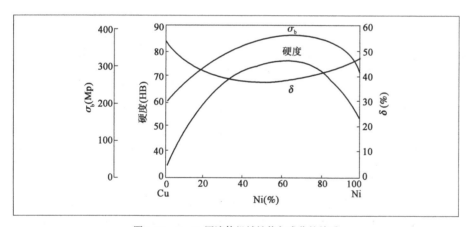

图4-26　Cu_2Ni 固溶体机械性能与成分的关系

(4)对同一基体金属,在浓度相同时,形成间隙固溶体较形成置换固溶体的强化效果更好,这是由于间隙固溶体的晶格畸变更为严重。

(5)在固溶强化的同时,合金的塑性将降低。也就是说,固溶强化是以牺牲部分塑性为代价的。

(6)采用多元少量的微合金化设计原则,其强化效果较少元多量好,并且能将强化效果保持到较高温度。

(7)与其他强化方法相比,固溶强化的强度增幅较小,在固溶体浓度较高时更加明显,固溶强化在有色金属生产实践中得到广泛应用。

2. 细晶强化

晶界上原子排列紊乱、杂质富集,晶体缺陷的密度较大,且晶界两侧晶粒的位向也不同,所有这些因素都对位错滑移产生很大的阻碍作用,从而使强度升高。晶粒越细小,晶界总面积就越大,强度越高,这一现象称为细晶强化。细晶强化在提高强度的同时,也提高材料的塑性。

细晶强化在金属生产过程中得到广泛应用。在铸造时,晶粒大小取决于形核率和长大速率,任何使形核率提高和长大速率降低的因素均可使晶粒细化。对较小的铸锭,常用的方法是增大冷却速度以提高结晶时的过冷度,从而提高形核率;对较大的铸锭,常采用机械振动、电磁振动、超声波处理等方法,使正在生长的晶粒破碎并产生更多的晶粒,从而细化晶粒。更常用的方法是向熔体中加入适当的变质剂(孕育剂),它们均匀地分布在熔体中,或作为非自发形核的固相基底,使形核率大大提高;或被吸附在正在生长的晶粒表面,阻碍晶粒长大;或与晶体发生化学作用,使晶粒的形状发生改变。由表4-5可见,经变质处理的铝合金强化效果十分明显。在随后的生产过程中,还可以通过塑性加工、退火、热处理等工艺细化组织,对材料进行大塑性变形然后进行低温、短时再结晶退火,从而细化晶粒。在热处理过程中,采用快速加热技术和适当的热处理工艺,也可以细化组织。

不同含硅量的铝合金变质处理前后性能对比 表4-5

性能	状态	含硅量(%)								
		1	3	5	7	9	11	13	15	21
屈服强度(MPa)	变质处理后	110	130	140	150	160	170	170	160	160
	未变质	110	120	130	130	140	150	150	130	130
延伸率(%)	变质处理后	20	14	10	8	9	10	6	2	1
	未变质	17	12	8	7	4	3	2	0.5	0.2

3. 形变强化

形变强化亦称为冷变形强化、加工硬化和冷作硬化。生产金属材料的主要方法是塑性加工,即在外力作用下使金属材料发生塑性变形,使其具有预期的性能、形状和尺寸。在再结晶温度以下进行的塑性变形称为冷变形。金属材料在冷变形过程中强度将逐渐升高,这一现象称为形变强化。

形变强化现象在材料的应力-应变曲线上可以明显地显示出来(图4-27)。图中的 BC 段称为流变曲线,它表示在塑性变形阶段,随着应变增加,强度将呈曲线关系提高。形变强化的机理是:冷变形后金属内部的位错密度将大大增加,且位错相互缠结并形成胞状结构(形变亚晶),它们不但阻碍位错滑移,而且使不能滑移的位错数量剧增,从而大大增加了位错滑移的难度并使强度提高。

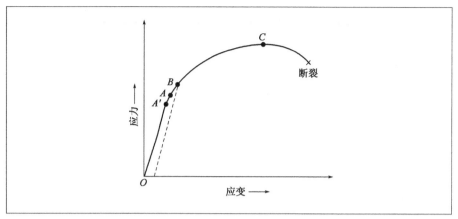

图 4-27 材料的应力-应变曲线

形变强化的效果十分明显,强度增值较大,可达百分之几十甚至一倍以上。形变强化可以通过再结晶退火消除,使材料的组织和性能基本上恢复到冷变形之前的状态。

4. 第二相强化

第二相强化亦称过剩相强化。第二相是通过加入合金元素,然后经过塑性加工和热处理形成,也可通过粉末冶金等方法获得。第二相大都是硬脆、晶体结构复杂、熔点较高的金属化合物,有时是与基体相不同的另一种固溶体。如果第二相十分细小,并且弥散分布在基体相晶粒中,可以大大阻碍位错运动,从而显著强化合金,这类合金也称为弥散分布型多相合金。

5. 热处理强化

许多铝合金、镁合金和铜合金都可以通过淬火、时效提高强度,许多钛合金(主要是 β 型钛合金和 α + β 型钛合金)可以通过马氏体转变提高强度,而且强度增幅很大,有时可以通过热处理将强度提高百分之几十甚至几倍,几种有色金属的热处理强化效果见表 4-6。铝合金、镁合金和铍青铜的热处理强化机制是:先通过固溶淬火获得过饱和固溶体,在随后的时效(人工时效或自然时效)过程中将在基体上沉淀出弥散分布的第二相(溶质原子富集区、过渡相或平衡相),通过沉淀强化(也称析出强化)阻碍位错运动,从而使合金的强度升高。在热处理前后第二相的组织形态发生了很大变化,而这些变化均有利于合金强化。

几种有色金属的热处理强化效果 表 4-6

牌号	铝合金		镁合金	铍青铜
	LY1	LY12	ZM5	QBe2
屈服强度 (MPa)	160(退火态) 300(淬火+自然时效)	230(退火态) 440(淬火+自然时效)	180(铸态) 255(淬火+人工时效)	400~600 1150(淬火+时效)

习 题

1. 名词解释。
滑移：
孪生：
再结晶：
二次再结晶：
再结晶温度：
热加工：
冷加工：
加工硬化：
回复：
织构：

2. 滑移带与孪晶有何区别？

3. 当把铅铸锭在室温下经多次轧制而成薄铅板时,需不需要进行中间退火？为什么？

4. 三个低碳钢试样变形度为 5%、15%、30%,如果将它们加热至 800℃,哪个会产生粗晶粒？为什么？

5. 如何区分热加工与冷加工？为什么锻件比铸件的性能好？热加工会造成哪些缺陷？

6. 热加工的主要优点和缺点是什么？

7. 提高金属塑性的主要途径有哪些？

8. 试述纤维组织的形成及其对材料性能的影响。

9. 热加工对金属组织和性能有何影响？钢材在热加工(如锻造)时,为什么不出现加工硬化现象？

第 5 章

CHAPTER 5

铁碳合金

　　铁碳合金就是基本组元为铁和碳的合金,它是工业上应用最广泛的合金。不同成分的铁碳合金具有不同的组织和性能,因此,若要了解铁碳合金成分、组织和性能之间的关系,必须研究和学习铁碳合金相图。

5.1 铁碳合金的基本组织

一、工业纯铁

一般来讲,合金冶炼过程中不可避免地会有杂质产生。工业纯铁中常含有 0.10% ~0.20% 的杂质。这些杂质由碳、硅、锰、硫、磷、氮、氧等十几种元素所构成,其中碳占 0.006% ~0.02%。

工业纯铁的显微组织是由许多不规则的多边形小晶粒组成的。纯铁具有"同素异构"转变,即在固态下加热或冷却时,其相结构发生变化,从一种晶体结构转变为另一种晶体结构。纯铁的冷却曲线及晶体结构变化如图 5-1 所示。

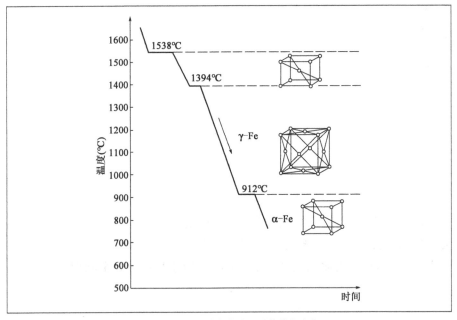

图 5-1 纯铁的冷却曲线及晶体结构变化

纯铁在室温下的晶体结构是体心立方,称之为 α-Fe。α-Fe 具有良好的塑性,同时具有良好的导磁性能。当温度升高到 770℃ 以上时,其晶体结构没有变化,仍是体心立方,但铁已失去了磁性,这种铁称为 β-Fe;由于 α-Fe→β-Fe 时,晶格未发生变化,故 β-Fe 不属于同素异构转变,而称为磁性转变。

当温度升高到 912℃ 时,纯铁内部的晶体结构发生了变化,由体心立方晶格转变为面心立方晶格,称之为 γ-Fe,它存在于 912 ~1394℃ 之间。由于 γ-Fe 和 α-Fe 的晶体结构不同,性能也不同。γ-Fe 的塑性比 α-Fe 要好,γ-Fe 无磁性,且溶碳能力也大。

当温度继续升高到 1394℃ 稍上时,铁的晶格又由面心立方转变为体心立方,无磁性,它存在于 1394 ~1538℃ 之间,这种铁称为 δ-Fe。当温度超过

1538℃时,纯铁熔化成铁水。

由上可知,纯铁随温度的变化发生了两次同素异构转变。纯铁的同素异构转变也遵循结晶的一般规律,即在旧相的晶界上形核,然后逐渐长大,直至转变完成。

纯铁的机械性能与其组织中晶粒大小有密切关系,晶粒越细,强度越高。室温下纯铁的机械性能大致为 $\sigma_b = 180 \sim 230 \text{MN/m}^2$;$\sigma_{0.2} = 100 \sim 170 \text{MN/m}^2$;$\delta = 30\% \sim 50\%$;$\Psi = 70\% \sim 80\%$;$A_k = 128 \sim 160\text{J}$。由此可知,纯铁的塑性较好,强度较低,具有铁磁性,所以除在电机工业中用作铁芯材料外,在一般的机器制造中很少应用,常用的是铁碳合金。

铁碳合金中,因铁和碳在固态下相互作用不同,可以形成固溶体、化合物和机械混合物,其基本相有铁素体、奥氏体和渗碳体,此外还有机械混合物珠光体和莱氏体。

二、铁素体

纯铁在912℃以下为具有体心立方晶格的 α-Fe。碳溶于 α-Fe 中形成的间隙固溶体称为铁素体,常用符号 F 或 α 表示。由于体心立方晶格的间隙小,因此,碳在 α-Fe 中的溶解度很小,室温时约0.0008%,727℃时最大溶碳量仅为0.0218%。

铁素体在形成单相组织时,铁素体的显微组织和力学性能几乎和纯铁相同。单相铁素体组织如图 5-2 所示,其为不规则多边形晶粒,晶界比较曲折,其力学性能的特点是:强度、硬度较低,塑性、韧性较好。

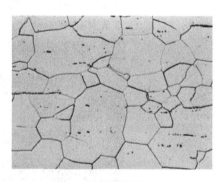

图 5-2 单相铁素体组织

三、奥氏体

纯铁在 912～1394℃之间为面心立方晶格的 γ-Fe。碳溶于 γ-Fe 中形成的间隙固溶体称为奥氏体,常用符号 A 或 γ 表示。由于面心立方晶格的间隙比体心立方晶格的大,因此,碳在 γ-Fe 中的溶解度比在 α-Fe 中大。在 1148℃时其溶解度最大为 2.11%。

奥氏体在 727～1495℃以上高温范围内存在。当它形成单相组织时,它的显微组织为不规则的多边形晶粒,其晶界较平直,如图 5-3 所示。单相奥氏体具有较低的硬度,良好的塑性和低的变形抗力,易于锻压成型。

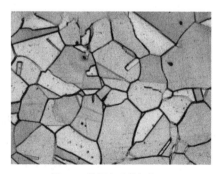

图 5-3 单相奥氏体组织

四、渗碳体

渗碳体是铁和碳形成的金属化合物,其晶体结构比较复杂。它的结构式

为 Fe_3C,含碳量为 6.69%,强度低,硬度却很高,极脆,塑性和韧性几乎为零,熔点为 1227℃。

铁碳合金在常温下的相有铁素体和渗碳体。由于碳在 α-Fe 中的溶解度很小,所以在常温下,碳主要以渗碳体的形式存在于铁碳合金中。渗碳体是碳钢中的强化相。根据含碳量和加工工艺的不同,钢中渗碳体具有多种形态,它的晶粒形状、大小、数量和分布对钢性能有很大的影响。

五、珠光体

铁素体和渗碳体组成的机械混合物称为珠光体,用符号 P 或($F + Fe_3C$)表示。珠光体的含碳量为 0.77%。由于渗碳体在混合物中起强化作用,因此,珠光体有着良好的综合力学性能,如其抗拉强度高,硬度较高且有一定的塑性和韧性。

珠光体呈层片状组织,如图 5-4a)所示。其中基体为铁素体,层片组织为渗碳体,通过球化热处理,可以得到另外一种珠光体组织形态,即球状或粒状珠光体组织。粒状珠光体组织如图 5-4b)所示,其冷变形性能、可加工性能以及淬火工艺性能都比片状珠光体好。

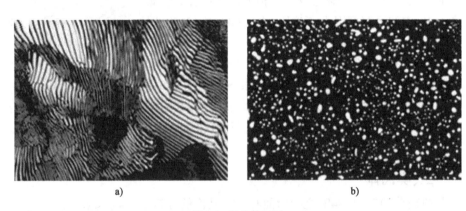

图 5-4 珠光体组织
a)层状珠光体组织;b)粒状珠光体组织

六、莱氏体

莱氏体分为高温莱氏体和低温莱氏体两种。奥氏体和渗碳体组成的机械混合物称为高温莱氏体,用符号 Ld 表示。由于其中奥氏体属于高温组织,因此,高温莱氏体仅存于 727℃ 以上。高温莱氏体冷却到 727℃ 以下时,其中的奥氏体将转变为珠光体和渗碳体机械混合物,称低温莱氏体(也称变态莱氏体),用符号 Ld′ 表示。

莱氏体的含碳量为 4.3%。由于莱氏体中含有的渗碳体较多,故性能与渗碳体相近,即极为硬脆。

5.2 典型铁碳合金相图的平衡结晶过程及组织

铁碳合金相图是表示在极缓慢冷却(或加热)条件下,不同成分的铁碳合金在不同的温度下所具有的组织或状态的一种图形。从中可以了解到碳钢和铸铁的成分(含碳量)、组织和性能之间的关系,它不仅是我们选择材料和判定有关热加工工艺的依据,而且是钢和铸铁热处理的理论基础。

一、铁碳相图的基本分析

当含碳量超过溶解度以后,剩余的碳在铁碳合金中可能有两种存在方式:渗碳体 Fe_3C 或石墨。因此,铁碳合金相图可分成两个系:Fe-Fe_3C 系、Fe-石墨系。因为石墨是一个稳定相,而 Fe_3C 是一个介稳定相,故 Fe-Fe_3C 系相图又叫作介稳定系铁碳相图,而 Fe-石墨系相图叫作稳定系铁碳相图。在通常情况下,铁碳合金常按 Fe-Fe_3C 系进行转变,含碳量高于 6.69% 的铁碳合金脆性极大,没有使用价值。故本书只讨论含碳量低于 6.69% 的铁碳合金即介稳定系 Fe-Fe_3C 相图,如图 5-5 所示。

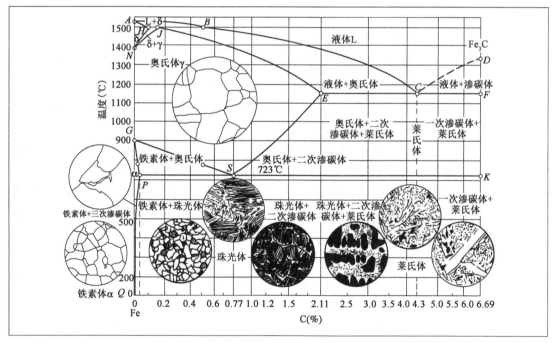

图 5-5 Fe-Fe_3C 相图

含碳量为 0% 时,即为纯铁。它在固态时具有同素异构转变,从高温到低温分别存在 δ-Fe、γ-Fe 和 α-Fe,图上的 N 点(1394℃)和 G 点(912℃)为纯铁的相变临界点。N 点和 G 点又经常记为 A_4 点和 A_3 点。

含碳量为 6.69% 时,铁和碳形成渗碳体 Fe_3C,渗碳体没有同素异构转变。

含碳量在 0%~6.69% 时,由许多点、线将相图分为不同的区域。

1. 恒温转变线

Fe-Fe_3C 相图可看成是 δ-Fe—Fe_3C 二元包晶相图(左边上部分)、γ-Fe—Fe_3C 二元共晶相图(右边)和具有共析反应的 α-Fe—Fe_3C 二元合金相图(左边下部分)的复合。因此,在相图上有三条水平线(HJB、ECF、PSK),相应地发生三个恒温反应。

(1)在 1495℃(HJB 水平线)发生包晶反应,HJB 线叫包晶线,其反应为 $L_B + \delta_H \rightarrow A_J$。包晶反应的结果形成了奥氏体。

(2)在 1148℃(ECF 水平线)发生共晶反应,故 ECF 线叫共晶线,其反应为 $L_C \rightarrow A_E + Fe_3C$,C 点称为共晶点,其含碳量为 4.3%。共晶反应的结果形成了奥氏体和渗碳体的共晶混合物,称为莱氏体(Ld)。由此可知,ABCD 为液相线,而 AHJECF 为固相线。

(3)在 727℃(PSK 水平线)发生共析反应,其反应为 $A_S \rightarrow F_P + Fe_3C$,S 点称为共析点,其含碳量为 0.77%。共析反应的结果形成了铁素体和渗碳体的共析混合物,此共析混合物称为珠光体(P)。共析反应的温度常用 A_1 表示。

2. 主要转变线

此外,在 Fe-Fe_3C 相图中还有三条主要的固态转变线:

(1)GS 线——表示不同含碳量的合金,由奥氏体中开始析出铁素体(冷却时)或铁素体全部融入奥氏体加热时的转变线,常用 A_3 表示,故 GS 线又称 A_3 线。

(2)ES 线——碳在奥氏体中的固溶线。常用 A_{cm} 表示。由该线可看出,碳在奥氏体中的最大溶解度为 2.11%,所处的温度是 1148℃。而在 727℃ 时只能溶解 0.77% 的碳。凡含碳量大于 0.77% 的铁碳合金自 1148℃ 冷却至 727℃ 时,均会从奥氏体中析出渗碳体,常常呈连续网状分布,称此渗碳体为二次渗碳体(Fe_3C_{II}),从而区别从液态金属中直接结晶出的一次渗碳体(Fe_3C_I)。

(3)PQ 线——碳在铁素体中的固溶线。由该线可看出,碳在铁素体中的最大溶解度为 0.0218%,所处的温度为 727℃。温度降至 600℃ 时,可溶解 0.0057% 的碳,而在室温时,只可溶解 0.0008% 的碳,故一般铁碳合金从 727℃ 缓冷至室温时,均可从铁素体中析出渗碳体,称此渗碳体为三次渗碳体(Fe_3C_{III}),只有在含碳量极低的碳钢中才能看到三次渗碳体组织;含碳较高的铁碳合金,析出的三次渗碳体都附着在先前产生的 Fe_3C 相上,看不出单独的组织。因 Fe_3C_{III} 数量极少,故一般予以忽略。

由此可知,一次、二次、三次渗碳体之间的不同仅在于渗碳体来源和分布有所不同,没有本质区别,其含碳量、晶体结构和性质均相同。

3. 相区

通过以上分析,如果用"相"来描述 Fe-Fe₃C 相图的话,相图中存在五个单相区(即基本相区):ABCD 以上为液相区;AHNA 包围的为 δ 固溶体区;NJESGN 包围的为奥氏体(A)区;GPQG 包围的为铁素体(F)区;DFK 为 Fe₃C 区。而相图中其他任一区域的组成相皆为其相邻两个单相区的相的组合。如 GSPG 区域为 F + A;HJNH 区域为 δ + A……。依次类推,在相图中共有七个两相区。

二、平衡结晶过程分析

典型铁碳合金主要有6种:共析钢、亚共析钢、过共析钢、共晶白口铸铁、亚共晶白口铸铁和过共晶白口铸铁。下面主要以6种典型的铁碳合金为例分析它们的平衡结晶过程。

1. 共析钢($w_C = 0.77\%$)平衡结晶过程分析

碳质量分数为0.77%的共析钢,其平衡过程为:合金冷却时,于j_1点起从L中结晶出A,合金在温度$j_1 \sim j_2$之间按匀晶转变生成奥氏体,至j_2点全部结晶终了。在$j_2 \sim j_3$点间A冷却不变,随温度降低至j_3点(A冷却至727℃)时,A将发生共析转变,即$A_S \rightarrow P(F_P + Fe_3C)$形成珠光体。图5-6是共析钢的平衡结晶过程示意图。

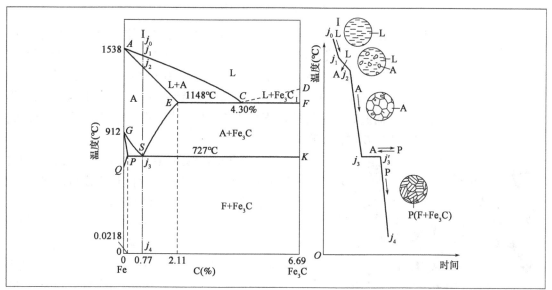

图5-6 共析钢的平衡结晶过程示意图

珠光体中铁素体和渗碳体的相对量可用杠杆定律求出:

$$F_P = \frac{6.69 - 0.77}{6.69} \times 100\% = 88\%$$

$$Fe_3C = (1 - 0.88) \times 100\% = 12\%$$

2. 亚共析钢($0.0218\% < w_C < 0.77\%$)平衡结晶过程分析

如图5-7所示，j_3点温度以上的冷却过程与共析钢类似，结晶冷却形成奥氏体。当温度降低至j_3点温度时，从奥氏体中开始析出铁素体，这种铁素体所构成的组织称为先共析铁素体，晶粒较为粗大。

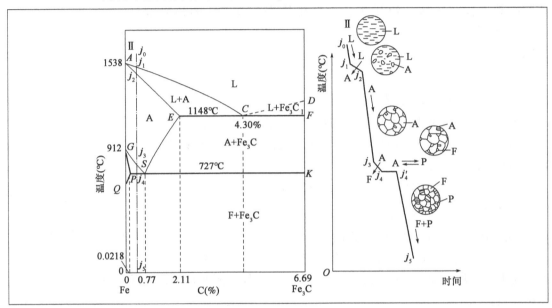

图5-7 亚共析钢的平衡结晶过程示意图

随着温度的降低，奥氏体的相对量不断减少，铁素体的相对量不断增加，奥氏体的成分沿GS线变化，铁素体的成分沿着GP线变化。当温度降低至点j_4(温度727℃)时，铁素体的成分达到P点($w_C = 0.0218\%$)；而剩余奥氏体的成分达共析点S($w_C = 0.77\%$)，此时发生共析转变，即$A_S \to P(F_P + Fe_3C)$，形成珠光体。而此时先共析的铁素体不变，所以共析转变刚结束时，合金的组织为先共析的铁素体+珠光体。

图5-8 含碳量0.4%的亚共析钢的显微组织(200×)

所有亚共析钢的室温组织都是F+P，它们的主要差别在于F与P的相对量和F的分布情况不同。距S点越近的亚共析钢，其组织中含P量越多而F量越少。在约含0.4%C的亚共析钢中，F与P的量各占一半。小于0.53%C的亚共析钢组织，其中F呈块状分布，而大于0.53%C的亚共析钢组织，其中F呈网状分布于P的晶界处。图5-8为含碳量0.40%的亚共析钢的显微组织。

含0.53%C的亚共析钢的组织组成物为F和P，它们的质量分数为

$$w(P) = \frac{0.53 - 0.0218}{0.77 - 0.0218} \times 100\% = 67.9\%$$

$$w(P) = 1 - 67.9\% = 32.1\%$$

钢的组成相为 F 和 Fe_3C，它们的质量分数为

$$w(F) = \frac{6.69 - 0.53}{6.69} \times 100\% = 92\%$$

$$w(Fe_3C) = 1 - 92\% = 8\%$$

3. 过共析钢($0.77\% < w_C < 2.11\%$)平衡结晶过程分析

以含碳量为 1.2% 的共析钢的铁碳相图为例，其平衡结晶过程为：合金在 $j_1 \sim j_2$ 点之间按匀晶过程转变为单相奥氏体组织。在 $j_2 \sim j_3$ 点之间为单相奥氏体的冷却过程。自 j_3 点起，由于奥氏体的溶碳能力降低，从奥氏体中析出 Fe_3C_{II}，并沿着奥氏体晶界呈网状分布。温度在 $j_3 \sim j_4$ 之间，随着温度的降低，析出的二次渗碳体量不断增多。与此同时，奥氏体的含碳量也逐渐沿着 ES 线降低。图 5-9 为过共析钢的平衡结晶过程示意图。图 5-10 为其显微组织。

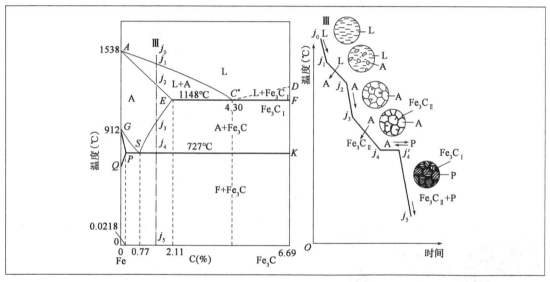

图 5-9　过共析钢的平衡结晶过程示意图

4. 共晶白口铸铁($w_C = 4.3\%$)平衡结晶过程分析

含碳量为 4.3% 共晶白口铸铁，冷至点 j_1 温度 (1148℃)时，在恒温下发生共晶反应形成莱氏体 Ld，即由液态合金中同时结晶出奥氏体和渗碳体两种晶体的混合物。其反应是：$L_{4.3} \rightarrow Ld(A + Fe_3C)$。当温度降至 727℃ 时莱氏体中的奥氏体又转变为珠光体，故室温下的莱氏体为珠光体和渗碳体的混合物组织，用 Ld′ 表示。

莱氏体硬而脆(800HBW)，耐磨性很好，它是白口铸铁的基本组织。

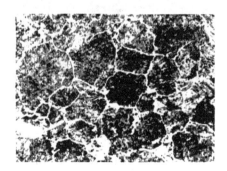

图 5-10　含碳 1.2% 的过共析钢
显微组织(400×)

莱氏体中奥氏体一般呈树枝状分布在渗碳体的基体上。冷至点 j_1 温度以下

时,碳在 A 中的溶解度沿 ES 线不断减少,因此 Fe_3C_{II} 不断沿奥氏体晶界析出;且依附在共晶渗碳体上而不好区分。冷至点 j_2 温度(727℃)时,A 的含碳量减为 0.77%,发生共析转变为 P。最后得到的组织是树枝状的珠光体分布在共晶渗碳体的基体上,称为低温莱氏体或变态莱氏体 Ld' $(P + Fe_3C_{II} + Fe_3C)$。图 5-11 所示为平衡结晶过程示意图,图 5-12 为其显微组织。

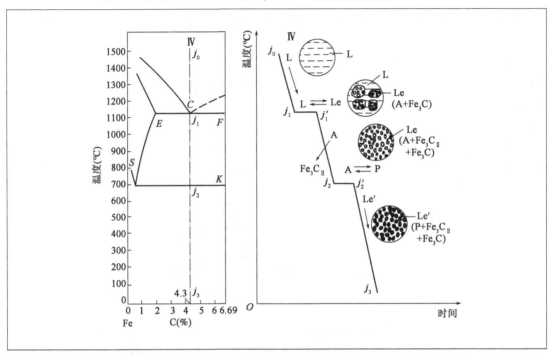

图 5-11 共晶白口铸铁的平衡结晶过程示意图
Le-莱氏体;Le'-变态莱氏体

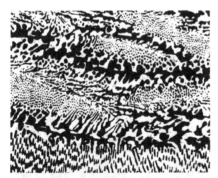

图 5-12 共晶白口铸铁的室温
显微组织(200×)

5. 亚共晶白口铸铁($2.11\% < w_C < 4.30\%$)平衡结晶过程分析

亚共晶白口铸铁的结晶过程,j_1 点温度以上为液相 L,在 $j_1 \sim j_2$ 点温度之间由 L 中析出初生晶 A,随温度下降,初生 A 量增多,且液相成分按 BC 线变化,A 成分沿 JE 线变化,冷至 j_2 点温度(1148℃)时,剩余液相的成分达到 C 点成分,在恒温下发生共晶转变,转变为莱氏体。在 $j_2 \sim j_3$ 点温度之间,初生晶 A 与共晶 A 都析出 Fe_3C_{II},随着 Fe_3C_{II} 的析出,A 的含碳量沿 ES 线变化。冷至 j_3 点温度(727℃)时,所有 A 都发生共析转变而成为 P。室温下的最终组织为 $P + Fe_3C_{II} + Ld'$ $(P + Fe_3C_{II} + Fe_3C)$。图 5-13 是亚共晶白口铸铁的平衡结晶过程示意图。图 5-14 是其室温下的显微组织。图中大块黑色部分为由初生 A 转变而来的 P,基体为莱氏体,组织中所有的 Fe_3C_{II} 都依附在共晶 Fe_3C 上且连在一起,难以分辨。

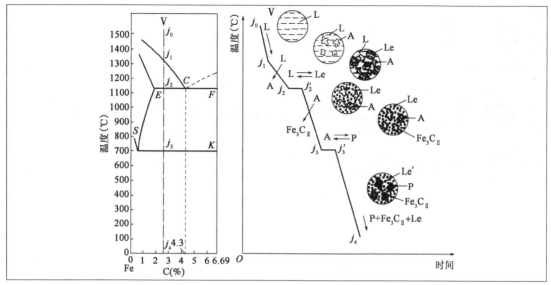

图 5-13 亚共晶白口铸铁的平衡结晶过程示意图

6. 过共晶白口铸铁($4.30 < w_C < 6.69\%$)平衡结晶过程分析

过共晶白口铸铁,其结晶过程和组织转变与亚共晶白口铸铁类似,只是先共晶产物是渗碳体。这种从液相 L 中直接结晶出的渗碳体称为一次渗碳体 Fe_3C_I,在显微镜下呈白色条片状。室温组织为 $Fe_3C_I + Ld'(P + Fe_3C_{II} + Fe_3C)$,图 5-15 是过共晶白口铸铁的平衡结晶过程示意图。图 5-16 是其室温下的显微组织。

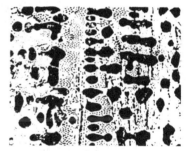

图 5-14 含碳量 3.0% 的亚共晶白口铸铁的室温显微组织($200 \times$)

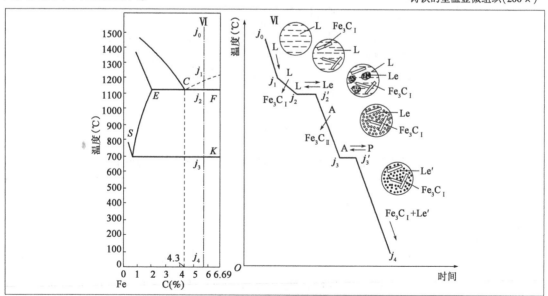

图 5-15 过共晶白口铸铁的平衡结晶过程示意图

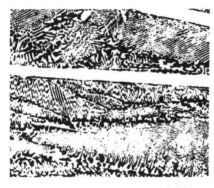

图 5-16　含碳量 5.0% 的过共晶白口铸铁
（室温平衡状态）的显微组织（200×）

三、铁碳合金成分、组织和性能的关系

由 Fe-Fe₃C 相图得知，不同成分的铁碳合金在室温下具有不同的组织，而不同的组织必然就有不同的性能。铁碳合金的室温平衡相均由铁素体和渗碳体组成，其中铁素体是软韧相，而渗碳体是硬脆相。随着合金中含碳量的增加，不仅组织中渗碳体相对量增加，而且渗碳体的形态和分布都有变化。它们的相对量、形态和分布等对合金的机械性能也都有很大的影响。

1. 合金成分与平衡组织的关系

通过计算可得到铁碳合金的成分与平衡结晶后组织组成物及相组成物之间的定量关系，如图 5-17 所示。当含碳量为零时，合金全部由铁素体所组成，随着含碳量的增加，铁素体的量呈直线下降，到 w_C 为 6.69% 时降为零，相反渗碳体则由零增至 100%。

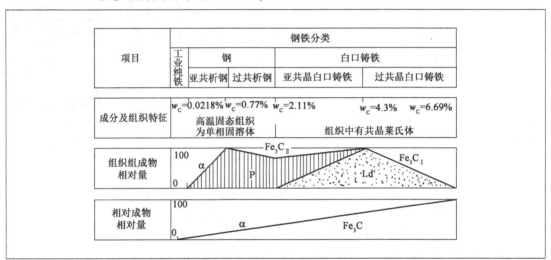

图 5-17　铁碳合金的成分与组织的关系

含碳量的变化不仅引起铁素体和渗碳体相对量的变化，而且两相相互组合的形态及合金的组织也将发生变化，这是由于成分的变化引起不同类型的结晶过程，从而使相发生变化的结果。随着含碳量的增加，铁碳合金的组织变化顺序为：

$$F \rightarrow F + Fe_3C_{III} \rightarrow F + P \rightarrow P \rightarrow P + Fe_3C_{II} \rightarrow P + Fe_3C_{II} + Ld' \rightarrow Ld' \rightarrow Ld' + Fe_3C_I$$

$w_C < 0.0218\%$ 时合金组织全部为铁素体，$w_C = 0.77\%$ 时全部为珠光体（共析组织），$w_C = 4.3\%$ 时全部为莱氏体（共晶组织），$w_C = 6.69\%$ 时全部为渗碳体，在上述含碳量之间则为组织组成物的混合物；同一种组成相，由于生成条件不同，虽然相的本质未变，但其形态会有很大的差异。以渗碳体为例，

不同含碳量会产生5种形态不同的渗碳体。当$w_C<0.0218\%$时,三次渗碳体从铁素体析出,沿晶界呈小片状分布;经共析反应生成的共析渗碳体与铁素体呈交替层片状分布;从奥氏体中析出的二次渗碳体则以网状分布于奥氏体的晶界;共晶渗碳体与奥氏体相关形成,在莱氏体中为连续的基体,比较粗大,有时呈鱼骨状;由液相直接析出的一次渗碳体,呈规则长条状。可见含碳量的变化,不仅引起相的相对量的变化,而且引起组织的变化,从而对铁碳合金性能产生很大的影响。

2. 合金成分与机械性能的关系

在铁碳合金中,一般认为渗碳体是一个强化相,当它与铁素体构成层片状珠光体时,合金的硬度和强度得到提高,合金中的珠光体越多,则其硬度和强度越高;当它明显地以网状分布在珠光体晶界上,尤其是作为基体或以条片状分布在莱氏体基体上时,将使合金的塑性和韧性大大下降,以致合金强度也随之降低,这是导致高碳钢和白口铸铁高脆性的原因。

含碳量对钢的机械性能的影响如图5-18所示。在亚共析钢中,随含碳量增加,铁素体逐渐减少,珠光体逐渐增多,故强度、硬度升高,而塑性、韧性下降。当含碳量达到0.77%时,全由珠光体组成,此时的性能就是珠光体本身的性能。在过共析钢中,当含碳量不超过1%时,由于Fe_3C_{II}较少,在晶界上未能连成网状,故钢的硬度和强度还是增加的,而塑性、韧性却继续下降。当含碳量大于1%时,由于Fe_3C_{II}增多,在晶界上已结成网状,导致强度降低但硬度仍不断增加。工程上使用铁碳合金是为了保证合金性能具有一定的塑性、韧性和足够的强度,含碳量一般不超过1.3%~1.4%。

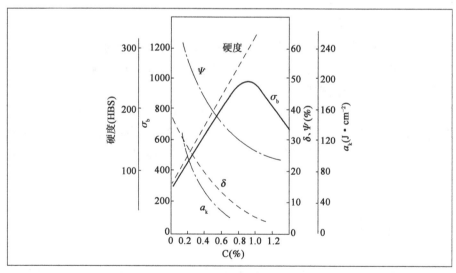

图5-18 含碳量对钢机械性能的影响(退火状态)

四、$Fe-Fe_3C$相图的应用

$Fe-Fe_3C$相图对生产实践具有重要的指导意义。因为相图指出了在缓慢

加热或冷却条件下,不同成分铁碳合金的组织转变情况,可以根据含碳量判断铁碳合金组织特征,再根据其组织又可大致判断其性能,从而可以根据不同的使用要求来合理选用材料。除此之外,相图还可作为判定铸、锻、热处理等热加工工艺的重要依据。

1. 在铸造工艺方面的应用

根据 Fe-Fe$_3$C 相图可以确定合金的浇铸温度。浇铸温度一般在液相线以上 50~100℃。从相图上可看出,纯铁和共晶白口铸铁的铸造性能最好,因为它们的凝固温度区间最小,流动性好,分散缩孔少,可以获得致密的铸件,所以在铸铁生产上总是选用共晶成分附近的合金。在铸钢生产中,碳质量分数在 0.15%~0.6%,这个范围内钢的结晶温度区间较小,铸造性能好。

2. 在锻造工艺方面的应用

铸钢件存在不可避免的组织缺陷(缩孔、疏松、气孔等),这些都导致其机械性能不高,因此,工程上一些重要的零件都要求用锻件。

钢材锻造时,需要把钢加热到一定的温度范围内进行,即确定钢的始锻温度(开始锻造的温度)和终锻温度(停止锻造的温度)。奥氏体的塑性较好,随温度升高,奥氏体的变形抗力也不断减小,因此,必须把钢加热到 Fe-Fe$_3$C 相图奥氏体单相区中进行锻造。其选择原则是始锻温度不得过高,过高会使金属产生过烧或熔化的现象。所谓过烧是指金属加热温度过高,氧渗入金属内部,使晶界氧化,形成脆性晶界,锻造时一打就破碎,造成钢材报废。碳素钢的始锻温度通常定为固相线以下 200℃ 左右。而终锻温度不能过低,过低时金属的塑性不足,这样锻造时易形成锻造裂纹。碳素钢的终锻温度应在 *GSE* 线附近,一般定为 800℃ 左右。

3. 在热处理方面的应用

Fe-Fe$_3$C 相图对于制定热处理工艺流程有着特别重要的意义。一些热处理工艺如退火、正火、淬火的加热温度都是依据 Fe-Fe$_3$C 相图确定的。这将在本书热处理章节详细阐述。

在运用 Fe-Fe$_3$C 相图时应注意两点:①Fe-Fe$_3$C 相图只反映铁碳二元合金中相的平衡状态,如含有其他元素,相图将发生变化;②Fe-Fe$_3$C 相图反映的是平衡条件下铁碳合金中相的状态,若冷却或加热速度较快时,其组织转变就不能只用相图来分析了。

5.3 碳钢

含碳量小于 2.11% 的铁碳合金称为碳钢。由于它冶炼容易,不消耗贵重的合金元素,价格低廉,性能可以满足一般工程结构、日常生活用品的要求,因此,在国民经济中得到广泛应用。为了便于生产、管理、使用和加工处理,了解一些常存杂质对碳钢性能的影响,以及我国碳钢的分类、编号和用途具有重要意义。

一、常存杂质对碳钢性能的影响

碳钢中,除了铁和碳外,还有 Si、Mn、S、P 等元素,这些元素是冶金过程中由矿石带入而无法去除的常存杂质元素,它们对组织性能产生了一定的影响。

1. 硅的影响

钢中的硅来自炼钢时的生铁和脱氧剂硅铁。

硅在钢中是一种有益的元素,能溶于铁素体而使其强化,从而提高钢的强度、硬度和弹性。通常由于含硅量不多(<0.4%)故对钢的性能影响不大。在镇静钢(用铝、硅铁和锰铁脱氧的钢)中含硅量在 0.10% ~ 0.40%;在沸腾钢(只用锰铁脱氧的钢)中只含 0.03% ~ 0.07% 的硅。

必须指出,用于冷锻和冷冲压的钢材,硅对铁素体的强化作用使得模具磨损过快,甚至引起工件的开裂。因此,锻造常用含硅量低的沸腾钢。

2. 锰的影响

钢中的锰来源于炼钢时的生铁和脱氧剂锰铁。

锰在钢中也是一种有益的元素,锰大部分溶于铁素体而使其强化;一小部分溶于渗碳体中,形成合金渗碳体;锰还能增加珠光体的相对量并使它细化,从而提高钢的强度。通常由于含锰量不多(<0.8%),对钢的性能影响不大。锰还能与硫化合成 MnS,以减轻硫的有害作用。

3. 硫的影响

钢中的硫来源于炼钢时的矿石、生铁和燃料。

硫在钢中是一种有害杂质,硫不溶于铁,而以 FeS 形式存在。FeS 与 Fe 形成共晶,或单独存在,分布于奥氏体晶界上,当钢材在 800 ~ 1200℃ 进行锻压时,由于 FeS-Fe 共晶体熔点低(只有 985℃)而发生晶界熔化,而使晶粒脱开,使钢材变得很脆,这种在高温下的脆性现象称为热脆或热脆性。

为了克服硫的这种有害影响,必须严格控制含硫量,如普通钢含硫量应小于 0.055%;优质钢含硫量应小于 0.040%;高级优质钢含硫量应小于 0.030%。除此之外,还必须向钢中加入一定数量的锰。由于加入锰后,可以形成熔点为 1620℃ 的硫化锰(MnS),抑制了低熔点共晶的形成,而 MnS 在高温下又有塑性,因此,可避免钢产生热脆性。

4. 磷的影响

钢中的磷来源于炼钢时加入的矿石、生铁等物质。

磷在钢中也是一种有害杂质。如果它全部溶于铁素体中可使铁素体强化,从而提高钢的强度、硬度,但却使室温下钢的塑性、韧性急剧下降,使钢变脆,这种现象称为冷脆或冷脆性。另外磷在钢中的偏析倾向也很严重,即使钢的平均含磷量不是很高,但在磷的聚集区域却可能达到严重的脆化程度。因此,钢中含磷量也必须严格限制,在普通钢中含磷量应小于 0.045%;优质钢中含磷量应小于 0.040%;高级优质钢中含磷量应小于 0.035%。

但在个别情况下,磷在钢中有时呈现有利的影响。如含有一定量的磷,可提高低碳钢在切削加工时的表面粗糙度;当磷与铜共存时,可提高钢的抗腐蚀性。

二、碳钢的分类

碳钢的分类方法很多,这里主要介绍以下四种。

1. 按钢的含碳量分类

(1)低碳钢——含碳量≤0.25%。

(2)中碳钢——含碳量在0.25%~0.65%。

(3)高碳钢——含碳量≥0.65%。

2. 按冶炼钢的脱氧程度分类

脱氧是指加入脱氧剂,如锰铁、硅铁、铝等,把钢水中的氧去掉,即把铁从铁的氧化物中还原出来。按脱氧程度不同,钢可以分为:

沸腾钢:由于只用价格低、脱氧效果差的锰铁脱氧,所以钢中含氧较多。浇铸时,钢中氧与碳发生作用,析出大量CO。因此钢水在钢模内呈沸腾现象,称为沸腾钢,钢号后加F。沸腾钢成材率高、成本低。但化学成分不均匀、偏析大、杂质多。

镇静钢:除用锰铁外,还用硅铁或铝进行脱氧。由于脱氧充分,钢中含氧很少,浇铸时没有沸腾现象,故称为镇静钢,钢号后加Z。镇静钢化学成分均匀、力学性能较好,但存在缩孔缺陷,成材率低、成本高。

半镇静钢:脱氧程度在镇静钢与沸腾钢之间,性能也介于它们之间,钢号后加b,其用量相对比较少。

3. 按碳钢质量的高低分类

根据碳钢质量的高低,即主要根据钢中所含有害杂质S、P的多少,通常分为普通碳素钢、优质碳素钢、高级优质碳素钢、特级优质碳素钢。

(1)普通碳素钢。

钢中含硫量≤0.055%、含磷量≤0.045%。

(2)优质碳素钢。

其中结构钢含硫、磷量均为≤0.040%;工具钢含硫量≤0.030%,含磷量≤0.035%。

(3)高级优质碳素钢。

其中结构钢含硫、磷量≤0.030%;工具钢含硫量≤0.020%,含磷量≤0.030%。这类钢在其钢号后加标志号A。

(4)特级优质碳素钢。

其中结构钢含硫量0.025%,含磷量≤0.020%。这类钢号后加标志号E。

4. 按钢的用途分类

可分为碳素结构钢和碳素工具钢两大类。

(1)碳素结构钢:主要用于制造各种工程构件(如桥梁、船舶、车辆、建筑等构件)和零件(如齿轮、轴、曲轴、连杆等)。这类钢一般属于低中碳钢。

(2)碳素工具钢:主要用于制造各种刀具、量具和模具。这类钢含碳量较高,一般属于高碳钢。

三、碳钢的编号和用途

为了便于生产、管理和使用,必须对各种钢材进行统一的编号。我国的碳钢编号见表5-1。

碳钢的编号方法   表5-1

分类	编号方法	
	举例	说明
普通碳素结构钢	Q235-AF	"Q"为"屈"字的汉语拼音字首,后面的数字为屈服点(MPa)。A、B、C、D表示质量等级,从左至右,质量依次提高。F、b、Z、TZ依次表示沸腾钢、半镇静钢、镇静钢、特殊镇静钢。Q235-AF表示屈服点为235MPa、质量为A级的沸腾钢
优质碳素结构钢	45 40Mn	两位数字表示钢的平均含碳量,以0.01%为单位。如钢号45,表示平均含碳量为0.45%的优质碳素结构钢。化学元素符号Mn表示钢的含锰量较高
碳素工具钢	T8 T8A	"T"为"碳"字的汉语拼音字首,后面的数字表示钢的平均含碳量,以0.10%为单位。如T8表示平均含碳量为0.8%的碳素工具钢。"A"表示高级优质
一般工程用铸造碳钢	ZG200-400	"ZG"代表铸钢。其后面第一组数字为屈服点(MPa),第二组数字为抗拉强度(MPa)。如ZG200-400表示屈服点为200MPa、抗拉强度为400MPa的碳素铸钢

下面就重要的展开介绍。

1.普通碳素结构钢

普通碳素结构钢,占钢总产量的70%左右,其含碳量较低(碳的平均质量分数为0.06%~0.38%),对性能要求及硫、磷和其他残余元素含量的限制较宽。大多用作工程结构钢,一般是热轧成钢板或各种型材(如圆钢、方钢、工字钢、钢筋等);少部分也用于要求不高的机械结构。该类钢通常在供应状态下使用,必要时根据需要可进行锻造、焊接成型和热处理调整性能。表5-2列出了这类钢的钢号、化学成分、力学性能及用途。

普通碳素结构钢的钢号、化学成分、力学性能及用途   表5-2

钢号	等级	化学成分(%)			脱氧方法	力学性能			应用举例
		C	S	P		σ (MPa)	σ_b (MPa)	δ_5 (%)	
Q195	—	0.06~0.12	≤0.050	≤0045	F、b、Z	195	315~390	≥33	承受载荷不大的金属结构件、铆钉、垫圈、地脚螺栓、冲压件及焊接件
Q215	A	0.09~0.15	≤0.050	≤0.045	F、b、Z	215	335~410	≥31	
	B		≤0.045						

续上表

钢号	等级	化学成分(%)			脱氧方法	力学性能			应用举例
		C	S	P		σ (MPa)	σ_b (MPa)	δ_5 (%)	
Q235	A	0.14~0.22	≤0.050	≤0.045	F、b、Z	235	375~460	≥26	金属结构件、钢板、钢筋、型钢、螺栓、螺母、短轴、心轴 Q235C、D,亦可用作重要焊接结构件
	B	0.12~0.20	≤0.045		F、b、Z				
	C	≤0.18	≤0.040	≤0.040	Z				
	D	≤0.17	≤0.035	≤0.035	TZ				
Q255	A	0.18~0.28	≤0.050	≤0.045	Z	255	410~510	≥24	强度较高,用于制造承受中等载荷的零件如键、销、转轴、拉杆、链轮、链环片等
	B		≤0.045						
Q275	—	0.28~0.38	≤0.050	≤0.045	Z	275	490~610	≥20	

2. 优质碳素结构钢

优质碳素结构钢与普通碳素结构钢比较,其含 S、P 较少(≤0.04%),且同时保证钢的化学成分和机械性能,因而质量较好,强度和塑性也较好,所以常用来制作重要的零件。优质碳素结构钢的钢号、化学成分、力学性能及用途如表 5-3 所示。

优质碳素结构钢的钢号、化学成分、力学性能及用途 表 5-3

钢号	力学性能(不小于)					应用举例
	σ_s (MPa)	σ_b (MPa)	δ_5 (%)	ψ (%)	A_k (J)	
08F	175	295	35	60	—	低碳钢强度、硬度低,塑性、韧性高,冷塑性加工性和焊接性优良,切削加工性欠佳,热处理强化效果不够显著。其中含碳量较低的钢如 08(F)、10(F) 常轧制成薄钢板,广泛用于深冲压和深拉延制品;含碳量较高的钢(15~25)可用作渗碳钢,用于制造表硬心韧的中、小尺寸的耐磨零件
08	195	325	33	60	—	
10F	185	315	33	55	—	
10	205	335	31	55	—	
15F	205	355	29	55	—	
15	225	375	27	55	—	
20	245	410	25	55	—	
25	275	450	23	50	71	
30	295	490	21	50	63	中碳钢的综合力学性能较好,热塑性加工性和切削加工性较佳,冷变形能力和焊接性中等。多在调质或正火状态下使用,还可用于表面淬火处理以提高零件的疲劳性能和表面耐磨性。其中 45 钢应用最广泛
35	315	530	20	45	55	
40	335	570	19	45	47	
45	355	600	16	40	39	
50	375	630	14	40	31	
55	380	645	13	35	—	

续上表

钢号	力学性能(不小于)					应用举例
	σ_s(MPa)	σ_b(MPa)	δ_5(%)	Ψ(%)	A_k(J)	
60	400	675	12	35	—	高碳钢具有较高的强度、硬度、耐磨性和良好的弹性,切削加工性中等,焊接性能不佳,淬火开裂倾向较大。主要用于制造弹簧、轧辊和凸轮等耐磨件与钢丝绳等,其中65钢是一种常用的弹簧钢
65	410	695	10	30	—	
70	420	715	9	30	—	
75	880	1080	7	30	—	
80	930	1080	6	30	—	
85	980	1130	6	30	—	
15Mn	245	410	26	55	—	应用范围基本同于相对应的普通锰含量钢,但因淬透性和强度较高,可用于制作截面尺寸较大或强度要求较高的零件,其中以65Mn最常用
20Mn	275	450	24	50	—	
25Mn	295	490	22	50	71	
30Mn	315	540	20	45	63	
35Mn	335	560	19	45	55	
40Mn	355	590	17	45	47	
45Mn	375	620	15	40	39	
50Mn	390	645	13	40	31	
60Mn	410	695	11	35	—	
65Mn	430	735	9	30	—	
70Mn	450	785	8	30	—	

根据化学成分不同,优质碳素结构钢又分为普通含锰量钢和较高含锰量钢两组。

(1)正常含锰量的优质碳素结构钢:所谓正常含锰量,对含碳量小于0.25%的碳素结构钢,其含锰量在0.35%~0.65%;而对含碳量大于0.25%的碳素结构钢,其含锰量在0.50%~0.80%。

(2)较高含锰量的优质碳素结构钢:所谓较高含锰量,对于含碳量为0.15%~0.60%的碳素结构钢,含锰量在0.7%~1.0%;而对含碳量大于0.60%的碳素结构钢,含锰量在0.9%~1.2%。

优质碳素结构钢的用途非常广泛,根据含碳量和性能不同其应用也不同。

低碳优质碳素结构钢(含碳量<0.25%)主要轧制成薄板、钢带、型钢及拉丝等供货。由于强度低、塑性、韧性好,易于冲压与焊接,一般用于制造受力不大的零件,如螺栓、螺母、垫圈、销、轴、链等。经过渗碳处理可用来制作表面要求耐磨,心部要求塑性、韧性好的机械零件。其中08F多用于制造各种冲压件,如汽车外壳零件;而15、20、20Mn是常用的渗碳钢,可用于制造对心部强度不高的渗碳零件,如机械、汽车和拖拉机的齿轮、凸轮、活塞销等。

中碳优质碳素结构钢(含碳量0.25%~0.60%)多轧制成型钢供货,与低碳优质碳素结构钢相比,其强度较高而塑性、韧性稍低,即具有较好综合力学性能。此外切削加工性较好,但焊接性能较差。可用于制造受力较大或受力较复杂的零件,如主轴、曲轴、齿轮、连杆、套筒等零件,其中 45 钢是应用最广泛的中碳优质碳素结构钢。

高碳优质碳素结构钢(含碳量 > 0.60%)多以型钢供货,具有较高的强度、硬度、弹性和耐磨性,而塑性、韧性较低,主要用于制造耐磨零件、弹簧和钢丝绳等,如凸轮、轧机及减振弹簧、坐垫弹簧等。

3. 碳素工具钢

碳素工具钢主要用于制造工具、刀具、量具和模具等工件,这些工件要求具有较高的硬度和耐磨性,同时又要保证一定的塑性和韧性,因此它的含碳量不能太低,也不能太高,实践证明应在 0.70% ~ 1.30%。当制作具有高的强度、足够的耐磨性和受冲击的工具时,一般可选含碳量为 0.7% ~ 0.9% 的碳素工具钢。而当制作具有高的硬度,高的耐磨性和不受冲击或受轻微冲击的工具(如测量工具、切削工具)时,一般可选含碳量 1.0% ~ 1.30% 的碳素工具钢制造。

碳素工具钢的钢号、化学成分、力学性能及用途见表 5-4。

碳素工具钢的钢号、化学成分、力学性能及用途 表 5-4

钢号	化学成分(%)			退火状态硬度 HBS 不小于	试样淬火硬度[①] HRC 不小于		用途举例
	C	Si	Mn				
T7 T7A	0.65 ~ 0.74	≤0.35	≤0.40	187	800 ~ 820℃水	62	承受冲击,要求韧性较好、硬度适当的工具,如扁铲、手钳、大锤、螺丝刀、木工工具
T8 T8A	0.75 ~ 0.84	≤0.35	≤0.40	187	780 ~ 800℃水	62	承受冲击,要求较高硬度的工具,如冲头、压缩空气工具、木工工具
T8Mn T8MnA	0.80 ~ 0.90	≤0.35	0.40 ~ 0.60	187	780 ~ 800℃水	62	同 T8、T8A,但其淬透性较大,可制造截面较大的工具
T9 T9A	0.85 ~ 0.94	≤0.35	≤0.40	192	760 ~ 780℃水	62	韧性中等、硬度高的工具,如冲头、木工工具、凿岩工具
T10 T10A	0.95 ~ 1.04	≤0.35	≤0.40	197	760 ~ 780℃水	62	不受剧烈冲击,要求高硬度耐磨的工具,如车刀、刨刀、冲头、丝锥、钻头、手锯条
T11 T11A	1.05 ~ 114	≤0.35	≤0.40	207	760 ~ 780℃水	62	不受剧烈冲击,要求高硬度耐磨的工具,如车刀、刨刀、冲头、丝锥、钻头
T12 T12A	1.15 ~ 1.24	≤0.35	≤0.40	207	760 ~ 780℃水	62	不受冲击,要求高硬度耐磨的工具,如锉刀、刮刀、精车刀、丝锥、量具
T13 T13A	1.25 ~ 1.35	≤0.35	≤0.40	217	760 ~ 780℃水	62	同 T12,要求更耐磨的工具,如刮刀、剃刀

注:①淬火后硬度不是指用途举例中各种工具硬度,而是指碳素工具钢材料在淬火后的最低硬度。

习 题

1. 名词解释。

一次渗碳体：

二次渗碳体：

三次渗碳体：

铁素体：

奥氏体：

珠光体：

莱氏体(Ld 和 Ld')：

热脆与冷脆：

低温莱氏体：

2. 默写简化 Fe-Fe$_3$C 相图，并填写各区域的组织。

3. 何谓共析转变和共晶转变？写出它们的反应式。

4. 分析 0.4%C 亚共析钢的结晶过程及其在室温下组织组成物与相组成物的相对重量；合金的结晶过程及其在室温下组织组成物与相组成物的相对重量。

5. 根据 Fe-Fe$_3$C 相图，计算：

(1) 室温下，含碳 0.6% 的钢中铁素体和珠光体各占多少？

(2) 室温下，含碳 0.2% 的钢中珠光体和二次渗碳体各占多少？

(3) 铁碳含金中，二次渗碳体和三次渗碳体的最大百分含量。

6. 现有形状尺寸完全相同的四块平衡状态的铁碳合金，它们分别为 0.20%C、0.4%C、1.2%C、3.5%C 合金。根据所学知识，可有哪些方法来区分它们？

7. 根据 Fe-Fe$_3$C 相图，说明产生下列现象的原因：

(1) 低碳钢具有较好的塑性，而高碳钢具有较好的耐磨性和硬度；

(2) 低温莱氏体的塑性比珠光体的塑性差；

(3) 在 1100℃，含碳 0.4% 的钢能进行锻造，含碳 4.0% 的生铁不能锻造；

(4) 钢锭在 950~1100℃ 正常温度下轧制，有时会造成锭坯开裂；

(5) 一般要把钢材加热到高温(1000~1250℃)下进行热轧或锻造；

(6) 钢铆钉一般用低碳钢制成；

(7) 绑扎物件一般用铁丝(镀锌低碳钢丝)，而起重机吊重物却用 60、65、70、75 等钢制成的钢丝绳；

(8) 钳工锯 T8、T10、T12 等钢料时比锯 10、20 钢料费力，锯条易磨钝。

8. 钢中常存的杂质元素有哪些，对钢的性能有何影响？

9. 指出下列各类钢的类别、主要特点及用途：

Q235-A：

45：

45Mn：

T12A：

15F：

10. 选择下列零件材料的钢号：汽车外壳、吊钩、螺母、弹簧、普通车床主轴、锉刀、轧钢机机架。

11. 根据表 5-5 所列要求，归纳对比铁素体、奥氏体、渗碳体、珠光体、莱氏体的特点。

归纳对比铁素体、奥氏体、渗碳体、珠光体、莱氏体的特点　　　　表 5-5

名称	晶体结构的特征	采用符号	含碳量(%)	显微组织的特征	机械性能	其他
铁素体						
奥氏体						
渗碳体						
珠光体						
莱氏体						

第 6 章 钢的热处理

钢的热处理是将钢在固态下采用适当的方法进行加热、保温和冷却以获得所需的组织结构与性能的工艺。钢之所以能进行热处理，是由于钢在固态下具有相变特性，而某些纯金属和合金由于不具有这一特性而不能用热处理的方法强化。

钢的热处理方法可分为三大类：

1. 整体热处理

是指对热处理件进行穿透性加热，以改善整体的组织和性能的处理工艺，分为退火、正火、淬火、淬火＋回火、调质、稳定化处理、固溶(水韧)处理、固溶处理＋时效等。

2. 表面热处理

是指仅对工件表层进行热处理，以改变其组织和性能的工艺。分为表面淬火＋回火、物理气相沉积、化学气相沉积、等离子化学气相沉积等。

3. 化学热处理

是指将工件置于一定温度的活性介质中保温，使一种或几种元素渗入它的表层，以改变其化学成分、组织和性能的热处理工艺。根据渗入成分的不同又分为渗碳、渗氮、碳氮共渗、渗其他非金属、渗金属、多元共渗、熔渗等。

热处理作为机器零件及工模具制造过程中的重要加工工艺,其目的不是改变材料的形状,而是通过改变金属材料的组织和性能来满足工程中对材料的服役性能和加工要求。所以,选择正确和先进的热处理工艺对于挖掘金属材料的性能潜力、改善零件使用性能、提高产品质量、延长零件的使用寿命、节约材料均具有重要的意义;同时还对改善零件毛坯的工艺性能以利于冷热加工的进行起着重要的作用。因此,热处理在机械制造行业中被广泛地应用,例如汽车、拖拉机行业中需要进行热处理的零件占70%~80%;机床行业中需要进行热处理的零件占60%~70%;轴承及各种模具需要进行热处理的零件则达到100%。

热处理工艺根据在零件生产工艺流程中的位置和作用不同,又分为最终热处理和预备热处理两大类。最终热处理是指在生产工艺流程中,工件经切削加工等成型工艺而得到最终的形状和尺寸后,再进行的赋予工件所需使用性能的热处理;预备热处理是指达到工件最终热处理要求而获得需要的预备组织或改善工艺性能所进行的预先热处理,有时也称中间热处理。如某钢制零件的生产工艺路线为:铸造→热处理1(退火或正火)→机械加工→热处理2(淬火+回火)→精机械加工,其中热处理1即属于预备热处理,热处理2为最终热处理。

尽管热处理的种类很多,但通常所用的各种热处理过程都是由加热、保温和冷却三个基本阶段组成。图6-1为最基本的热处理工艺曲线。

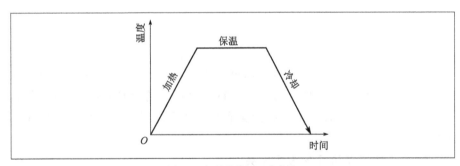

图6-1 钢的热处理工艺曲线

6.1 钢在加热时的转变

根据 Fe-Fe$_3$C 相图,共析钢在加热温度超过 PSK 线(A_1)时,完全转变为奥氏体。亚共析钢和过共析钢必须加热到 GS 线(A_3)和 ES 线(A_{cm})以上才能全部转变为奥氏体。但在实际热处理加热和冷却条件下,相变是在非平衡条件下进行的,因此,上述临界点有所变化。一般情况下,加热时的临界点温度比理论值高,而冷却时的临界点温度比理论值低。通常将加热时的临界温度标为 A_{c_1}、A_{c_3}、$A_{c_{cm}}$,冷却时标为 A_{r_1}、A_{r_3}、$A_{r_{cm}}$。上述实际的临界温度并不是固定的,它们受含碳量、合金元素含量、奥氏体化温度、加热和冷却速度等因素的影响而变化。

一、奥氏体的转变

(一)基本过程

下面以共析钢为例,简要说明其加热时奥氏体的转变过程。

室温组织为珠光体的共析钢加热至 A_1(A_{c_1})以上时,将形成奥氏体,即发生 P(F + Fe$_3$C)→A 的转变。可见这是由成分相差悬殊、晶体结构完全不同的两个相向另一种成分和晶格的单相固溶体的转变过程,是一个晶格改组和铁、碳原子的扩散过程,也是通过形核和长大的过程来实现的。其基本过程由以下四个阶段组成,如图 6-2 所示。

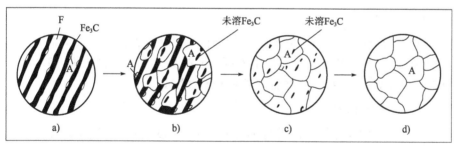

图 6-2 共析钢中奥氏体形成过程示意图
a)A 形核;b)A 长大;c)残余 Fe$_3$C 溶解;d)A 均匀化

1. 奥氏体晶核的形成

奥氏体晶核易于在铁素体与渗碳体相界面上形成。这是因为相界面处碳原子浓度相差较大,有利于获得形成奥氏体晶核所需要的碳浓度,同时在铁素体与渗碳体相界面处,原子排列不规则,铁原子有可能通过短程扩散形成奥氏体形核所需要的结构,而且在铁素体与渗碳体相界面处,杂质、空位及位错等缺陷,具有较高的畸变能,容易满足奥氏体形核所需要的能量。因此,铁素体与渗碳两相的相界为奥氏体形核提供了良好条件。

2. 奥氏体的长大

奥氏体晶核形成之后,由于奥氏体与铁素体相接处含碳量较低,而与渗碳体相接处含碳量较高,因此,在奥氏体中出现了碳的浓度梯度,引起碳在奥氏体中不断地由高浓度向低浓度扩散。随着扩散的进行,破坏了原先碳浓度的平衡,这样势必促使铁素体向奥氏体转变以及渗碳体的溶解。碳浓度破坏平衡和恢复平衡的反复循环过程,就使奥氏体逐渐向渗碳体和铁素体两相长大,直至铁素体全部转变为奥氏体。

3. 残余渗碳体的溶解

在奥氏体形成过程中,铁素体比渗碳体先消失,因此,奥氏体形成之后,还残存未溶渗碳体。这部分未溶的残余渗碳体将随着时间的延长,继续不断地溶入奥氏体,直至全部消失。

4. 奥氏体均匀化

当残余渗碳体全部溶解时,奥氏体中的碳浓度仍然是不均匀的,在原渗碳体处含碳量较高,而在原铁素体处含碳量较低。如果继续延长保温时间,通过碳的扩散,奥氏体的含碳量逐渐趋于均匀。

注意亚共析钢和过共析钢在加热时的转变过程与共析钢基本相同,当温度加热至 A_{C_1} 以上时,发生珠光体向奥氏体的转变。对于亚共析钢,在 $A_{C_1} \sim A_{C_3}$ 的升温过程中先共析铁素体逐步向奥氏体转变,当温度升高到 A_{C_3} 以上时,才能得到单一的奥氏体组织。对于过共析钢,在 $A_{C_1} \sim A_{C_{cm}}$ 的升温过程中先共析相二次渗碳体逐步溶入奥氏体中,只有温度升高到 $A_{C_{cm}}$ 以上时,才能得到单一的奥氏体组织。

(二)影响奥氏体转变的因素

1. 加热温度的影响

加热温度越高,铁原子和碳原子扩散能力增大,晶格重构和碳原子重新分配越容易;同时,铁碳合金相图中 GS 线与 ES 线之间的距离加大,即增大了奥氏体中碳的浓度梯度,这都加速了奥氏体的形成。

2. 加热速度的影响

实际生产中加热是连续升温的,随着加热速度的增大,奥氏体形成温度随之升高(A_{C_1} 越高),形成奥氏体所需要的时间缩短。

3. 原始组织的影响

由于奥氏体的晶核是在铁素体与渗碳体的相界面上形成的,因此,对于同一成分的钢,其原始组织越细,相界面越多,形成奥氏体晶核的"基地"越多,奥氏体转变也就越快。

4. 合金元素的影响

钢中的合金元素不改变奥氏体形成的基本过程,但显著影响奥氏体的形成速度。

5. 原始组织的影响

原始珠光体中的渗碳体有片状和粒状两种形式。当原始组织中渗碳体为片状时,奥氏体形成速度快,因为它的相界面积大,并且渗碳体片间距越小,相界面积越大,同时奥氏体晶粒中含碳量浓度梯度也越大,所以长大速率更大。

二、奥氏体晶粒的长大及其影响因素

(一)奥氏体晶粒度的概念

钢在加热过程中所形成的奥氏体晶粒的大小将影响冷却转变后钢的组织和性能。若加热和保温后钢的奥氏体晶粒越细小,则冷却转变后钢组织的晶粒也越细小,力学性能也越高,特别是冲击韧性也越高;但若奥氏体晶粒越粗大,则冷却转变后钢组织的晶粒也越粗大,力学性能也越低,特别是冲击韧性下降较多,即发生所谓"过热"现象。这是热处理加热过程中的一种缺陷。因此,钢在热处理加热过程中,加热温度和保温时间必须控制在一定的范围内,以便获得细小而均匀的奥氏体晶粒。

根据奥氏体形成过程和晶粒长大情况,奥氏体晶粒度可分为起始晶粒度、实际晶粒度和本质晶粒度三种。

起始晶粒度是指珠光体向奥氏体转变刚刚终了时的奥氏体晶粒大小。这时奥氏体晶粒非常细小,难以测定,故它是无应用意义的。

实际晶粒度是指钢在具体加热条件下实际得到的奥氏体晶粒尺寸,它直接影响钢的性能。

本质晶粒度是指钢加热到(930 ± 10)℃保温8h,冷却后得到的晶粒度。所以"本质晶粒"并不是指具体的晶粒,而是表示某种钢的奥氏体晶粒长大的倾向性。"本质晶粒度"也不是晶粒大小的实际度量,而是表示在规定的加热条件下奥氏体晶粒长大倾向性的高低。

钢的本质晶粒度大小,主要决定于炼钢时的脱氧方法(脱氧剂),采用不同的脱氧方法,可得到本质粗晶粒钢或本质细晶粒钢。需经热处理的工件一般都采用本质细晶粒钢。

一般奥氏体晶粒度级别分为8级,如图6-3所示。1级最粗,8级最细。晶粒度在1~4级的钢为本质粗晶粒为钢,5~8级的钢为本质细晶粒钢。

不能认为本质细晶粒钢在任何温度下加热晶粒都不粗化,由图6-4可知,加热温度在A_1~930℃范围内,如果温度相同,本质细晶粒钢要比本质粗晶粒钢的奥氏体实际晶粒细小;但当加热温度大于930℃时,有可能得到相反的结果。本质细晶粒钢在930℃以下加热时晶粒长大的倾向小,适于进行热处理。本质粗晶粒钢在进行热处理时需严格控制加热温度。

(二)影响奥氏体晶粒长大的因素

奥氏体晶粒长大伴随着晶界总面积的减小,使体系能量降低,所以在高温下,奥氏体晶粒长大是一个自发过程。影响奥氏体晶粒长大的因素很多,主要有以下几个方面:

1. 加热温度和保温时间

奥氏体刚形成时晶粒是细小的,但随着温度升高,晶粒将逐渐长大。温度越高,晶粒长大越明显。在一定温度下,保温时间越长,奥氏体晶粒也越粗大。

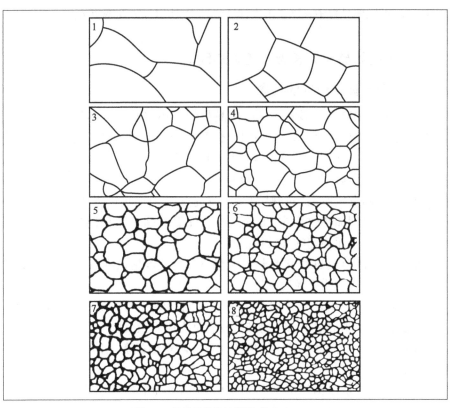

图 6-3 钢的晶粒度级别图(放大 100×)

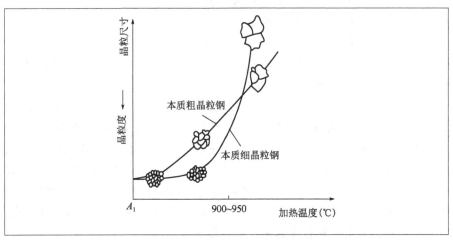

图 6-4 奥氏体不同晶粒度晶粒长大倾向与温度的关系

2. 加热速度

快速加热和短时间保温工艺在生产上常用来细化晶粒,例如高频淬火就是利用这一原理来获得细晶粒的。

3. 含碳量

在奥氏体中,含碳量越高,则奥氏体晶粒的长大速度就越快。但是若碳以未溶碳化物的形式存在于钢中,则它具有阻碍奥氏体晶粒长大的作用。

4. 合金元素

钢中加入能形成稳定碳化物的元素(如钛、钒、铌、锆等)和能生成氧化物和氮化物的元素(如适量铝等),有利于得到本质细晶粒钢,其原因是碳化物、氧化物和氮化物弥散分布在晶界上,能阻碍晶粒的长大。锰和磷是促进晶粒长大的元素。

由上述可知,为了控制奥氏体晶粒长大,可以采取合理选择加热温度和保温时间,合理选择钢的原始组织以及加入一定量的合金元素等措施。

6.2 钢在冷却时的转变

冷却过程是钢的热处理工艺的关键部分,它对控制钢在热处理以后组织与性能起着极大的作用。采用不同的冷却速度与冷却方式,可以获得不同的组织和性能。

钢在高温时所形成的奥氏体,过冷到 A_{r_1} 以下,成为热力学不稳定状态的过冷奥氏体。为了了解过冷奥氏体在冷却过程中的变化规律,通常采用过冷奥氏体冷却转变来说明奥氏体的冷却条件和组织转变之间的相互关系,这对各种钢热处理工艺的确定具有决定性的作用,是热处理工艺的理论基础。

常用的冷却方式有连续冷却和等温冷却。连续冷却是以某一速度连续冷却到室温,使过冷奥氏体在连续冷却过程中发生转变,如图 6-5 中曲线 1 所示。等温冷却是快速冷却到 A_{r_1} 以下某一温度,并等温停留一段时间,使过冷奥氏体发生转变,然后再冷却到室温,如图 6-5 曲线 2 所示。

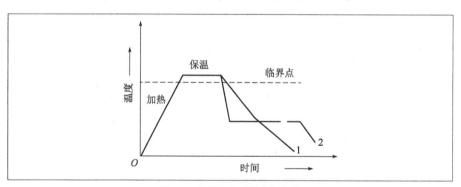

图 6-5 热处理的两种冷却方式
1-连续冷却;2-等温处理

奥氏体在 A_1 点以下处于不稳定状态,必然要发生相变。但过冷到 A_1 以下的奥氏体并不是立即发生转变,而要经过一个孕育期后才开始转变。过冷奥氏体在不同温度下的等温转变,将使钢的组织与性能发生明显变化。而研究这种变化的最重要的工具是过冷奥氏体等温转变曲线。

一、过冷奥氏体等温转变曲线

(一)过冷奥氏体等温转变曲线的建立

过冷奥氏体等温转变曲线通常采用金相法、硬度法、膨胀法、磁性法等方法建立。现以共析钢为例,简述 C 曲线的建立。将共析钢加工成许多小试样,放在加热炉中加热到 A_{C_1} 以上使其奥氏体化,然后将试样迅速投入不同温度的恒温盐浴(或金属浴)中进行等温转变,每隔一定时间取出一个试样,立即在水中冷却,对其进行观察与测量,由此得出在不同温度、不同恒温时间下奥氏体的转变量。找出过冷奥氏体转变的开始时间和终了时间,分别连接开始点和终了点,即得到图 6-6 所示的共析钢过冷奥氏体的等温转变图。该图形状如字母"C",也称为 C 曲线或 TTT 曲线。由于时间与温度的关系即为冷却条件,所以它也表明了冷却条件与转变产物的关系。

(二)过冷奥氏体的等温转变曲线分析

1. 特性线和区域

如图 6-6 所示,过冷奥氏体开始转变点的连线称为转变开始线;过冷奥氏体转变结束点的连线称为转变结束线。水平线为 A_1 线表示奥氏体与珠光体的平衡温度。在 A_1 线以上是奥氏体稳定存在的区域;A_1 线以下,转变开始线以左是过冷奥氏体区,A_1 线以下、转变结束线以右是转变产物区;转变开始线和结束线之间是过冷奥氏体和转变产物共存区。

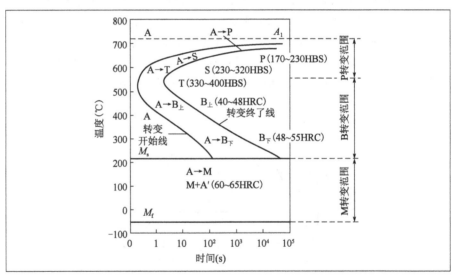

图 6-6 共析钢过冷奥氏体的等温转变图
A-奥氏体;M-马氏体;T-屈氏体;S-索氏体;B-贝氏体;P-珠光体

最下面 M_s 线与 M_f 线之间为马氏体转变区,它是奥氏体连续冷却过程中转变的一种组织。M_s 与 M_f 的意义如下:将奥氏体化的共析钢,快速冷却,在 M_s 温度开始产生马氏体组织,在 M_f 温度转变终止。

2. 孕育期和"鼻尖"

过冷奥氏体在各个温度下等温转变时,都要经过一段孕育期。金属及合金在一定过冷度条件下等温转变时,等温停留开始至相转变开始的时间称为孕育期,以转变开始线与纵坐标之间的水平距离表示。孕育期越长,过冷奥氏体越稳定,反之则越不稳定。所以过冷奥氏体在不同温度下的稳定性是不同的。开始时,随过冷度(ΔT)的增大,孕育期与转变结束时间逐渐缩短,但当过冷度达到某一值(等温温度约为550℃)后,孕育期与转变结束时间却都随过冷度的增大而逐渐加长,所以曲线呈"C"状。

在C曲线上孕育期最短的地方,表示过冷奥氏体最不稳定,它的转变速度最快,该处成为C曲线的"鼻尖"。而在靠近A_1和M_s处的孕育期较长,过冷奥氏体较稳定,转变速度也较慢。

在C曲线下部的M_s水平线,表示钢经奥氏体化后以大于或等于马氏体临界冷却速度淬火冷却时奥氏体开始向马氏体转变的温度(对共析钢约为230℃),称为钢的马氏体转变开始点。其下面还有一条表示过冷奥氏体停止向马氏体转变的M_f水平线,称为钢的马氏体转变终止点,一般在室温以下。M_s与M_f线之间为马氏体与过冷奥氏体共存区。

3. C曲线分为三个转变区

共析钢的过冷奥氏体在三个不同的温度区,可发生三种不同的转变:①A_1至C曲线鼻尖区间的高温转变,其转变产物为珠光体,所以又称珠光体转变;②C曲线鼻尖至M_s区间的中温转变,其转变产物为贝氏体,所以又称贝氏体转变;③在M_s线以下区间的低温转变,其转变产物为马氏体,所以又称马氏体转变。

二、过冷奥氏体等温转变产物的组织与性能

(一)珠光体转变

1. 扩散性转变方式

共析成分的过冷奥氏体在$A_1 \sim 550$℃之间的高温区等温转变产物为珠光体组织。由于转变温度高,因此,珠光体转变是扩散性相变。它的形成伴随着两个过程同时进行:一是铁、碳原子的扩散,由此而形成高碳的渗碳体和低碳的铁素体;二是晶格的重构,由面心立方晶格的奥氏体转变为体心立方晶格的铁素体和复杂立方晶格的渗碳体,它的转变过程是一个在固态下形核和长大的结晶过程。

珠光体型转变过程如图6-7所示。由于能量、成分、结构的起伏,首先在奥氏体晶界上形成片状渗碳体(6.69%C)。由于渗碳体的形成,其附近含碳量降低,有利于转变为铁素体,铁素体形成之后,其中可溶的碳量很低(最大0.02%C),必然有一部分碳被排挤出来,使相邻区域的含碳量增高,于是又有利于渗碳体形成。这样,就会一片渗碳体一片铁素体相间地交替成长,形成片层相间的珠光体组织形态。与此同时,在晶界的其他部位有可能产生新的渗碳体晶核。

2. 组织形态与力学性能

由一个晶核长大的珠光体团,其渗碳体片和铁素体片是互相平行的,而由不同晶核所长大的珠光体团之间有一定的交角,一个奥氏体晶核可以形成几个不同位向的珠光体团。

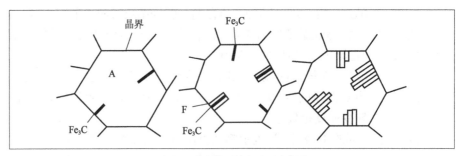

图6-7 珠光体型转变过程示意图

珠光体片层间距的大小主要取决于过冷度,珠光体转变温度越低即过冷度越大,形成的珠光体组织越细。按层间距大小不同,珠光体组织习惯上分为珠光体(P)、索氏体(S)、屈氏体(T)三种。一般过冷等温温度在 $A_1 \sim 650℃$ 温度范围内获得层片较大($>0.4\mu m$)的珠光体(P),它在500倍光学显微镜下就能分辨出层片状形态,硬度为170~200HBS。在650~600℃范围内,得到层片间距较小(0.4~0.2μm)的细珠光体,称为索氏体(S),它在1000倍光学显微镜下才能分辨出层片状,硬度为230~320HBS。在600~550℃范围内,由于过冷度更大,其产物为层间距更小($<0.2\mu m$)的极细珠光体组织,称为屈氏体(T),它在高倍光学显微镜下也分辨不清片状,只有在电子显微镜下才能分辨清楚,硬度为330~400HBS。

(二)贝氏体转变

1. 半扩散性转变方式

过冷奥氏体在 $550℃ \sim M_s(230℃)$ 之间转变产物为贝氏体。贝氏体是过冷奥氏体在贝氏体转变温度区转变而成的由铁素体与碳化物所组成的亚稳组织。贝氏体转变也要进行晶格改组和碳原子的扩散(但扩散不充分),但是因为温度较低,铁原子仅作很小位移而不发生扩散,其转变过程也是固态下的形核和长大过程,是一个半扩散性转变过程。

贝氏体组织根据奥氏体成分及温度的不同主要有上贝氏体($B_上$)和下贝氏体($B_下$)。共析钢在550~350℃形成上贝氏体,如果在350~230℃则形成下贝氏体。

2. 组织形态与力学性能

在光学显微镜下可观察到上贝氏体的组织形态呈羽毛状的铁素体条(α相),如图6-8a)所示。在电子显微镜下可观察到其组织形态较宽大的铁素体(α相)板条,这些铁素体板条成束平排地由原奥氏体晶界伸向晶内,而铁素体板条间分布着粒状或短杆状的渗碳体,如图6-8b)所示。由于上贝氏体是由粗大的片条状铁素体和粗大的、分布不均匀的渗碳体所组成,所以韧性显著降低,工程上尽量避免得到此种组织。

在光学显微镜下,可观察到下贝氏体的组织呈不规则排列的细黑针状,如图6-9a)所示,在电子显微镜下,其组织为含碳量过饱和的针状铁素体内的一定晶面上分布着大量细小的 $Fe_{2.4}$ 颗粒或薄片,如图6-9b)所示。由于下贝氏体中的铁素体针细小,渗碳体弥散度大,分布更均匀,所以贝氏体强度、硬度进一步提高,塑性、韧性又有所改善,贝氏体具有良好的综合机械性能。目前生产上采用等温淬火工艺,以获得下贝氏体组织。

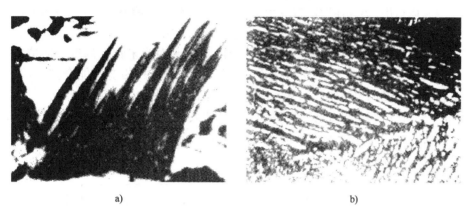

图 6-8 上贝氏体显微组织
a)光学显微组织(1300×);b)电子显微组织(5000×)

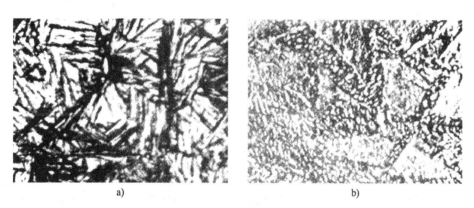

图 6-9 下贝氏体显微组织
a)光学显微组织(600×);b)电子显微组织(1000×)

(三) 马氏体转变

1. 非扩散性转变方式

当奥氏体过冷到 M_s 点以下,即发生马氏体相变。马氏体相变与珠光体相变和贝氏体相变完全不同,它是过冷奥氏体在 M_s 温度以下的连续冷却过程中进行的。由于过冷度极大,奥氏体中的碳原子已无扩散能力,而被强制地固溶在 α-Fe 中,形成了碳在 α-Fe 中的过饱和固溶体,即马氏体。

马氏体转变是一种非扩散性相变,所以马氏体中的含碳量与母相(奥氏体)的含碳量相同。由于 α-Fe 的含碳量呈过饱和状态,过多的碳原子使体心立方晶格常数 c 被拉长,而晶格常数 a 被缩短,形成了体心正方晶格($a=b\neq c$)。

奥氏体从高温急速冷却,达到某一温度时马氏体开始形成。开始形成马氏体的温度称为马氏体转变的开始温度,常用 M_s 表示。随着温度的降低,马氏体的数量不断增多,直到某个温度,获得最多的马氏体时,之后再降低温度也不再有马氏体生成,这一温度称为马氏体转变的终止温度,用 M_f 表示。马氏体的形成仍是一个形核和长大的过程。

应该指出,奥氏体即使过冷至 M_f 温度以下,也不可能100%地转变为马氏体,必然有一部分奥氏体保留下来。这是因为奥氏体向马氏体转变时,随着马氏体的形成,同时还伴随着体积的膨胀,因而会对尚未转变的奥氏体造成一定的压力,使其不易再转变成马氏体并保留下来,故相变不能全部完成。这种没有转变的奥氏体我们称为残余奥氏体,以 A′或 $A_残$ 表示。

马氏体的转变开始点 M_s 和终止点 M_f 主要由奥氏体的成分来决定,基本上不受冷却速度及其他因素的影响。增加含碳量会使 M_s 及 M_f 点降低,如图6-10a)所示。

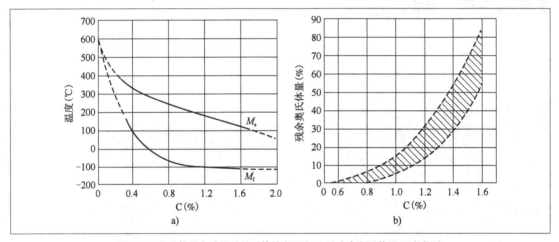

图6-10 奥氏体的含碳量对马氏体转变温度a)及残余奥氏体量b)的影响

由图6-10可知,当奥氏体中含碳量增加至0.5%以上时,M_f 点便下降至室温以下,含碳量越高,马氏体转变温度下降越大,则残余奥氏体量也就越多,如图6-10b)所示。由图可知,共析钢的 M_f 点约为 -50℃,当淬火至室温时,其组织中含有3%~6%的残余奥氏体。

2. 组织形态与力学性能

马氏体的组织形态主要有两种基本类型:板条状马氏体和片状马氏体,如图6-11所示。其组织形态主要因钢的化学成分的不同而变化,当高温奥氏体中含碳量大于1.0%时,淬火组织中马氏体形态几乎完全是片状的;当高温奥氏体含碳量小于0.30%时,淬火组织中马氏体形态几乎完全是板条状的;高温奥氏体含碳量在0.30%~1.0%时,为板条状马氏体和片状马氏体的混合组织。

马氏体最主要的机械性能特征是高硬度,马氏体的硬度主要取决于含碳量,如图6-12所示,随着马氏体含碳量的增高,其硬度随之增高,尤其在含碳量较低的情况下硬度增高比较明显。

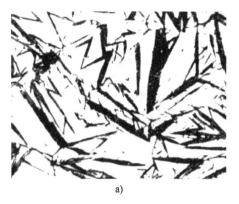
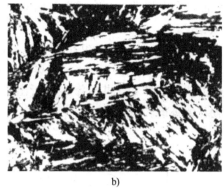

a)   b)

图 6-11 马氏体的显微组织
a)板条状马氏体;b)片状马氏体

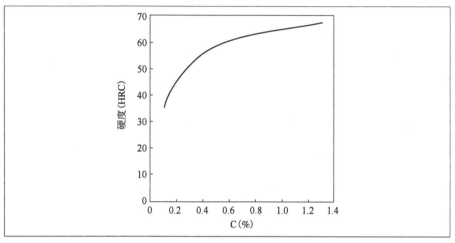

图 6-12 含碳量对马氏体硬度的影响

造成马氏体高硬度的主要原因是,由于过饱和碳原子与马氏体中的晶体缺陷的交互作用引起的固溶强化。过饱和碳原子增大了晶格畸变,使位错移动困难,提高了塑变抗力。硬度可用来表示金属抵抗塑性变形的能力,硬度越高,抵抗塑性变形的能力就越强。随着含碳量的增加,晶格畸变程度就越大,硬度就越高。但是碳原子的过饱和则削弱了铁原子之间的结合力,影响了晶格的牢固性,使马氏体的韧性下降。板条状马氏体中的位错和片状马氏体中的孪晶均能引起强化,尤其是孪晶对片状马氏体的硬度和强度的影响更为明显。

三、影响 C 曲线的因素

C 曲线对钢的热处理工艺及淬透性等问题有指导作用,掌握影响 C 曲线的因素很重要。

1. 碳的影响

奥氏体含碳量对 C 曲线的形状没有什么影响,仅使其位置左右移动。在亚共析钢中,随含碳量增加,C 曲线向右移动;在过共析钢中,随含碳量增加,

C曲线向左移动,因此,共析钢的C曲线最靠右(图6-13b),其过冷奥氏体也最稳定。

图6-13a)、c)是亚共析钢和过共析钢的C曲线。从图中可以看出,亚共析钢和过共析钢的C曲线,除奥氏体转变开始和终了曲线外,分别还有一条先共析铁素体和先共析渗碳体析出线,待先共析相转变完后,才发生奥氏体向珠光体的转变。

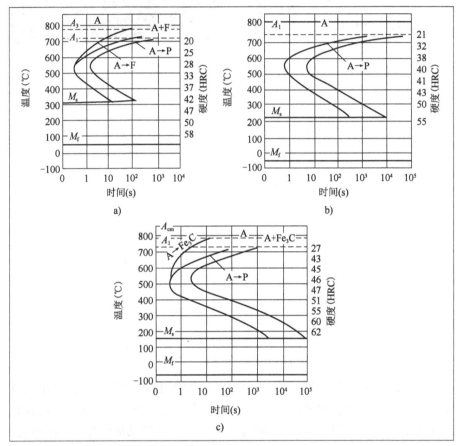

图6-13 亚共析钢a)、共析钢b)和过共析钢c)的C曲线

2. 合金元素的影响

除了钴以外,所有的合金元素的溶入都使过冷奥氏体趋于稳定,不易发生分解,使C曲线的位置右移。碳化物形成元素含量较多时,不仅影响C曲线的位置,而且还会改变C曲线的形状,可能出现两组C曲线,如图6-14所示。

3. 加热温度和保温时间的影响

随着加热温度的提高和保温时间的延长,奥氏体的成分更加均匀,分解时要达到必要的浓度起伏更加困难;同时奥氏体晶粒长大,晶界面积减小,作为奥氏体转变的晶核数量减少,这些都使过冷奥氏体稳定性增加,使C曲线右移。

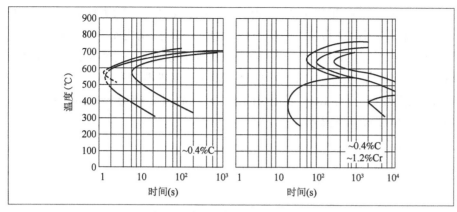

图 6-14 合金元素铬对 C 曲线的影响

综上所述,影响 C 曲线的因素很多,不同钢种的 C 曲线不同。即使是同一钢种,如果加热温度不同,奥氏体晶粒度也不同,所测得的 C 曲线差别也较大,因此,钢的 C 曲线会加注成分、加热温度和奥氏体晶粒度等。常用钢的 C 曲线可以在有关的手册中查阅。

四、过冷奥氏体连续转变曲线图

在生产实际中,过冷奥氏体转变大多是在连续冷却过程中生成的,这就需要测定和利用过冷奥氏体连续转变曲线图(CCT 图)。

1. 共析钢过冷奥氏体连续转变图

连续冷却转变曲线是用试验方法测定的。将一组试样加热到奥氏体状态后,以不同冷却速度连续冷却,测出其奥氏体转变开始点和终了点的温度和时间,并在温度-时间(对数)坐标系中,分别连接不同冷却速度的开始点和终了点,即可得到连续转变曲线,也称 CCT 曲线。图 6-15 为共析钢的 CCT 曲线,图中 P_s 和 P_f 分别为过冷奥氏体转变为珠光体型组织的开始线和终了线,两线之间为转变的过渡区,KK' 线为过冷 A 转变的终止线,当冷却到达此线时,过冷奥氏体便终止向珠光体的转变,一直冷到 M_s 点又开始马氏体的转变,不发生贝氏体转变,因而共析钢在连续冷却过程中没有贝氏体组织出现。

由 CCT 曲线图可知,共析钢以大于 v_k 的速度冷却时,由于遇不到珠光体转变线,得到的组织全部为马氏体,这个冷却速度称为上临界冷却速度。v_k 越小,钢越容易得到马氏体。冷却速度小于 v'_k 时,钢将全部转变为珠光体,v'_k 称为下临界冷却速度。v'_k 越小,退火所需时间越长。冷却速度在 v_k ~ v'_k 之间(如油冷),在到达 KK' 线之前,奥氏体部分转变为珠光体,从 KK' 线到 M_s 点,剩余奥氏体停止转变,直到 M_s 点以下,才开始马氏体转变。到 M_f 点后马氏体转变完成,得到的组织为 M + T,若冷却至 M_s 到 M_f 之间,则得到的组织为 M + T + A'。

2. 转变过程及产物

现用共析钢的等温转变曲线来分析 A 转变过程和产物。如图 6-15 所示,以缓慢速度冷却时,相当于炉冷(退火)。过冷 A 转变产物为珠光体,其转变温度较高,珠光体呈粗片状,硬度为 170~220HB。以稍快速度冷却时,相当于空冷(正火),过冷 A 转变产物为索氏体,为细片状组织,硬度为 25~35HRC。以较快速度冷却时,相当于油冷,过冷 A 转变产物为屈氏体、马氏体和残余奥氏体,硬度为 45~55HRC。以很快的速度冷却时,相当于水冷,过冷 A 转变产物为马氏体和残余奥氏体。

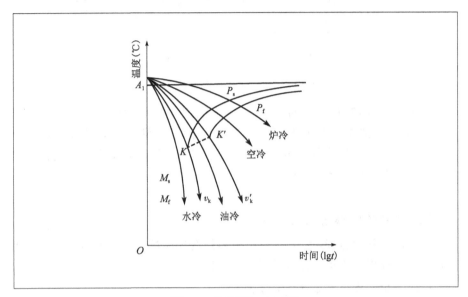

图 6-15 共析钢的 CCT 曲线

6.3 钢的退火和正火

一、退火和正火的目的

退火和正火通常用于钢的预先热处理,以消除和改善前一道工序(如铸、锻、焊等)所造成的某些组织缺陷(如晶粒粗大或粗细不均匀、枝晶偏析等)以及残余内应力,也为随后的加工及热处理做好组织上和性能上的准备。对于一些性能要求不高的零件,退火和正火也可以作为最终热处理。

退火和正火的主要目的是:①软化钢件以便进行切削加工;②消除残余应力,以防钢件的变形、开裂;③细化晶粒,改善组织以提高机械性能;④为最终热处理(淬火、回火)作好组织上的准备。

二、退火和正火工艺及应用

碳钢各种退火和正火工艺规范示意图如图 6-16 所示,保温时间可参考经验数据。

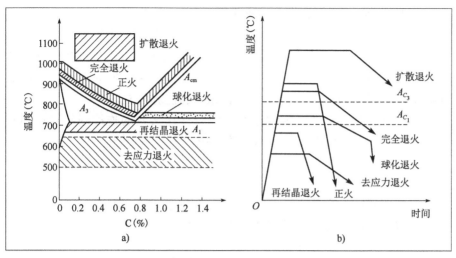

图 6-16 碳钢各种退火和正火工艺规范示意图
a) 加热温度范围; b) 工艺曲线

(一) 退火工艺及应用

钢的退火是把钢加热到高于或低于临界点（A_{C_3} 或 A_{C_1}）的某一温度，保温一定时间，然后随炉缓慢冷却，以获得接近平衡组织的一种热处理工艺。根据钢的成分，原始组织和退火后要求的目的不同，退火工艺可分为完全退火、扩散退火、球化退火和去应力退火等。

下面就重要的退火工艺展开说明。

1. 完全退火

完全退火又称重结晶退火，一般简称退火。完全退火是将工件加热至 A_{C_3} 以上 30~50℃，保温一定时间后，随炉缓慢冷却或埋在砂中（或埋在石灰中）冷却到 500℃ 以下，空冷至室温的工艺过程。

完全退火主要用于亚共析成分的各种碳钢和合金钢的铸、锻件及热轧型材，有时也用于焊接结构。完全退火的目的主要在于细化铸造状态下或锻造后的粗大晶粒；降低硬度，便于切削加工；消除内应力。完全退火一般常作为一些不重要工件的最终热处理，或作为某些重要工件的预先热处理。

完全退火工艺时间很长，尤其是对于某些奥氏体比较稳定的合金钢，往往需要数十个小时，甚至数天的时间。如果采用合金钢的 C 曲线上珠光体的形成温度进行过冷奥氏体的等温转变，就有可能在等温处理的前后稍快地进行冷却。所以为了缩短退火时间，提高生产率，目前生产中多采用等温退火代替普通退火。

2. 球化退火

球化退火是把钢件加热到 A_{C_1} 以上 20~30℃，经适当保温后缓冷（50℃/h）到 500℃ 以下空冷的工艺。

球化退火是将珠光体中的渗碳体由片状转化为球状的一种工艺。球化退火主要用于过共析钢，其主要目的在于得到球状珠光体，以降低钢的硬度，改善切削加工性能,并为以后的淬火作好组织准备。

生产上常用等温球化退火。等温球化退火与普通等温退火的原理一样,只不过是其加热温度比较低而已。等温球化退火的优点在于其生产周期比连续冷却退火缩短很多,一般合金钢的缓冷球化退化所需时间为 20~40h,而等温球化退火只需 10~12h,而且得到的组织和性能均匀。

应当指出的是,过共析钢的原始组织若存在大量的连续网状二次渗碳体,球化退火后也难以得到完全球化体组织。为此,在球化退火前必须进行一次正火,以消除网状二次渗碳体,然后再进行球化退火,才能达到良好的效果。

在一定条件下,球化退火也可用于亚共析钢,使亚共析钢的塑性变形能力提高,以适应冷冲压、快速锻打等工艺的需要。

3. 去应力退火(低温退火)

去应力退火是将工件随炉缓慢加热到 500~650℃,经适当时间保温后,随炉冷却到 300~200℃ 以下出炉。去应力退火的特点是加热温度低于 A_1,所以在退火过程中没有组织变化,其内应力的消除主要是通过钢在 500~650℃ 保温后的缓慢冷却中消除的。

为了消除铸件、锻件、焊接结构件、热轧件、冷拉件等的内应力,必须进行去应力退火。如果这些应力不消除,零件在切削加工或以后的使用过程中将引起变形或开裂,为此,大型铸件如车床床身、内燃机汽缸体、汽轮机隔板等必须进行去应力退火。

(二) 正火工艺及其应用

正火是把亚共析钢加热到 A_{C_3} 以上 30~50℃,过共析钢加热到 A_{cm} 以上 30~50℃,保温后在空气中冷却的工艺。与退火相比较,其主要区别在于退火是随炉缓慢冷却,而正火是在空气中冷却。根据钢的过冷奥氏体转变曲线可知,由于正火的冷却速度比退火的快,所以正火时奥氏体分解温度要比退火的低一些,相应的组织也不一样,正火后的组织比退火细,硬度和强度也有所提高。

正火的主要应用是:

(1)用于普通结构零件,作为最终热处理;

(2)用于低、中碳结构钢,作为预先热处理,可获得合适的硬度,便于切削加工;

(3)用于过共析钢,作为球化退火前的准备工序,用来抑制或消除网状二次渗碳体的形成,利于碳化物的球化。

6.4 钢的淬火和回火

一、钢的淬火

将钢加热到 A_{C_1} 或 A_{C_3} 以上 30~50℃,保温后快速冷却的操作,称为淬火。

淬火的目的是获得马氏体或贝氏体,提高钢的机械性能。它是强化钢材最重要的热处理方法。

1. 淬火加热温度

碳钢的淬火温度可根据 Fe-Fe$_3$C 相图来选择(图6-17)。为了防止奥氏体晶粒粗化,一般淬火温度不宜太高,只允许超出临界点 30~50℃。

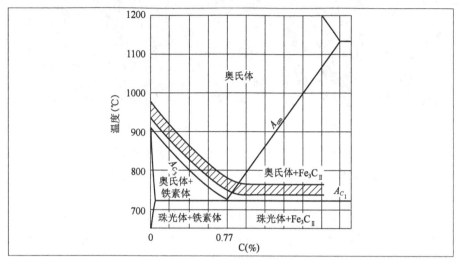

图6-17 碳钢的淬火和加热范围

亚共析钢的淬火加热温度是 A_{C_3} + (30~50)℃,此时可全部得到奥氏体,淬火后得到马氏体组织,如图6-18 所示。如果加热到 A_{C_1} 至 A_{C_3} 之间,这时得到奥氏体和铁素体组织,淬火后奥氏体转变成马氏体,而铁素体则保留下来,因而使钢的硬度和强度达不到要求,如果淬火温度过高,加热后奥氏体晶粒粗化,淬火后会得到粗大马氏体组织,这将使钢的机械性能下降,特别是塑性和韧性显著降低,并且淬火时容易引起零件变形和开裂。

过共析钢的淬火温度是 A_{C_1} + (30~50)℃,这时得到奥氏体和渗碳体组织,淬火后奥氏体转变为马氏体,而渗碳体被保留下来,获得均匀细小的马氏体和粒状渗碳体的混合组织,如图6-19 所示。由于渗碳体的硬度比马氏体还高,因此钢的硬度不但没有降低,而且还可以提高钢的耐磨性。如果将过共析钢加热到 A_{cm} 以上,这时渗碳体已全部溶入奥氏体中,增加了奥氏体的含碳量,因而钢的 M_s 点下降,从而使淬火后的残余奥氏体量增多,反而降低了钢的硬度和耐磨性。另外,温度高时还将使奥氏体晶粒长大,淬火时易形成粗大马氏体,使钢的韧性降低。

对于合金钢,除了少数使奥氏体晶粒容易长大的 Mn、P 元素以外,大多数合金元素会阻碍奥氏体晶粒长大,所以需要稍微提高它们的淬火温度,使合金元素充分溶解和均匀化,以便获得较好的淬火效果。

2. 理想淬火冷却介质

根据碳钢的过冷奥氏体等温转变曲线可知,理想的冷却介质应满足以下要求:

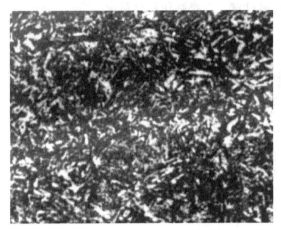
图 6-18 亚共析钢(中碳钢)正常淬火的马氏体组织(500×)

图 6-19 过共析钢(T12)正常淬火组织(500×)

从淬火温度到 650℃,过冷奥氏体稳定,冷却速度可慢一些,以减小零件内外温差引起的热应力,防止零件变形。但也不能太慢,否则过冷奥氏体分解为高温产物。

在 650~550℃,过冷奥氏体很不稳定,特别在"鼻尖"附近最不稳定,在此温度范围内要快速冷却,超过钢的临界冷却速度(v_k),以期在 M_s 点以下获得马氏体组织。

在 M_s 点以下,过冷奥氏体已进入马氏体转变区,冷却速度要缓慢。如果冷却速度大,同样会增加零件内外温差,使马氏体转变不能同时进行,造成体积差,从而产生组织应力,导致了零件的变形与开裂。但到目前为止,符合这一特性要求的理想介质还没有找到。

根据以上要求,理想淬火剂的冷却曲线如图 6-20 所示。

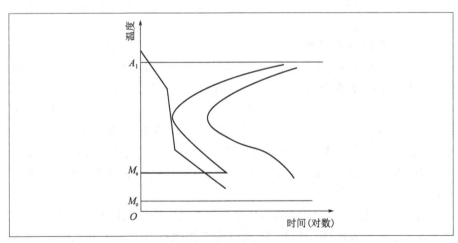
图 6-20 理想淬火剂冷却曲线

3. 常用淬火冷却介质

(1)水。水是应用最为广泛的淬火介质,这是因为水价廉易得,而且具有较强的冷却能力。但它的冷却特性并不理想,在需要快冷的 650~500℃范围内,它的冷却速度较小;而在300~200℃需要慢冷时,它的冷却速度比要求的大,这样易使零件产生变形甚至开裂,所以只能用作尺寸较小、形状简单的碳钢零件的淬火介质。

(2)盐水。为提高水的冷却能力,在水中加入5%~15%的食盐成为盐水溶液,其冷却能力比清水更强,在650~500℃范围内,冷却能力比清水提高近1倍,这对于保证碳钢件的淬硬来说是非常有利的。

(3)油。油也是用得很广泛的冷却介质。油的冷却能力比水弱,不论是650~550℃还是300~200℃都比水的冷却能力小许多。油的优点是在300~200℃的马氏体形成区冷却速度很慢,不易淬裂;并且它的冷却能力很少受油温升高的影响,平常在20~80℃范围内均可使用。油的缺点是在650~550℃的高温区冷却速度慢,使某些钢不易淬硬,并且油在多次使用后,还会因氧化而变稠,失去淬火能力。在工作过程中还必须注意淬火安全,要防止热油飞溅,还需防止油燃烧引起火灾的危险。

常用冷却介质的冷却能力见表6-1。

常用冷却介质的冷却能力　　表6-1

冷却介质	冷却速度（℃/s）	
	在650~550℃区间	在300~200℃区间
水(18℃)	600	270
水(50℃)	100	270
水(74℃)	30	200
10% NaOH 水溶液(18℃)	1200	300
10% NaCl 水溶液(18℃)	1100	300
50℃矿物油	150	30

(4)其他淬火介质。

除水、盐水和油外,生产中还用硝盐浴或碱浴作为淬火冷却介质。

在高温区域,碱浴的冷却能力比油强而比水弱,硝盐浴的冷却能力比油略弱。在低温区域,碱浴和硝盐浴的冷却能力都比油弱。并且碱浴和硝盐浴具有流动性好、淬火变形小等优点,因此,这类介质广泛应用于截面不大、形状复杂、变形要求严格的碳素工具钢、合金工具钢等工件,作为分级淬火或等温淬火的冷却介质。由于碱浴蒸气有较大的刺激性,劳动条件差,所以在生产中使用得不如硝盐浴广泛。

4. 淬火方法

由于淬火介质不能完全满足淬火质量要求,所以热处理工艺上还应在淬火方法上加以解决。目前使用的淬火方法较多,以下介绍其中常用的几种。

(1)单液淬火法。

单液淬火就是将奥氏体化后的工件淬入一种冷却介质中连续冷却至室温的操作方法,这是生产中最常用的一种淬火方法,如图6-21a)所示。如碳钢在水中淬火、合金钢在油中淬火、较大尺寸的碳钢工件在盐水中淬火等均属单液淬火。这种方法的优点是操作简单,容易实现机械化自动化,因此,单液淬火法只适用于形状简单、无尖锐棱角及截面无突然变化的零件。

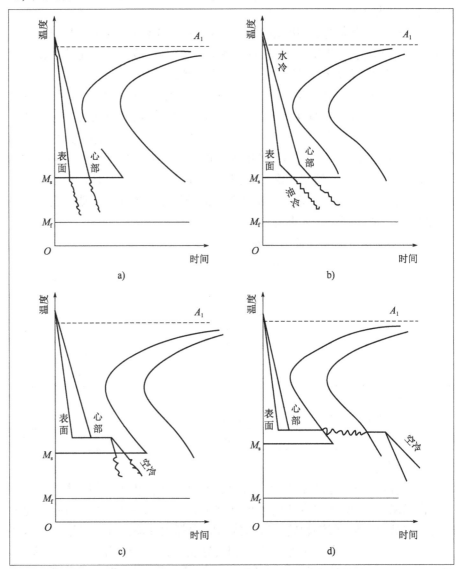

图6-21 各种淬火方法示意图
a)单液淬火法;b)双液淬火法;c)分级淬火法;d)等温淬火法

(2)双液淬火法。

最常用的双液淬火是水淬油冷,它是根据水和油的冷却特性提出的,如图6-21b)所示。水在650~550℃时冷却能力很强,而油在300~200℃时冷却能力较弱,因此,把两种介质结合起来应用,扬长避短,既克服了单一介质使用时的缺点,又发挥了它们各自的优点。即对于形状复杂的碳钢工件,先在水中冷却,以防止过冷奥氏体分解,当冷却到约300℃时,急速从水中取出移至油中继续冷却,使过冷奥氏体以比较缓慢的冷却速度转变成马氏体,减少了变形和开裂的危险。这种方法的缺点是工件表面与心部温差仍较大,工艺不好掌握,操作困难。因此,这种方法适用于形状复杂程度中等的高碳钢小零件和尺寸较大的合金钢零件。

(3) 分级淬火法。

单液淬火法的缺点,不仅是在马氏体转变温度时的冷却速度太快,而且在冷却过程中工件表面与心部的温差太大,所以容易形成很大的内应力,造成变形及开裂。双液淬火法虽然减慢了马氏体转变时的冷却速度,但仍未很好地改变工件表面与心部的温度差这一缺点,如果将淬火方法改成首先在温度为 150~260℃ 的硝盐浴或碱浴中冷却,经短时间停留,待其表面与心部的温度差减小后再取出在空气中冷却,使过冷奥氏体转变为马氏体,这样的淬火方法叫作分级淬火法,又叫作热浴淬火法,如图 6-21c)所示。

分级淬火法的主要优点是使工件产生变形和裂纹的可能性减小,硬度也比较均匀,而且操作容易,但由于在高温下盐浴的冷却能力较低,故分级淬火法主要用于外形复杂或截面不均匀的小尺寸精密零件,如刀具、模具和量具。

(4) 等温淬火法。

这一方法类似分级淬火法,但是奥氏体的转变是在 M_s 点稍上的温度区域进行,因此淬火后的组织不是马氏体,而是下贝氏体,故又称贝氏体淬火,如图 6-21d)所示。等温淬火法是将奥氏体化后的工件淬入稍高于 M_s 温度的硝盐浴或碱浴中,并停留足够的时间,使过冷奥氏体转变为下贝氏体,然后在空气中冷却。

等温淬火法的优点是能够使工件得到较高的强度和硬度,同时具有良好的韧性,并可以减小或避免工件的变形和开裂;缺点是工件的直径或厚度不能过大,否则,心部将因冷却速度慢而转变为索氏体,达不到淬火的目的。

等温淬火法主要用于一些不但形状较复杂,而且具有较高硬度和冲击韧性的工具和模具(如弹簧和螺栓等工件)。

二、钢的淬透性

淬透性表示钢在淬火时获得马氏体的能力,是一种重要的热处理工艺性能。在规定条件下,它决定了钢材淬硬层深度和硬度分布的特性。从理论上讲,淬硬层深度应为工件截面上全部淬成马氏体的深度。但通常规定:由钢的表面至半马氏体区(50%马氏体+50%屈氏体)的距离为淬硬层深度。不同成分的半马氏体硬度主要取决于钢的含碳量,而与合金元素的含量关系不大。

这里需要注意的是,钢的淬透性与实际工件的淬硬(透)层深度是有区别的。淬透性是钢在规定条件下的一种工艺性能,是确定的、可以比较的,为钢材本身固有的属性;淬硬层深度是实际工件在具体条件下淬得的马氏体和半马氏体的深度,是变化的,与钢的淬透性及外在因素(如淬火介质、零件尺寸)有关。

(一) 影响淬透性的因素

淬透性的大小主要取决于钢的临界冷却速度(v_k)。过冷奥氏体越稳定,C 曲线越靠右,则 v_k 越小,钢的淬透性就越好。因此,凡是影响 C 曲线位置的因素,均能影响钢的淬透性。关于影响 C 曲线的因素,在前面已作过介绍。需要特别指出,形成碳化物的合金元素(Cr、Mo、W、V 等)只有溶入奥氏体中,才能增加过冷奥氏体的稳定性,使 C 曲线右移,提高钢的淬透性。否则,未溶入奥氏体中的碳化物,可以起非自发晶核的作用,因而能加速过冷奥氏体的分解,使淬透性降低。

(二)淬透性的评定

评定淬透性的方法常用的有临界直径测定法及端淬试验法。

1. 临界直径测定法

钢材在某种介质中淬火后,心部得到全部马氏体或 50% 马氏体组织时的最大直径称为临界直径,以 D_c 表示。临界直径测定法就是制作一系列直径不同的圆棒,淬火后分别测定各试样截面上沿直径分布的硬度 U 形曲线,从中找出中心恰为半马氏体组织的圆棒,该圆棒直径即为临界直径。临界直径越大,表明钢的淬透性越高。

常用钢的临界直径见表 6-2。

常用钢的临界直径　　　　表 6-2

钢号	临界直径(mm)		钢号	临界直径(mm)	
	水冷	油冷		水冷	油冷
45	13~16.5	6~9.5	35CrMo	36~42	20~28
60	14~17	6~12	60Si2Mn	55~62	32~46
T10	10~15	<8	50CrVA	55~62	32~40
65Mn	25~30	1725	38CrMoAlA	100	80
20Cr	12~19	6~12	20CrMnTi	22~35	15~24
40Cr	30~38	19~28	30CrMnSi	40~50	23~40
35SiMn	40~46	25~34	40MnB	50~55	28~40

2. 端淬试验法

端淬试验法是用标准尺寸的端淬试样($\phi 25mm \times 100mm$)经奥氏体化后,在专用设备上对其一端面喷水冷却,冷却后沿轴线方向测出硬度距水冷端距离的关系曲线(即淬透性曲线)的试验方法。根据淬透性曲线可以对不同钢种的淬透性大小进行比较,推算出钢的临界淬火直径,确定钢件截面上的硬度分布情况等,这是淬透性测定常用方法。

(三)淬透性的实际意义

淬透性不同的钢材淬火后沿截面的组织和力学性能差别很大。经高温回火后,完全淬透的钢整个截面为回火索氏体,力学性能较均匀。未淬透的钢虽然整个截面上的硬度接近一致,但由于内部为片状索氏体,强度较低、冲击韧性更低。因此淬透性越低,钢的综合力学性能水平越低。

截面较大或形状较复杂以及受力情况特殊的重要零件,要求截面的力学性能均匀的零件,应选用淬透性好的钢。而承受扭转或弯曲载荷的轴类零件,外层受力较大,心部受力较小,可选用淬透性较低的钢种,只要求淬透层深度为轴半径的 1/3 ~ 1/2 即可,这样,既满足了性能要求,又降低了成本。

截面尺寸不同的工件,实际淬透深度是不同的。截面小的工件,表面和中心的冷却速度均可能大于临界冷却速度 v_k,并可以完全淬透。截面大的工件只可能表层淬硬,截面更大的工件甚至表面都淬不硬。这种随工件尺寸增大而热处理强化效果逐渐减弱的现象称为"尺寸效应",在设计中必须予以注意。

(四) 淬硬性

淬硬性是指钢在理想条件下进行淬火硬化(即得到马氏体组织)所能达到的最高硬度的能力。淬硬性与淬透性是两个不同的概念,淬硬性主要与马氏体中的含碳量有关,含碳量越高,淬火后硬度越高。合金元素的含量则对它无显著影响。所以,淬硬性好的钢淬透性不一定好,淬透性好的钢淬硬性也不一定高。例如,碳的质量分数为 0.3%、合金元素的质量分数为 10% 的高合金模具钢 3Cr2W8V 淬透性极好,但在 1100℃ 油冷淬火后的硬度约为 50HRC;而碳的质量分数为 1.0% 的碳素工具钢(T10 钢)的淬透性不高,但在 760℃ 水冷淬火后的硬度大于 62HRC。

三、钢的回火

(一) 回火的目的

把淬火钢件加热到 A_1 以下某一温度,保温一定时间,然后冷却到室温的热处理工艺叫作回火。

回火总是伴随在淬火之后,因为工件淬火后硬度高而脆性大,不能满足各种工件的不同性能要求,需要通过适当回火的配合来调整硬度、减小脆性,得到所需的塑性和韧性;同时工件淬火后存在很大内应力,如不及时回火,往往会使工件发生变形甚至开裂。另外,淬火后的组织结构(马氏体和残余奥氏体)是处于不稳定的状态,在使用中要发生分解和转变,从而将引起零件形状及尺寸的变化,利用回火可以促使它转变到一定程度并使其组织结构稳定化,以保证工件在以后的使用过程中不再发生尺寸和形状的改变。综上所述,回火的目的大体可归纳为:

(1) 降低脆性,消除或减小内应力;
(2) 获得工件所要求的机械性能;
(3) 稳定工件尺寸;
(4) 对于退火难以软化的某些合金钢,在淬火(或正火)后予以高温回火,使钢中碳化物适当聚集,以降低硬度,便于切削加工。

(二) 淬火钢回火时的转变

淬火钢的组织是由马氏体和残余奥氏体所组成的。马氏体是不稳定的,随时都有趋向平衡状态的趋势;而奥氏体是高温状态的组织,随时都有分解为铁素体和渗碳体的倾向。回火的实质就是通过加热促使马氏体和残余奥氏体向平衡状态转变的过程。我们把这种转变称为回火转变。

按回火温度不同，回火转变可分为四个阶段，下面仍以共析钢为例来说明。

(1) 第一阶段，马氏体分解阶段。

在 <100℃ 回火时，只发生马氏体中碳原子的偏聚，没有明显的转变发生，(亦称回火准备阶段)。在 100~200℃ 回火时，马氏体开始分解，它的正方度减小，固溶在马氏体中的过饱和碳原子，脱溶沉淀析出 ε 碳化物（晶体结构为正交晶格，分子式为 $Fe_{2.4}C$），这种碳化物与马氏体保持共格联系，ε 碳化物不是一个平衡相，而是向 Fe_3C 转变前的一个过渡相。与此同时，母相马氏体中的碳并未全部析出，仍然含有过饱和的碳。淬火状态的马氏体在低温(150~250℃)回火后得到的组织称为回火马氏体。

在回火的第一阶段，回火的温度较低，不可能使碳全部从马氏体中析出，得到的马氏体仍然是过饱和固溶体，加之形成的碳化物极为细小，又与母相共格联系，因此使钢的硬度降低很少。但是，由于部分碳原子的析出，以及铁晶格扭曲程度的减弱，钢中内应力有部分消除，钢的韧性也稍有增加。

(2) 第二阶段，残余奥氏体分解阶段。

在 200~300℃ 温度范围，除马氏体继续分解外，同时残余奥氏体也发生分解。淬火碳钢中残余奥氏体自 200℃ 开始分解，至 300℃ 分解基本完成，一般转变为下贝氏体。此时 α 固溶体中仍含有 0.15%~0.20%C，淬火应力进一步降低。

这一阶段，虽然马氏体继续分解会降低钢的硬度，但是由于同时出现软的残余奥氏体分解为较硬的下贝氏体，所以钢的硬度并未显著降低。

(3) 第三阶段，回火屈氏体的形成。

在回火温度 350~400℃ 阶段，因碳原子的扩散能力增加，过饱和固溶体很快转变为铁素体。同时亚稳定的 ε 碳化物也逐渐地转变为稳定的渗碳体，并与母相失去共格联系，淬火时晶格畸变所存在的内应力大大消除。此阶段到 400℃ 时基本完成，形成了由尚未再结晶的铁素体和细颗粒状的渗碳体组成的混合物（称为回火屈氏体），此时钢的硬度、强度降低，塑性、韧性上升。

(4) 第四阶段，渗碳体聚集长大和铁素体再结晶。

在 400℃ 以上继续升高温度，钢中渗碳体颗粒由小变大，由分解到集中，聚集长大为较粗的组织。

同时铁素体的含碳量已降至平衡浓度，其晶格也由体心正方晶格变为体心立方晶格，内部亚结构发生回复与再结晶，这种由多边形铁素体和颗粒状渗碳体组成的混合物称为回火索氏体。这时固溶强化作用已消失，而钢的硬度和强度则取决于渗碳体的尺寸和弥散度。回火温度越高，渗碳体的尺寸越大，弥散度越小，则钢的硬度和强度越低，而韧性却有较大的提高。

随着回火温度的升高，强度和硬度下降，塑性和韧性上升，图 6-22 为不同含碳量的碳钢回火温度与硬度关系曲线。图 6-23 为回火温度对 40 钢力学性能的影响。

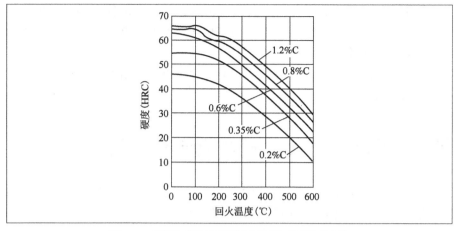

图 6-22 不同含碳量的碳钢回火温度与硬度关系曲线

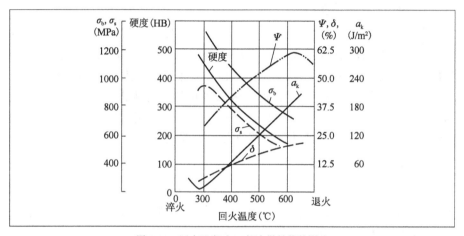

图 6-23 回火温度对 40 钢力学性能的影响

(三) 回火的种类及应用

根据加热温度的不同,回火可分为以下几种。

1. 低温回火

回火温度为 150~250℃。回火后得到回火马氏体组织,硬度一般为 58~64HRC。低温回火的目的是保持高的硬度和耐磨性,降低内应力和脆性。主要适用于刃具、量具、模具和轴承等要求高硬度、高耐磨性的工具和零件。

2. 中温回火

回火温度为 350~500℃。回火后得到回火屈氏体组织,硬度为 35~45HRC。中温回火的目的是要获得较高的弹性和屈服极限,同时又有一定的韧性。主要用于弹簧、发条、热锻模等零件的处理。

3. 高温回火

回火温度为 500~650℃。回火后得到回火索氏体组织,硬度为 200~350HRC。高温回火的目的是要获得强度、塑性、韧性都较好的综合机械性能。

在工厂里习惯地把淬火加高温回火相结合的热处理称为调质处理。调质处理在机械工业中得到广泛应用，主要用于承受交变载荷作用下的重要结构件，如连杆、螺栓、齿轮及轴类等。

生产中一般不在 250～350℃回火，这是因为在这个温度回火后钢容易产生低温回火脆性。

6.5 钢的表面热处理与化学热处理

表面淬火在工业上的应用日益广泛。主要目的是使工件表面获得高硬度和耐磨性，而心部仍保持足够的塑性和韧性。

一、钢的表面热处理

表面热处理是指仅对工件表面进行热处理以改变组织和性能的工艺，其中仅对工件表面层进行淬火的表面淬火工艺是最常用的表面热处理工艺。它是将工件的表面淬透到一定深度，而心部仍保持未淬火状态的一种局部淬火法。其方法是通过快速加热，钢件表层很快达到淬火温度，热量来不及传到中心立即快速冷却。表面淬火的方法较多，工业中应用最多的有感应加热表面淬火、火焰加热表面淬火和激光加热表面淬火。

(一) 感应加热表面淬火

感应加热表面淬火是目前应用最广泛的一种表面淬火法，与其他表面淬火法相比具有生产效率高，产品质量好，并易于实现机械化和自动化等优点。因此，在机械制造工业中占有很重要的地位。

1. 感应加热的原理

在一个导体线圈中通过一定频率的交流电，在线圈内外就会产生一个频率相同的交变磁场。若把工件放入线圈（感应器）内，工件上就会产生与线圈频率相同、方向相反的感应电流，这个电流在工件内自成回路，称为"涡流"。此涡流能将电能变为成热能，使工件加热，而且涡流有一个重要的特性，即涡流在工件中分布是不均匀的，主要集中在表面，心部几乎为零。同时，通入线圈的电流频率越高，电流集中的表面层也越薄，这种现象称为"集肤效应"，感应加热就是利用"集肤效应"原理，把零件放在感应器中，感应器通入交流电，工件表面层由于电流热效应很快地被加热到淬火温度，随后立即喷液冷却，使工件表层淬火，从而得到马氏体组织。感应加热表面淬火示意图如图 6-24 所示。

2. 感应加热的分类

感应电流流入工件表面层的深度主要取决于电流频率，频率越高，电流流入深度越浅，即淬透层越薄。根据电流频率的不同，感应加热分为：

(1) 高频感应加热（100～1000kHz），常用 200～300kHz，淬透层深为 1～2mm。

(2)中频感应加热(1~10kHz),常用2500~8000Hz,淬透层深为3~5mm。

(3)工频感应加热(50Hz),淬透层深为10~20mm。

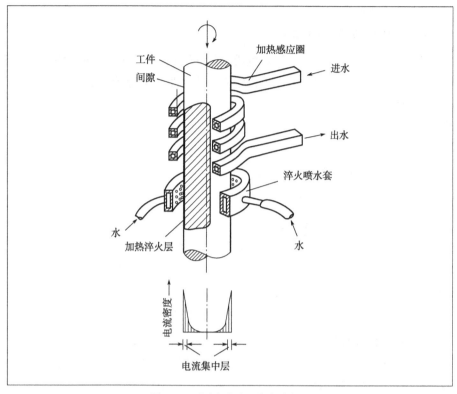

图 6-24　感应加热表面淬火示意图

感应加热是借助感应器进行的。感应器是用紫铜管制成,加热时管内通冷水进行冷却。感应器的结构形状将影响感应加热表面淬火的质量,设计感应圈时,应与工件的外形轮廓相符合,才能保证淬火质量。

3. 感应加热表面淬火的特点

感应加热表面淬火和普通淬火相比,主要有如下特点:

(1)感应加热时,珠光体转变为奥氏体的转变温度升高,转变温度范围扩大,转变所需时间缩短,一般只有几秒或几十秒。

(2)感应加热表面淬火可以在工件表层得到极细的所谓隐晶马氏体组织,所以淬火后可以得到优良的机械性能,硬度比普通淬火稍高(2~3HRC),脆性较低,同时可提高疲劳强度。

(3)感应加热表面淬火的工件不易氧化和脱碳,变形也小。

(4)淬硬层深度易于控制,淬火操作容易实现机械化和自动化。

感应加热表面淬火对于大批量的流水生产极为有利。但设备较贵,维修、调整也比较困难,形状复杂的零件感应器不易制造。

4. 感应加热表面淬火的工艺路线

感应加热表面淬火的工艺路线如下:

锻造→退火或正火→粗加工→调质或正火→精加工→感应加热表面淬火→低温回火→粗磨→时效→精磨。

感应加热表面淬火零件的设计技术条件一般应注明表面淬火硬度、淬透层深度、表面淬火区域及心部硬度等。

(二) 火焰加热表面淬火

火焰加热表面淬火是用乙炔-氧或煤气-氧的混合气体燃烧的火焰喷射在零件表面,使它加速加热,当达到淬火温度时立即喷水冷却,从而获得预期的硬度和淬硬层深度的一种表面淬火方法。火焰表面淬火示意图如图 6-25 所示。

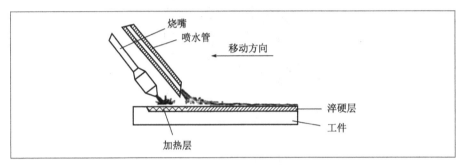

图 6-25　火焰表面淬火示意图

火焰加热表面淬火零件的材料常用中碳钢及中碳合金结构钢,也可用于铸铁件。淬硬层深度一般为 2~6mm。若淬硬层过深,往往需要零件表面过热加重,且易产生淬火裂纹。

火焰加热表面淬火设备简单,有乙炔发生器、氧气瓶和喷水嘴,小批量生产可采用手工操作,加热温度用肉眼观察,大批量生产可采用淬火机床,加热温度用光电高温计测量。

这种方法主要适用于大型零件和需要局部淬火的工具或零件,如大型轴类、大模数齿轮、轧辊等。

(三) 激光加热表面淬火

激光加热表面淬火是将高功率密度的激光束照射到工件表面,使表面层快速加热到奥氏体区或熔化温度,依靠工件本身热传导迅速自冷而获得一定淬硬层或熔凝层。激光束光斑面积只有 20~50mm^2,要使工件整个表面淬硬,工件必须转动或平动使激光束在工件表面快速扫描。激光束的功率密度越大和扫描速度越慢,淬硬层或熔凝层深度越深。调整功率密度和扫描速度,硬化层深度可达 1~2mm。该方法已应用于汽车和拖拉机的汽缸、汽缸套、活塞环、凸轮轴等零件的表面淬火。

激光加热表面淬火的优点是淬火质量好,表层组织超细化、硬度高(比常规淬火高 6~10HRC)、脆性极小,工件变形小,自冷淬火,不需回火,节约能源,无环境污染,生产效率高,便于自动化。其缺点是设备昂贵,在生产中大规模应用受到了限制。

二、钢的化学热处理

(一) 钢的化学热处理概述

化学热处理是将钢件放在某种化学介质中通过加热和保温,使介质中的某些元素渗入钢件表面层,以改变表面层的化学成分、组织和性能的热处理工艺。与表面淬火相比,化学热处理的主要特点是:表面层不仅有组织的变化,而且有成分的变化。

根据钢中渗入元素的不同,化学热处理有许多种,如渗碳、氮化、碳氮共渗、渗硼、渗硫、渗硅、渗铬、渗铝等。渗入元素不同,钢的表面性能不同。渗碳、氮化、碳氮共渗可提高钢的耐磨性和疲劳强度;氮化、渗铬可提高耐蚀性;渗硫可提高减摩性;渗硅可提高耐酸性;氮化、渗硼、渗铝可提高耐热性。

化学热处理原理如下。

(1) 分解:化学介质在加热和保温过程中分解出活性原子。
(2) 吸收:活性原子被吸附,并进入工件表面,形成固溶体。
(3) 扩散:渗入原子由钢件表面层向内扩散,形成一定深度的扩散层。

在一般机械制造业中,最常用的化学热处理工艺有渗碳、氮化和气体碳氮共渗等。下面分别加以讨论。

(二) 钢的渗碳

钢件表面层渗入碳原子的化学热处理操作称为渗碳。其目的是使工件在热处理后表面具有高的硬度和耐磨性,而心部仍保持一定强度及较高的塑性和韧性。

渗碳用钢通常为含碳量 0.15% ~ 0.25% 的低碳钢和低碳合金钢。较低的含碳量是为了保证零件心部有良好的塑性和韧性。常用的渗碳钢有 15、20、20Cr、20CrMnTi、20MnVB 等。如齿轮、大小轴、凸轮轴、活塞销及机床零件、大型轴承等广泛采用低碳钢进行渗碳处理。

1. 渗碳方法

根据渗碳介质的不同,渗碳方法可分为气体渗碳、固体渗碳和液体渗碳,常用的是气体渗碳和固体渗碳。

(1) 气体渗碳。将工件装在密封的渗碳炉中,如图 6-26 所示,加热到 900 ~ 950℃,向炉内滴入易分解的有机液体(如煤油、苯、丙酮和甲醇等),或直接通入渗碳气体(如煤气、石油液化气等)。在炉内发生下列反应,产生活性碳原子:

$$2CO \rightarrow CO_2 + [C] \qquad (6-1)$$

$$CO + H_2 \rightarrow H_2O + [C] \qquad (6-2)$$

$$C_nH_{2n} \rightarrow nH_2 + n[C] \qquad (6-3)$$

$$C_nH_{2n+2} \rightarrow (n+1)H_2 + n[C] \qquad (6-4)$$

[C]即为活性碳原子。

气体渗碳的优点是生产率高,劳动条件好,渗碳气氛容易控制,渗碳层比较均匀,渗碳层的质量和机械性能较好。此外,还可实现渗碳后直接淬火,是目前应用最多的渗碳方法。

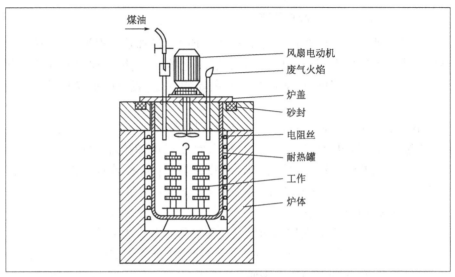

图6-26 气体渗碳炉

(2)固体渗碳。将工件埋入填满固体渗碳剂的渗碳箱中,加盖并用耐火泥密封,然后放入热处理炉中加热至900~950℃,保温渗碳。固体渗碳常用木炭加5%~10%的碳酸钠或碳酸钡作为渗碳剂,其分解过程如下。

木炭与渗碳箱内空气中的氧化合:

$$2C + O_2 \rightarrow 2CO \tag{6-5}$$

$$2CO \rightarrow CO_2 + [C] \tag{6-6}$$

碳酸钠或碳酸钡能增加CO的数量,使渗碳剂活性加强,加速渗碳,因此称其为催渗剂:

$$BaCO_3 \rightarrow BaO + CO_2 \tag{6-7}$$

$$CO_2 + C \rightarrow 2CO \tag{6-8}$$

在高温下,CO是不稳定的,在与钢表面接触时,分解出活性碳原子($2CO \rightarrow CO_2 + [C]$),并被工件表面吸收。

固体渗碳的优点是设备简单,尤其是在小批量生产的情况下具有一定的优越性。但生产效率低、劳动条件差、质量不易控制,目前应用较少。

2.渗碳工艺参数

渗碳时最主要的工艺参数是加热温度和保温时间。钢在高温奥氏体状态时,有固溶大量碳原子的能力;同时,渗碳剂在高温条件下易于分解出高能状态的活性碳原子,碳原子在钢中扩散速度也快。因此,加热温度越高,渗碳速度越快,扩散层的厚度也就越厚。但温度过高会引起晶粒长大,使钢变脆,故加热温度一般在900~950℃范围,即$A_{c_3} + (50~80)℃$。保温时间主要取决于所需要的渗碳层厚度,不过时间越长,厚度增加速度会逐渐减慢。一般固体渗碳时间为 5~12h,气体渗碳时间为 3~8h。低碳钢渗碳缓冷后的组织如图 6-27 所示。该组织表层为珠光体与二次渗碳体混合的过共析组织,其中二次渗碳体呈网状分布;心部为珠光体与铁素体混合的亚共析原始组织;中间为过渡区,越靠近表层铁素体越少。

3. 渗碳技术条件

渗碳的技术条件一般包括:渗碳层表面碳浓度、渗碳层厚度及渗碳层的碳浓度梯度。

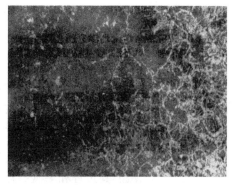

图 6-27 低碳钢渗碳缓冷后的组织

(1)渗碳层表面碳浓度。渗碳零件表面层含碳量最好在 0.85%~1.05% 范围内,表面层含碳量过低,表面硬度低,耐磨性差;表面层含碳量过高,渗碳层会出现大量块状或网状渗碳体,引起表面层脆性,造成剥落,同时残余奥氏体量过度增加,致使表面硬度、耐磨性、疲劳强度降低。

(2)渗碳层厚度。渗碳零件所要求的渗碳层厚度,随其具体尺寸及工作条件的不同而定。如齿轮的渗碳层厚度是根据齿轮的工作特点及模数大小来确定的。渗碳层太薄易引起表面疲劳剥落,渗碳层太厚冲击韧性下降。在一定的渗碳温度下,加热时间越长,渗碳层越厚。一般机械零件渗碳层厚度在 0.8~1.5mm。通常规定从表面层到过渡区的一半作为渗碳层厚度。

(3)渗碳层碳浓度梯度。渗碳层的碳浓度梯度变化小,可使渗碳层与心部结合良好,否则,易出现渗层的压溃,引起剥落,降低使用寿命。

4. 渗碳后的热处理

零件渗碳的目的在于使表面获得高硬度和耐磨性。因此,渗碳后热处理采用淬火+低温回火的工艺。零件经渗碳热处理后的最终组织,其表面为细小片状回火马氏体及少量渗碳体,硬度为 58~62HRC,而心部组织随钢的淬透性而定。

对于一些机械性能要求不高的工件,或采用本质细晶粒钢制造的工件,可选用直接淬火法(自渗碳温度直接淬火)或选用一次淬火法(零件渗碳后再加热至 850~900℃ 淬火),然后再 170~200℃ 低温回火。

对于用本质粗晶粒钢制造的零件,或对使用性能要求很高的渗碳零件,经常采用两次淬火,或一次正火加一次淬火。

第一次淬火或正火主要是为了细化心部晶粒,同时也可消除表面网状渗碳体,因此,加热温度常选择为大于 A_{C_3} 的温度。第二次淬火主要是为了细化表层晶粒,因此,淬火温度常选择为 $A_{C_1} + (30~50)$℃。渗碳零件经两次淬火后,再进行 170~200℃ 低温回火,其主要目的是保持表面的高硬度及降低淬火时产生的残余应力。

一般渗碳零件的工艺路线是:

锻造→正火→机械加工→渗碳→淬火+低温回火→精加工
      ↓   ↑
    去碳机械加工→淬火+低温回火

若零件有不需要渗碳的部位如装配孔等,应在设计图纸上予以注明。该部位可采取镀铜等方法来防止渗碳,或者采取多留加工余量方法,待零件渗碳后淬火前再去掉该部位的渗碳层。

(三) 钢的氮化(气体氮化)

氮化是向钢件表面渗入氮原子的化学热处理。其目的是提高零件表面硬度、耐磨性、疲劳强度和耐蚀性。

1. 氮化原理及工艺

目前工业中广泛应用的氮化处理,是在氨的分解气体中进行的气体氮化法。其过程和渗碳一样,也由三个基本过程组成。

(1) 氨的分解。

氨是一种极易分解的含氮介质,将氨加热分解出活性氮原子,其分解反应如下:

$$2NH_3 \rightarrow 3H_2 + 2[N] \tag{6-9}$$

生成的活性氮原子[N]部分被零件表面所吸收,剩余的[N]结合成氮分子(N_2)和 H_2 随废气排出。

(2) 吸收过程。

零件表面吸收的活性氮原子,先溶解形成氮在 α-Fe 中的固溶体,当含氮量超过 α-Fe 的溶解度时(在 591℃ 时氮在 α-Fe 中最大溶解度为 0.1%,随温度降低而急速下降),就会形成氮化物 Fe_4N 和 Fe_2N。

(3) 扩散过程。

氮从零件表面的饱和层向内扩散,形成一定深度的氮化层(图 6-28)。氮化层从表层到心部依次为:白亮的 ε 相(Fe_2N),ε + γ' 相(Fe_4N),γ' + α(α 为氮在 α-Fe 中的固溶体,也称含氮铁素体),再就是心部组织。

图 6-28 钢渗氮后的显微组织

氮化通常利用专门设备或井式渗碳炉来进行。氮化前须将调质后的零件除油净化,入炉后应先用氨气排除炉内空气。氨的分解在 200℃ 以上开始,同时因为铁素体对氮有一定的溶解能力,所以气体氮化温度应低于钢的 A_1 温度。当氮化温度在 500~560℃,氮化层为 0.40~0.50mm 时,一般需要 40~70h。氮化结束后,随炉降温至 200℃ 以下,停止供氨,零件出炉。

2. 氮化处理的特点

(1) 钢在氮化后,不再需要进行淬火便具有很高的表层硬度(≥850HV)和耐磨性,这是由于氮化层表面形成了一层坚硬的合金氮化物所致。并且氮化层具有高的热硬性(在 600~650℃ 加热仍有较高的硬度)。

(2) 氮化后,显著提高钢的疲劳强度。这主要是因为氮化层的体积增大,使钢件表面形成残余压应力,它能部分地抵消在疲劳载荷下产生的拉应力,延续了疲劳破坏过程。

(3) 氮化后的钢具有很高的抗腐蚀能力。这是由于氮化层表面由连续分布的、致密的氮化物所组成。

(4) 氮化处理温度低,故工件变形很小,与渗碳及感应加热表面淬火相比变形小得多。氮化后一般不需经过任何机械加工,至多再进行精磨或研磨抛光即可。

综上所述,氮化处理变形小,硬度高,耐磨性和耐疲劳性能好,还有一定的耐蚀能力及热硬性等。因此广泛应用于各种高速传动精密齿轮、高精度机床主轴(如镗床镗杆、磨床主轴等),在交变载荷工作条件下要求疲劳强度很高的零件(如高速柴油机曲轴等),以及要求变形很小和具有一定抗热、耐蚀能力的耐磨零件(如阀门等)。

3. 氮化钢与氮化处理技术条件

氮化钢通常是含有 Al、Cr、Mo 等合金元素的钢。如 38CrMoAlA 是一种比较典型的氮化钢,另外还有 35CrMo、18CrNiW 等也经常作为氮化钢。近年来国内又在试验研究含钒、钛的氮化钢。Al、Cr、Mo、V、Ti 等合金元素极容易与氮元素形成颗粒细密、分布均匀而且非常稳定的各种合金氮化物,如 AlN、CrN、MoN、TiN、VN 等,这些合金氮化物不仅具有高的硬度和耐磨性,而且具有高的红硬性和抗蚀性。

关于氮化层深度的选择,对不同零件应有所区别。根据使用性能氮化层一般不超过 0.60~0.70mm。

氮化零件工艺路线如下:

锻造→退火→粗加工→调质→精加工→除应力→粗磨→氮化→精磨或研磨

钢在氮化后不再热处理,而且氮化层很薄,且较脆。因此,为了保证氮化工件心部具有良好的综合机械性能,提高氮化层质量,在氮化之前有必要将工件进行调质处理,获得回火索氏体组织。

零件不需氮化的部分应镀铜或镀锡保护,亦可放 1mm 余量,于氮化处理后磨去。对轴肩或截面改变处,应采用 $R \geqslant 0.5mm$ 圆角,否则,此处氮化层易脆性爆裂。

氮化处理零件的技术要求,应注明氮化层表面硬度、厚度、氮化区域、心部硬度。重要零件还应提出对心部机械性能、金相组织及氮化层脆性等方面的具体要求。

(四) 钢的碳氮共渗

碳氮共渗是向钢的表层同时渗入碳和氮的过程。目前以中温气体碳氮共渗和低温气体碳氮共渗应用较为广泛。

1. 中温气体碳氮共渗

中温气体碳氮共渗的工艺,一般是将渗碳气体和氨气同时通入炉内,共渗温度为 860℃,保温 4~5h,预冷到 820~840℃淬油。共渗层深度为 0.7~0.8mm。淬火后进行低温回火,得到的共渗层表面组织由细片状回火马氏体、适量的粒状碳氮化合物,以及少量的残余奥氏体所组成。

中温气体碳氮共渗与渗碳比较有很多优点,不仅加热温度低,零件变形小,生产周期短,而且渗层具有较高的耐磨性、疲劳强度和抗压强度,并兼有一定的抗腐蚀能力。但应当指出,中温气体碳氮共渗也有不足之处,例如共渗层表层经常出现孔洞和黑色组织、中温碳氮共渗的气氛较难控制、容易造成工件氢脆等。

2. 低温气体碳氮共渗

低温气体碳氮共渗通常称为软氮化,是以渗氮为主的碳氮共渗工艺。它常用的共渗介质是尿素。处理温度一般不超过570℃,处理时间很短,仅1~3h,与一般气体氮化相比,处理时间大大缩短。软氮化处理后,零件变形很小,处理前后零件精度没有显著变化,还能赋予零件耐磨、耐疲劳、抗咬合和抗擦伤等性能。与一般气体氮化相比,软氮化还有一个突出的优点:软氮化表层硬而具有一定韧性,不易发生剥落现象。

气体软氮化处理不受钢种限制,它适用于碳素钢、合金钢、铸铁以及粉末冶金材料等。现在普遍用于对模具、量具以及耐磨零件进行处理,效果良好。例如3Cr2W8V压铸模经软氮化处理后,可延长使用寿命。

气体软氮化也有缺点:如它的氮化表层中铁的氮化合物层厚度比较薄,仅0.01~0.02mm,不适合应用于重载荷条件下工作的零件。

习　题

1. 名词解释。
奥氏体的起始晶粒度:
实际晶粒度:
本质晶粒度:
珠光体:
索氏体:
屈氏体:
贝氏体:
马氏体:
奥氏体:
过冷奥氏体:
残余奥氏体:
退火:
正火:
淬火:
回火:
临界淬火冷却速度(v_k):
淬透性:
淬硬性:

2. 珠光体类型组织有哪几种？它们在形成条件、组织形态和性能方面有何特点？

3. 贝氏体类型组织有哪几种？它们在形成条件、组织形态和性能方面有何特点？

4. 马氏体组织有哪几种基本类型？它们的形成条件、晶体结构、组织形态、性能有何特点？马氏体的硬度与含碳量关系如何？

5. 何谓连续冷却及等温冷却？试绘出奥氏体这两种冷却方式的示意图。

6. 说明共析钢 C 曲线各个区、各条线的物理意义，并指出影响 C 曲线形状和位置的主要因素。

7. 将 $\phi 5mm$ 的 T8 钢加热至 760℃ 并保温足够时间，试问采用什么样的冷却工艺可得到如下组织：

珠光体、索氏体、屈氏体、上贝氏体、下贝氏体、屈氏体 + 马氏体、马氏体 + 少量残余奥氏体。

请在 C 曲线上画出工艺曲线示意图。

8. 确定下列钢件的退火方法，并指出退火目的及退火后的组织：

(1) 经冷轧后的 15 钢钢板，要求降低硬度；

(2) ZG35 的铸造齿轮；

(3) 锻造过热的 60 钢锻坯。

9. 共析钢加热奥氏体化后，按图 6-29 中 $V_1 \sim V_7$ 的方式冷却，①指出图中 ①~⑩ 各点处的组织；②写出 $V_1 \sim V_5$ 的热处理工艺名称。

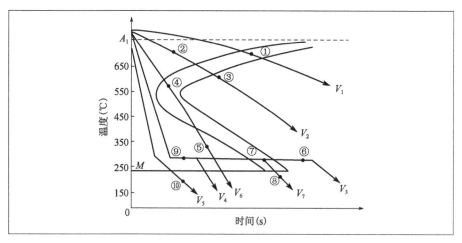

图 6-29 题 9 图

10. 淬火的目的是什么？亚共析钢和过共析钢淬火加热温度应如何选择？

11. 说明 45 钢试样 ($\phi 10mm$) 经下列温度加热、保温并在水中冷却得到的室温组织：

700℃，760℃，840℃，1100℃。

12. 淬透性与淬硬层深度两者有何联系和区别？影响钢淬透性的因素有哪些？影响钢制零件淬硬层深度的因素有哪些？

13. 机械设计中应如何考虑钢的淬透性？

14. 指出下列组织的主要区别：
(1)索氏体与回火索氏体；
(2)屈氏体与回火屈氏体；
(3)马氏体与回火马氏体。

15. 甲、乙两厂生产同一批零件,材料均选用 45 钢,硬度要求 220~250HB。甲厂采用正火,乙厂采用调质,都达到硬度要求。试分析甲、乙两厂产品的组织和性能的差别。

16. 现有低碳钢和中碳钢齿轮各一个,为了使齿面具有高硬度和高耐磨性,应进行何种热处理? 请比较经热处理后齿轮组织和性能上有何不同?

17. 试说明表面淬火、渗碳、氮化热处理工艺在用钢、性能、应用范围等方面的差别。

第 7 章

CHAPTER 7

合金钢

现代科学技术和工业生产的不断发展对钢铁材料提出了更高的要求：优良的综合机械性能，较高的淬透性，良好的抗氧化性，以及较高的耐磨性和红硬性等。碳钢虽然冶炼方便、价格低廉、使用广泛，但其性能已不能满足上述各种要求，因而必须采用合金钢。

为了提高钢的力学性能、工艺性能或物理、化学性能，在冶炼时特意在钢中加入一些合金元素，这种钢就称为合金钢。在合金钢中，常加入的合金元素有锰(Mn)、硅(Si)、铬(Cr)、镍(Ni)、钼(Mo)、钨(W)、钒(V)、钛(Ti)、铌(Nb)、锆(Zr)、稀土元素(RE)等。

通过本章的学习，要求从合金化原理出发，了解金属材料的成分与其热处理特点、组织、性能之间的关系，以达到能够依据服役条件合理选用材料的目的。

7.1 合金元素在钢中的作用

一、合金元素对钢中基本相的影响

铁素体和渗碳体是碳钢中的两个基本相。合金元素加入后，主要是通过对这些基本相的影响而发挥作用。因而研究合金元素对铁素体与渗碳体的影响，乃是了解合金钢性能及其变化的根本所在。

1. 合金元素对铁素体的影响

合金元素溶入铁素体中形成合金铁素体，合金元素由于与铁的晶格类型和原子半径不同而造成晶格畸变，产生固溶强化效应。但是各种合金元素对铁素体的强化效果是不同的。一般表现出如下的规律：合金元素的晶格类型、原子半径与铁相差越大，则固溶强化作用越强烈。由图 7-1a) 可见，Mn、Si、Ni 等强化铁素体的作用比 Cr、W、Mo 等要大。合金元素对铁素体韧性的影响，不易得出简单的规律，总的趋势是随合金元素含量的增加而韧性降低，但是从图 7-1b) 可见，Si 的含量在 0.6% 以下时，其 A_k 不降低，当超过此值时才有下降趋势。而 Cr、Ni 在适当的含量范围内（≤2% Cr、≤3% Ni）还能提高铁素体的韧性。因此，合金结构钢中各种合金元素的含量范围都有一定限度。

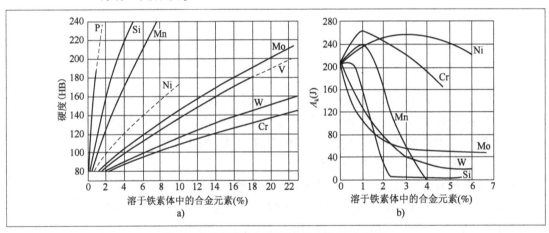

图 7-1　合金元素对铁素体性能的影响（退火状态）
a) 对硬度的影响；b) 对韧性的影响

2. 合金元素与碳的作用

非碳化物形成元素（如 Ni、Si、Al、Co 等）。它们不与碳形成化合物，基本上都溶于铁素体内，以合金铁素体形式存在。

碳化物形成元素（如 Cr、W、Mo、V、Nb 等），基本上是置换渗碳体内的铁原子而形成合金渗碳体 $(Fe、Cr)_3C$、$(Fe、W)_3C$。Mn 是与碳亲和力较弱的碳化物形成元素，它只有一小部分溶于渗碳体，而大部分则溶于铁素体内。

由于渗碳体中 Fe 和 C 的亲和力弱,因此渗碳体的稳定性差。当合金元素溶于渗碳体而形成合金渗碳体,增强了 Fe 与 C 的亲和力,从而可提高其稳定性。

在高碳高合金元素的钢中,除合金渗碳体外,还经常出现稳定性更高的合金碳化物(如 Mn_3C、Cr_7C_3、$Cr_{23}C_6$ 等)和稳定性特高的特殊合金碳化物(如 WC、MoC、VC、TiC 等)。碳化物的稳定性越高,越难溶于奥氏体,也越难聚集长大,从而使其熔点和硬度越高。通常随着碳化物数量的增多,钢的强度、硬度增大,耐磨性增加,而塑性、韧性降低。

二、合金元素对 $Fe-Fe_3C$ 相图的影响

不同的合金元素对 $Fe-Fe_3C$ 相图的影响不同,一些合金元素如 Ni、Mn、Co、C、N、Cu 等,使相图中 A_1、A_3 和 A_{cm} 线下降,从而引起奥氏体区扩大,如图7-2所示。当钢中加入大量这类元素时,甚至可使 A_1、A_3 和 A_{cm} 线降至室温以下,从而获得在室温下只有单相奥氏体存在的所谓奥氏体钢。如含 13%Mn 的 Mn13 耐磨钢,含 9%Ni 的 1Cr18Ni9 不锈钢均属奥氏体钢。另一些合金元素如 Cr、V、Mo、W、Ti、Al 等,使相图中 A_1、A_3 和 A_{cm} 线上升,从而引起奥氏体区缩小,如图7-3所示。当钢中这类元素含量很高时,甚至可使奥氏体区消失,有可能获得在室温下只有单相铁素体存在的所谓铁素体钢。如含 17% ~ 28%Cr 的 Cr17、Cr25、Cr28 等铬不锈钢均属铁素体钢。

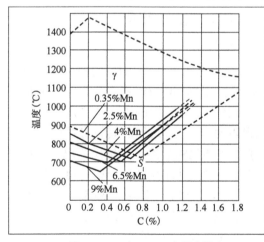

图 7-2 Mn 对 $Fe-Fe_3C$ 相图的影响

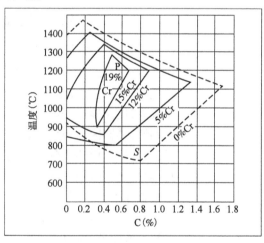

图 7-3 Cr 对 $Fe-Fe_3C$ 相图的影响

合金元素均使 $Fe-Fe_3C$ 相图的 S 点和 E 点向左移动,因而使合金钢中共析点的含碳量不再是 0.77%C,也使奥氏体的最大碳溶解度不再是 2.11%C,都相应地减小,从而引起合金钢的组织与含碳量之间的关系有所变化。如含 18%W 的高速工具钢 W18Cr4V,即使它的含碳量只有 0.70% ~ 0.80%,在其铸态组织中也会出现莱氏体。

合金元素对 $Fe-Fe_3C$ 相图共析成分 S 点和共析温度 A_1 的影响如图7-4、图7-5所示。

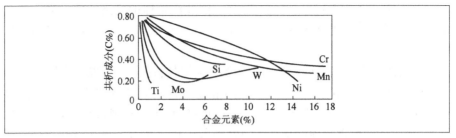

图 7-4　合金元素对共析成分 S 点的影响

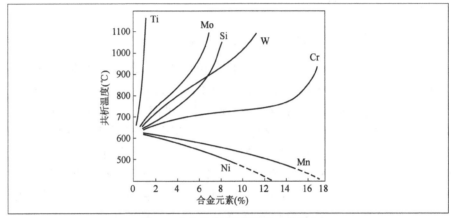

图 7-5　合金元素对共析温度 A_1 的影响

三、合金元素对钢在加热和冷却时转变的影响

1. 合金元素对钢在加热时转变的影响

钢在热处理时进行加热的目的是获得奥氏体组织,随后的保温可使奥氏体成分均匀化。合金钢的奥氏体形成过程同碳钢一样,即奥氏体晶核的形成与长大,奥氏体成分的均匀化。所不同的是,合金钢的奥氏体形成过程要比碳钢慢,其原因在于大多数合金元素阻碍碳的扩散,同时其自身扩散也较困难,不易使奥氏体成分均匀化。为了加速碳化物的溶解和奥氏体成分的均匀化,对合金钢必须加热到更高的温度和保温更长的时间,否则将由于奥氏体中合金元素与含碳量的不足,以及奥氏体成分的不均匀,导致钢的淬透性降低,使合金元素的有益作用得不到充分发挥。另外,合金钢特别是高合金钢导热性能较差,所以加热时必须慎重处理,一般采用缓慢加热或分段加热法,以防止零件变形开裂。

合金元素除 Mn、P 外,几乎所有合金元素都不同程度地阻碍奥氏体晶粒长大,一般规律是:强碳化物形成元素,如 Ti、V、Zr、Nb 等,强烈阻止奥氏体晶粒长大,细化晶粒作用显著;中等程度阻止奥氏体晶粒长大的元素主要有 W、Mo、Cr 等;非碳化物形成元素,如 Si、Ni、Cu 等,阻止奥氏体晶粒长大的作用轻微;只有 C、P、Mn 等(在高碳时)能促进奥氏体晶粒长大。

因此,一般合金钢即使在高温、长时间加热条件下也易于获得细晶粒组织。这不但提高了钢的强度、韧性,而且也使热处理时加热温度易于控制,工艺易于掌握。这也是合金钢的一个重要优点。

2. 合金元素对钢在冷却时转变的影响

除 Co 外,所有合金元素溶于奥氏体后,都增大其稳定性,使奥氏体分解转变速度减慢,即 C 曲线右移,从而提高钢的淬透性,这也是合金元素加入钢中的主要目的之一。

非碳化物形成元素(如 Si、Ni、Cu、Al 等)及弱碳化物形成元素(如 Mn 等)只使 C 曲线右移而不改变 C 曲线的形状。

碳化物形成元素(如 Mo、W、V、Ti 等)含量较多时,不仅使 C 曲线右移,而且还会使 C 曲线的形状发生变化,甚至出现两组 C 曲线,上部的 C 曲线反映了奥氏体向珠光体的转变,而下部的 C 曲线反映了奥氏体向贝氏体的转变,如图 7-6 所示。Cr 和 Mn 也有推迟珠光体和贝氏体转变的作用,但是,如图 7-7 所示,它们强烈推迟贝氏体转变,而对珠光体转变推迟较少。

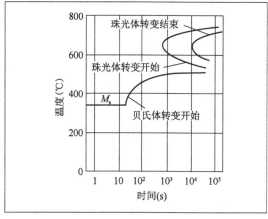

图 7-6 推迟珠光体转变较强烈的合金钢 C 曲线图

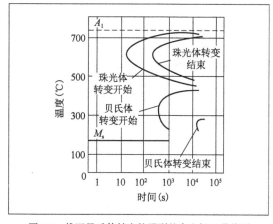

图 7-7 推迟贝氏体转变较强烈的合金钢 C 曲线图

含较多 Ni 的低碳和中碳铬镍钼钢或铬镍钨钢,由于合金元素的作用,珠光体转变的孕育期很长,在过冷奥氏体转变曲线图上只有贝氏体转变曲线,而珠光体转变曲线不出现,如图 7-8 所示。相反,对于 3Cr13、4Cr13 高铬不锈钢,由于合金元素的影响,在过冷奥氏体转变曲线图上只有珠光体转变曲线,而贝氏体转变曲线不出现,如图 7-9 所示。

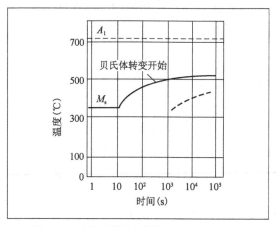

图 7-8 只有贝氏体转变曲线的合金钢 C 曲线图

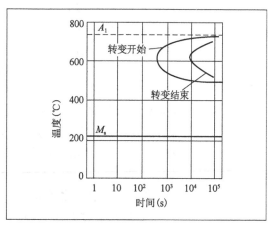

图 7-9 只有珠光体转变曲线的合金钢 C 曲线图

由于合金元素使 C 曲线右移,合金钢具有较高的淬透性,从而可以选用较弱的淬火介质,以利于减小变形与开裂。所以形状复杂和截面尺寸较大的零件,一般均采用合金钢制造。

合金元素不仅使 C 曲线右移,而且使马氏体转变温度降低,如图 7-10 所示,由图可见,除 Co、Al 之外,其余合金元素均降低 M_s 点。马氏体转变温度降低,使室温下马氏体转变量减少,致使残余奥氏体数量相应增加,如图 7-11 所示。一定量残余奥氏体有利于减小淬火变形。但是残余奥氏体过多会使钢淬火硬度不足,同时增加了组织的不稳定性。为此必须采用冷处理和多次回火方法,来消除残余奥氏体,这使热处理工艺复杂化。

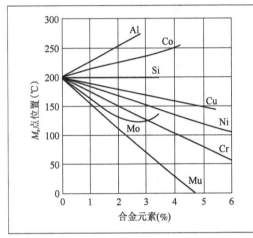

图 7-10 元素对马氏体开始转变温度 M_s 点的影响

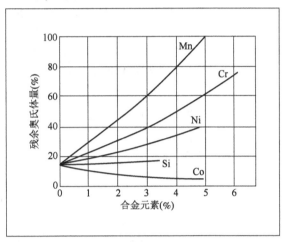

图 7-11 元素对残余奥氏体量的影响

四、合金元素对钢回火转变的影响

钢在淬火后回火时的组织转变主要是马氏体分解、残余奥氏体的分解及碳化物形成、析出和聚集的过程,这个过程也是依靠元素之间的扩散来进行的。合金元素扩散速度小,而又阻碍碳原子扩散,从而使马氏体的分解及碳化物的析出和聚集速度减慢,将这些转变推迟到更高的温度,导致合金钢的硬度随回火温度的升高而下降的速度比碳钢慢。在相同的回火温度下,合金钢比碳钢具有较高的硬度,即经过较高温度回火后,合金钢能保持高硬度,这种现象称为回火稳定性。

合金元素一般都能提高残余奥氏体转变的温度范围。在碳化物形成元素含量较高的高合金钢中,淬火后残余奥氏体十分稳定,甚至加热到 500 ~ 600℃仍不分解,而是在回火冷却过程中部分转变为马氏体,使钢的硬度反而增加,这种现象称为二次硬化。在高合金钢中,由于 Ti、V、W、Mo 等在 500 ~ 600℃回火时,将沉淀析出特殊碳化物,这些碳化物以细小弥散的颗粒状存在,因此,这时硬度不但不降低,反而再次增加,这种现象称为"沉淀型"的二次硬化,亦称为弥散硬化或沉淀硬化。

合金元素对淬火及回火后钢的机械性能的不利影响是回火脆性问题。有些合金结构钢,如含 Cr、Mn 的合金结构钢,在 250 ~ 400℃回火后,钢的韧性显著降低,产生所谓的低温回火脆性或第一类回火脆性,这种回火脆性产生以后无法消除,因此又有不可逆回火脆性之称。产生原因与在此温度区间回火过程中,沿马氏体晶界或亚晶界析出碳化物薄片有关。为了避免第一类回火脆性,一般不在脆化温度范围内回火;有时为了保证所要求的机械性能而必须在脆化温度回火时,可采取等温淬火方法。国内试验表明,硅锰钢中加入 Mo(约 0.3%)可使 360℃回火脆性大大减弱,甚至完全被抑制。

含 Cr、Ni、Mn、Si 的合金结构钢,在 550~650℃回火时,也将使钢的韧性显著降低、脆性增加,这种回火脆性称为高温回火脆性或第二类回火脆性。若将已经发生高温回火脆性的钢重新回火加热到 600℃以上,并随即快冷,可消除回火脆性,因此高温回火脆性又有可逆回火脆性之称。第二类回火脆性产生的原因与钢中 Ni、Cr 以及杂质元素 Sb、Sn、P 等向原奥氏体晶界偏聚有关。为了防止第二类回火脆性的产生,可在钢中加入适量的 Mo 和 W,或者在回火后立即快冷。

五、合金钢的分类与编号

对品种繁多的钢进行科学的分类与准确合理的表示,关系到钢的生产加工、使用和管理,也有助于我们掌握如何正确选用钢材。

1. 合金钢的分类

合金钢的分类方法有多种。我国关于钢分类的国家标准《钢分类 第 2 部分:按主要质量级别和主要性能或使用特性的分类》(GB/T 13304.2—2008),是参照了国际标准 ISO 4948-2 而制定的。据此,钢的分类有两部分:第一部分按化学成分分类;第二部分按主要质量等级、主要性能及使用特性分类。图 7-12 为钢分类关系图。图中采用"非合金钢"一词代替传统的"碳素钢",但是在 GB/T 13304—1991 以前有关的技术标准中,均采用"碳素钢",故"碳素钢"名称仍将沿用一段时间。普通质量钢指生产过程中控制质量无特殊规定的、一般用途的钢;优质钢指生产过程中需按规定控制质量(如 S、P 含量)的钢;特殊质量钢指生产过程中需严格控制质量和性能的钢。

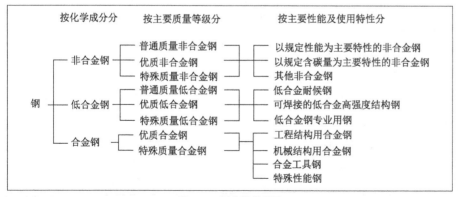

图 7-12 钢分类关系图

2. 合金钢的编号

钢的编号(即钢号)是一种标记符号,代表具有某些相同特征的一类产品。牌号加品种(型材、板材、管材、线材等)规格(长、宽、厚、直径等),状态(软态、硬态等)和执行标准号等就能准确定位一种产品。钢铁产品钢号的表示方法实际上是沟通生产者、经销者和使用者的一种共同语言。我国标准中有两种钢铁产品牌号表示方法,即《钢铁产品牌号表示方法》(GB/T 221—2008)和《钢铁及合金牌号统一数字代号体系》(GB/T 17616—2013)。这两种表示方法在国家标准和行业标准中并列使用,两者均有效。本节将根据 GB/T 221—2008 标准介绍介绍钢铁产品牌号表示方法。

参考《钢铁产品牌号表示方法》(GB/T 221—2008)相关规定,产品牌号中的元素含量用质量分数表示,见表7-1。

产品牌号中的元素含量用质量分数表示　　表7-1

元素名称	化学元素符号	元素名称	化学元素符号	元素名称	化学元素符号	元素名称	化学元素符号
铁	Fe	锂	Li	钐	Sm	铝	Al
锰	Mn	铍	Be	锕	Ac	铌	Nb
铬	Cr	镁	Mg	硼	B	钽	Ta
镍	Ni	钙	Ca	碳	C	镧	La
钴	Co	锆	Zr	硅	Si	铈	Ce
铜	Cu	锡	Sn	硒	Se	钕	Nd
钨	W	铅	Pb	碲	Te	氮	N
钼	Mo	铋	Bi	砷	As	氧	O
钒	V	铯	Cs	硫	S	氢	H
钛	Ti	钡	Ba	磷	P	—	—

注:混合稀土元素符号用"RE"表示。

生铁产品牌号示例见表7-2。

生铁产品牌号示例　　表7-2

序号	产品名称	第一部分			第二部分	牌号示例
		采用汉字	汉语拼音	采用字母		
1	炼钢用生铁	炼	LIAN	L	含硅量为 0.85%~1.25% 的炼钢用生铁,阿拉伯数字为 10	L10
2	铸造用生铁	铸	ZHU	Z	含硅量为 2.80%~3.20% 的铸造用生铁,阿拉伯数字为 30	Z30
3	球墨铸铁用生铁	球	QIU	Q	含硅量为 1.00%~1.40% 的球墨铸铁用生铁,阿拉伯数字为 12	Q12
4	耐磨生铁	耐磨	NAI MO	NM	含硅量为 1.60%~2.00% 的耐磨生铁,阿拉伯数字为 18	NM18
5	脱碳低磷粒铁	脱粒	TUO LI	TL	含碳量为 1.20%~1.60% 的炼钢用脱碳低磷粒铁,阿拉伯数字为 14	TL14
6	含钒生铁	钒	FAN	F	含钒量不小于 0.40% 的含钒生铁,阿拉伯数字为 04	F04

7.2 合金结构钢

在工业上凡是用于制造各种机械零件和各种工程结构的钢都称为结构钢。

合金结构钢就是在碳素结构钢的基础上适当地加入一些合金元素而形成的钢。采用合金结构钢制造的各类机械零件,由于合金元素的加入,提高了钢的淬透性,零件有可能在整个截面上具有良好的综合机械性能,既具有高强度又有高的韧性,从而保证零件能长期安全使用。

在结构钢中经常加入的合金元素有:Si、Mn、Cr、Ni、Mo、W、Nb、Ti、V、B等,根据它们在结构钢中发挥作用的特点,这些元素可分为:

主加元素:Si、Mn、Cr、Ni、B;

辅加元素:W、Mo、V、Ti、Nb。

主加元素可以单独地或复合地加入钢中,对提高钢的性能起主要作用;辅加元素通常是与主加元素相配合而加入,其作用是细化晶粒,消除钢中缺陷,进一步增加淬透性等,使主加元素的作用进一步发挥。通常同时复合加入多种元素,即"少量多元"比单独加入一种元素强化效果更好。

由于结构钢是机械制造、交通运输、国防工程、石油化工及工程建筑等部门应用最广、用量最大的金属材料,因此合理选用结构钢对于节约钢材具有重要的意义。

一、低合金结构钢

这类钢是在普通碳素结构钢基础上加入少量合金元素发展起来的,所以叫作低合金结构钢。同时,这类钢中有少量合金元素,使钢的强度有了显著提高,所以又称这类钢为低合金高强度钢。

这类钢同普通碳素钢一样,生产工艺简单、产量大、成本低,但性能却比普通碳素结构钢好,因此广泛用于建造桥梁、制造车辆和船舶等,随着生产的发展其使用范围已扩大到锅炉、高压容器、油管、大型钢结构以及汽车、拖拉机、土方机械等产品领域。

采用普通低合金钢的目的主要是减轻结构质量,保证使用的可靠性和耐久性。这类钢具有良好的机械性能,特别是有较高的屈服强度。例如低合金结构钢的 σ_s 为 300~400MN/m^2,而普通碳素结构钢(Q235 钢)的 σ_s 为 240~260MN/m^2。所以若用低合金结构钢来代替普通碳素结构钢,就可在相同受载条件下使结构质量减轻 20%~30%。低合金结构钢还具有良好的塑性($\delta >$ 20%),便于冲压成型。此外,它还具有比普通碳素结构钢更低的冷脆临界温度。这对在北方高寒地区使用的构件及运输工具具有十分重要的意义,一般规定要求在 -40℃时 $A_k \geq 24 \sim 32$J。

这类钢通常是在热轧退火(或正火)状态下直接使用。在进行焊接工序后,不再进行热处理,由于对压力加工性能和焊接性能的要求,决定了它的含碳量不能超过 0.2%。因此它的性能的提高主要依靠加入少量 Mn、Ti、V、Nb、Cu、P 等合金元素来达到。加入 Mn 元素主要是起到对铁素体的固溶强化作用,其含量一般在 1.8% 以下,含量过高,将显著降低钢的塑性和韧性,也影响焊接性能。Ti、V、Nb 等元素在钢中形成微细碳化物,可起到细化晶粒和弥散强化作用,从而提高钢的屈服极限、强度极限以及低温冲击韧性。Cu、P 可提高钢对大气的耐蚀能力,比普通碳素钢结构高 2~3 倍。

表 7-3 列出了几种具有代表性的低合金高强度结构钢的钢号(新、旧标准)与用途举例。

低合金高强度结构钢的钢号(新、旧标准)与用途举例　　表 7-3

新标准(GB/T 1591—2018)	旧标准(GB/T 1591—2008)	主要用途
Q355B(AR)、Q355NC、Q355MD	Q345B(热轧)、Q345C(正火/正火轧制)、Q345D(TMCP)	桥梁、车辆、压力容器、化工容器、船舶、建筑结构
Q390B(AR)、Q390NC、Q390MD	Q390B(热轧)、Q390C(正火/正火轧制)、Q390D(TMCP)	桥梁、车辆、压力容器、电钻设备、起重设备、管道
Q420B(AR)、Q420NC、Q420MD	Q420B(热轧)、Q420C(正火/正火轧制)、Q420D(TMCP)	大型桥梁、高压容器、大型船舶
Q460C(AR)、Q460ND、Q460ME	Q460C(热轧)、Q460D(正火/正火轧制)、Q460E(TMCP)	大型重要桥梁、大型船舶

二、渗碳钢

1. 渗碳钢的一般特点

用于制造渗碳零件的钢称为渗碳钢。有些结构零件,是在承受较强烈的冲击作用和受磨损的条件下进行工作的,例如汽车、拖拉机上的变速箱齿轮,内燃机上的凸轮、活塞销等。根据工作条件,要求这些零件具有高的表面硬度和耐磨性,而心部则要求有较高的强度和适当的韧性,即要求工件具有"表硬里韧"的性能。为了兼顾上述性能,可以采用低碳钢通过渗碳淬火及低温回火来达到,此时零件心部是低碳钢淬火组织,保证了高韧性和足够的强度,而表层(在一定的深度)则具有高含碳量(0.85%~1.05%),经淬火后有很高的硬度(>60HRC),并可获得良好的耐磨性。

2. 渗碳钢的化学成分

渗碳钢的含碳量一般都很低(在 0.15%~0.25%),属于低碳钢,这样的含碳量保证了渗碳零件的心部具有良好的韧性和塑性。为了提高钢的心部的强度,可在钢中加入一定数量的合金元素,如 Cr、Ni、Mn、Mo、W、Ti、B 等。其中 Cr、Mn、Ni 等合金元素所起的主要作用是增加钢的淬透性,使其在淬火和低温回火后表层和心部组织得到强化。另外,少量的 Mo、W、Ti 等碳化物形成元素,可形成稳定的合金碳化物,起到细化晶粒、抑制钢件在渗碳时发生过热的作用。微量的 B(0.001%~0.004%)能强烈地增加合金渗碳钢的淬透性。

3. 合金渗碳钢分类

渗碳钢的主要热处理工序一般是在渗碳之后再进行淬火和低温回火。处理后零件的心部为具有足够强度和韧性的低碳马氏体组织,表层为硬而耐磨的回火马氏体和一定量的细小碳化物组织。

根据淬透性或强度等级的不同,合金渗碳钢分为如下三类。

(1) 低淬透性合金渗碳钢,即低强度渗碳钢($\sigma_b \leq 800$MPa),如 15Cr、20Cr、15Mn2、20Mn2 等。这类钢淬透性低,经渗碳、淬火与低温回火后心部强度较低且强度与韧性配合较差。主要用于制造受力较小、强度要求不高的耐磨零件,如柴油机的凸轮轴、活塞销、滑块、小齿轮等。这类钢渗碳时心部晶粒易于长大,特别是锰钢。若性能要求较高时,这类钢在渗碳后经常采用二次淬火法,即在渗碳后先作正火处理,以消除渗碳时形成的过热组织,然后再重新加热淬火。

(2) 中淬透性合金渗碳钢,即中强度渗碳钢(σ_b 为 800~1200MPa),如 20CrMnTi、12CrNi3A、20CrMnMo、20MnVB 等。这类钢含合金元素总量在4%左右,由于主要是把 Cr 和 Mn 两元素配合加入钢中,能有效地提高淬透性和机械性能(σ_b 为 1000~1200MN/m²)。一般用来制造重负荷的中、小耐磨件和中等负荷的模数较大的齿轮。如汽车、拖拉机的变速箱与后桥齿轮、齿轮轴、十字销头、花键轴套、气门座、凸轮盘等。这类钢由于含有 Ti、V、Mo,渗碳时奥氏体晶粒长大倾向小,因此可采用自渗碳温度预冷到 870℃ 左右直接淬火,并经低温回火后使零件具有较好的机械性能。

(3) 高淬透性合金渗碳钢,即高强度渗碳钢($\sigma_b > 1200$MPa),如 12Cr2Ni4、18Cr2Ni4WA 等。这类钢含合金元素总量≤7.5%,含 Cr、Ni 元素较多,可大大提高钢的淬透性,特别是加入了较多的 Ni,在提高强度的同时,使钢具有良好的韧性。这类钢可用作承受重载和强烈磨损的重要大型零件,如内燃机车的主动牵引齿轮、柴油机曲轴、连杆及缸头精密螺栓等。由于含有较高的合金元素,C 曲线大为右移,因而在空气中冷却也能得到马氏体组织;另外,其马氏体转变温度也急剧下降,渗碳表层在淬火后将保留大量的残余奥氏体。为了减少淬火后残余奥氏体量,可在淬火前先高温回火,使碳化物球化或在淬火后采用冷处理。

4. 渗碳钢的热处理

下面以 20CrMnTi 合金渗碳钢制造的汽车变速箱齿轮为例,说明其热处理工艺方法的选择和工艺路线的安排。

技术要求:渗碳层厚度 1.2~1.6mm,浓度 1.0%、齿顶硬度 58~60HRC,心部硬度 30~45HRC。根据技术要求,确定其热处理工艺如图 7-13 所示。

20CrMnTi 钢制汽车变速箱齿轮的整个生产过程的工艺路线如下:

下料→锻造→正火→机械加工→渗碳→淬火+低温回火→喷丸→磨齿

热处理工艺分析:齿轮毛坯在机械加工前需要正火,其目的是改善锻造状态的不正常组织,以利切削加工,保证齿形合格。20CrMnTi 钢正火后的硬度为 170~210HBS,切削加工性能良好。20CrMnTi 钢的渗碳温度定为 920℃

左右,渗碳时间根据所要求的渗碳层厚度 1.2~1.6mm,经查表确定为 6~8h,渗碳后自渗碳温度预冷到 870~880℃油冷,预冷淬火是为了减小淬火时的变形,同时在预冷过程中,渗碳层析出部分碳化物,在随后淬火时,可以减少渗碳层的残余奥氏体量。再经 200℃ 低温回火 2~3h,其性能达到:$\sigma_b \approx$ 1000MN/m^2,$\Psi \approx 50\%$,$A_k \approx 64J$;其表层组织为回火马氏体+残余奥氏体+合金碳化物;中心组织为铁素体+细珠光体+低碳回火马氏体,具有满足该齿轮"表硬里韧"的性能要求。最后有一道喷丸处理工序,该工序不仅是为了清除工件的氧化皮,使表面光洁,更重要的是作为一种强化手段,使零件表层压应力增大,有利于提高工件疲劳强度。

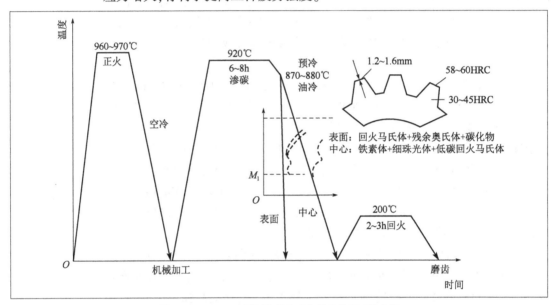

图 7-13 20CrMnTi 钢制汽车变速齿轮热处理工艺曲线

三、调质钢

1. 调质钢的一般特点

调质钢一般指经过调质处理后使用的碳素结构钢和合金结构钢。在机械结构中某些重要零件,如机床主轴、汽车后桥半轴等,它们是在多种负荷下工作的,对于这类受力情况比较复杂的重要零件,要求具有高强度与良好的塑性及韧性的配合,即具有良好的综合机械性能。这类零件通常选用调质钢制造,并经过调质处理来达到所需要的性能。

2. 调质钢的化学成分

调质钢的含碳量一般在 0.25%~0.50%,属于中碳钢。含碳量过低,钢件淬火时不易淬硬,回火后达不到所要求的强度。含碳量过高,钢的强度、硬度虽增高,但韧性差,在使用过程中易产生脆性断裂。为了使调质钢零件获得良好的综合机械性能,碳素调质钢的含碳量应控制在上述范围的上限;而合金调质钢由于有合金元素存在,并固溶于铁素体中,代替了部分碳的作用,因而合金调质钢中的含碳量往往取其下限。

调质钢中的合金元素,主要是为了提高钢的淬透性及保证强度和韧性而加入的。

调质钢既然要经过淬火、高温回火,那么调质后钢的机械性能的好坏,就必然与钢的淬透性有着密切的关系。淬透性差的钢在淬火时往往淬不透,经回火后其整个截面的机械性能是不均匀的,没有淬透的区域其机械性能就差,特别是冲击韧性有明显的下降。碳钢的淬透性较差,强度也低。因此,对于截面较大的或要求较高的重要调质件,常用合金调质钢制造,通常加入的合金元素有 Cr、Ni、Si、Mn、B 等,其中微量的 B(0.001% ~ 0.005%)对钢的淬透性有着明显的作用。另外,调质钢属于亚共析钢,即在钢中的组织含有大量的铁素体,铁素体的性能直接影响到钢的性能,特别是钢的强度和韧性。

因此,在调质钢中加入合金元素除了提高钢的淬透性之外,另一个作用也就是强化铁素体。

此外,在调质钢中也常加入少量的 Mo、V、Al 等合金元素。Mo 所起的主要作用是防止合金调质钢在高温回火时发生第二类回火脆性现象。V 的作用是阻碍高温奥氏体晶粒长大,细化钢的晶粒。Al 的作用是加速合金调质钢的氮化过程。

3. 调质钢的热处理

调质钢热处理的第一步工序是淬火,即将钢件加热至850℃左右($>A_{c_3}$)进行淬火。具体加热温度的高低需根据钢的成分来决定。淬火介质可以根据钢件尺寸大小和钢的淬透性高低加以选择。实际上,除碳钢外一般合金调质钢零件都在油中淬火;对合金元素含量高、淬透性特别高的钢件,甚至空冷也能淬火得到马氏体组织。

淬火只是调质钢热处理的第一步。处于淬火状态的钢,内应力大,很脆,不能直接使用,必须进行第二步热处理工序——回火,以便消除内应力,增加韧性,调整强度。回火是使调质钢的机械性能定型化的最重要工序,为了使调质钢具有最良好的综合机械性能,调质钢零件一般采用 500 ~ 650℃ 的高温回火。回火的具体温度则根据钢的成分及性能的要求而定。通过调节不同的回火温度可以得到不同的硬度和最终性能(图 7-14)。因此,虽然是同一种钢号,但设计者可以根据不同零件的技术要求选择回火温度。调质钢经过调质热处理后得到回火索氏体组织。

调质钢零件,通常除了要求有良好的综合机械性能外,往往还要求表面有良好的耐磨性。为此,经过调质热处理的零件往往还要进行感应加热表面淬火。如果对表面耐磨性能的要求极高,则需要选用专门的调质钢进行专门的化学热处理,如选用 38CrMoAlA 钢进行氮化处理。

根据需要,调质钢也可在中、低温回火状态下使用,其金相组织为回火屈氏体、回火马氏体,它们比回火索氏体组织具有较高的强度,但冲击韧性值较低。例如模锻锤杆、套轴等采用中温回火;而凿岩机活塞、球头销等采用低温回火。不过,为了保证必需的韧性和减小残余应力,一般最好使用含碳量≤0.30%的合金调质钢进行低温回火。

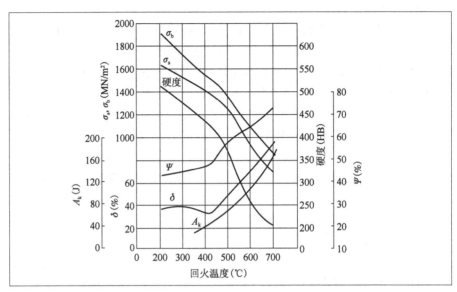

图 7-14　40Cr 钢在不同温度回火后的机械性能（直径 $D=12mm$，油淬）

根据调质钢的机械性能可将其分为三类：

(1) 低强度调质钢。这类钢如 40、45、50 钢等，其淬透性小，强度较低。一般用来制造中等负荷、冲击能量不大、尺寸较小的零件，如螺栓、螺母、轴套、联轴节、拉杆等，这类钢因其价格便宜，所以应用得很广。

(2) 中强度调质钢。这类钢如 40Cr、40CrMn、40MnVB 等，其中由于加入 <3% 的合金元素，使得钢的淬透性提高，强度、屈强比、韧性都得到了改善。所以常用来制造形状较复杂、截面尺寸较大、中等负荷且受冲击的零件。如连杆、连杆螺栓、汽车及拖拉机的半轴、机床主轴及齿轮等。

(3) 高强度调质钢。这类钢如 40CrNiMo、37CrNi3 等，其含有 Cr、Ni 等元素，能显著提高钢的淬透性，同时 Cr、Ni 也提高了铁素体基体的强度和韧性，可获得良好的综合机械性能，所以主要用于制造重负荷、截面尺寸大的零件，如大的轴、齿轮等。

四、弹簧钢

1. 弹簧钢的一般特点

在各种机械系统中，弹簧主要是通过弹性变形储存能量（即弹性变形功），从而传递力（或能）和机械运动或缓和机械振动与冲击，如汽车、火车上的各种板簧和螺旋弹簧、仪表弹簧等，通常是在承受拉压、扭转、弯曲和冲击条件下工作，因此弹簧钢必须具有高的弹性极限，尤其是要有高的屈强比 (σ_s/σ_b)，以避免弹簧在高载荷下产生永久变形。同时，在交变应力的条件下工作时，弹簧破坏的主要方式是疲劳破坏，因此弹簧钢还必须有高的疲劳极限（尤其是缺口疲劳强度）。另外，弹簧钢也要有足够的塑性和韧性以及良好的表面质量，有较好的淬透性和低的脱碳敏感性，以便在冷热状态下都能够容易绕卷成型。

2. 弹簧钢的化学成分

弹簧钢可分为碳素弹簧钢与合金弹簧钢。碳素弹簧钢是常用的弹簧材料，其含碳量为 0.6%~0.9%。为了保证弹簧的强度要求，一般力求提高钢的含碳量，但是含碳量过高会出现过多的碳化物，降低钢的塑性、韧性并使弹簧变脆。由于碳素弹簧钢的淬透性较差，其截面尺寸超过 12mm 时在油中就不能淬透，若用水淬，则容易产生裂纹。因此碳素弹簧钢只宜制造小尺寸及小断面结构的弹簧，而对于截面尺寸较大，承受较重负荷的大型弹簧都用合金弹簧钢制造。

合金弹簧钢的含碳量低一些，介于 0.45%~0.70%，考虑到合金元素的强化作用，降低含碳量有利于提高钢的塑性和韧性。合金弹簧钢中所含合金元素有 Si、Mn、Cr、V 等，它们的主要作用是提高钢的淬透性和回火稳定性，强化铁素体和细化晶粒，从而有效地改善弹簧钢的力学性能。尤其是硅，在这方面的作用最为突出。因此许多合金弹簧钢都含有较多的硅，但硅有容易脱碳及石墨化的缺点，热处理时务必注意。Cr、V 还有利于提高弹簧钢的高温强度。

弹簧钢中要求 S、P 等杂质含量要低，非金属夹杂物要少，不允许有表面与内在的缺陷，否则会降低钢的疲劳强度。

3. 弹簧钢的加工成型与热处理

根据弹簧的加工成型状态不同，弹簧分为热成型弹簧与冷成型弹簧，一般截面尺寸大于 10~15mm 的弹簧采用热成型方法，截面尺寸小于 10mm 一般采用冷成型方法。

(1) 热成型弹簧及其热处理。

热成型弹簧的制造工艺路线大致如下（以板簧为例）：

扁钢剪断→加热压弯成型→淬火→中温回火→喷丸→装配

热成型弹簧的具体制造过程是先将剪断的钢材加热至高温状态（高出淬火温度 50~80℃），趁热卷簧或将其折叠成所需形状，然后进行淬火与中温回火。弹簧钢的淬火温度一般为 830~880℃，温度过高易发生晶粒长大和脱碳现象。弹簧最忌脱碳，它会使其疲劳强度大为降低。因此在淬火加热时，炉气要严格控制，并尽量缩短弹簧在炉中停留的时间，也可在脱氧较好的盐浴炉中加热。淬火加热后在 50~80℃油中冷却，冷至 100~150℃ 时即可取出进行中温回火。回火温度根据对弹簧的使用性能要求加以选择，一般是在 480~550℃ 回火。回火后得到回火屈氏体组织，硬度在 39~52HRC。

弹簧的表面质量对使用寿命影响很大，因为微小的表面缺陷（例如脱碳、裂纹、夹杂和斑疤等）即可造成应力集中，使钢的疲劳强度降低。因此，弹簧在热处理后还要喷丸处理来进行表面强化，使弹簧表面层产生残余压应力以提高其疲劳强度。试验表明，采用 60Si2Mn 钢制作的汽车钢板弹簧经喷丸处理后，使用寿命可提高 5~6 倍。

(2) 冷成型弹簧及其热处理。

对于一般机械上的小尺寸弹簧（$D<10mm$），通常都采用多次冷拉的办法

制成弹簧钢丝,即所谓的"白钢丝"供应用户,用户可以用它冷卷成型。但是在冷拉前要对钢料先进行淬铅处理,即把钢丝坯料在管式炉内快速加热到 A_{C_3} 以上 80~100℃(至 900~950℃),获得奥氏体组织,然后在 500~550℃ 铅浴槽内进行等温冷却,以使过冷奥氏体等温转变为强度高、塑性好的最宜于冷拉的索氏体组织。随后再进行总变形量达到 80%~90% 的多次冷拉,直到成品弹簧所要求的尺寸。由于加工硬化作用,屈服强度大为提高,且具有光洁的表面。用这种钢丝卷成弹簧后,只需进行低温去应力退火,消除由卷簧时所产生的内应力,以免使弹簧引起尺寸变化,无须再进行淬火、回火,否则强度就会降低。

还有一种油淬回火钢丝,即冷拉到规定尺寸后再进行淬火回火处理的钢丝。这类钢丝的抗拉强度虽然不及铅浴等温处理冷拉钢丝,但性能比较均匀一致,抗拉强度波动范围小,广泛用于制造各种动力机械阀门弹簧。这类钢丝冷卷成弹簧后,只进行消除应力处理。

冷卷钢丝弹簧去除内应力回火温度见表 7-4。

冷卷钢丝弹簧去除内应力回火温度　　　　表 7-4

钢丝种类	去除内应力回火温度(℃)
冷拉碳素钢丝	230~260
油淬回火钢丝	230~290
气阀弹簧钢丝	230~400
Cr-V 弹簧钢丝	315~370
Cr-Si 弹簧钢丝	425~455

4. 常用的弹簧钢

表 7-5 为我国常用弹簧钢的钢号、性能与用途,不同钢号的化学成分、热处理工艺和力学性能可参照相关国家标准。

碳素弹簧钢 65、70、75、80,具有高的强度和适当的韧性、塑性,其疲劳强度不比合金弹簧钢差,价格便宜。但是因其淬透性差,直径超过 12~15mm 就淬不透,从而屈强比低,低温脆性大。因此碳素弹簧钢只宜制造小尺寸及小断面的弹簧,如气门弹簧、弹簧圈以及钢丝等。

合金弹簧钢强度高,淬透性好,具有高的弹性极限与屈强比,适合于制造大型弹簧。60Mn、65Mn 价格便宜,比碳钢淬透性高,脱碳倾向也较小,然而过热敏感性较大,粗大晶粒会影响弹簧的疲劳强度,一般适宜于制作截面尺寸为 8~15mm 的小型弹簧,如坐垫弹簧、弹簧发条、气门弹簧、离合器簧片、刹车弹簧等。55Si2Mn、60Si2Mn 在工业生产上经常使用,用来制作在高应力下工作的重要弹簧以及在 250℃ 以下使用的耐热弹簧,如机车车辆、汽车、拖拉机上的减振板簧和螺旋弹簧、汽缸安全阀簧、止回阀簧等。50CrVA 因为不易过热,回火稳定性高,在高温下工作性能较稳定,所以用于制造阀门弹簧、活塞弹簧等。55Si2MnVB 钢是在硅锰弹簧钢基础上增加少量 Mo、V 等元素而成。此钢的脱碳倾向小,而且具有较好的机械性能,适于制作 8t、15t、25t 汽车大截面板簧和滚动体(滚珠、滚柱、滚针)等。

热轧弹簧钢的钢号、性能与用途 表 7-5

类别		钢号	性能特点	主要用途
碳素弹簧钢	普通 Mn 量	65 70 85	硬度、强度、屈服比高,但淬透性差,耐热性不好,承受动载荷和疲劳载荷的能力低	价格低廉,多用于工作温度不高的小型弹簧(<12mm)或不重要的较大弹簧
	较高 Mn 量	65Mn	淬透性差、综合力学性能优于碳钢,但对过热比较敏感	价格低廉,用量较大,制造各种小截面(<15mm)的扁簧、发条、减振器与离合器簧片,刹车轴等
合金弹簧钢	Si-Mn 系	55Si2Mn 60Si2Mn 55Si2MnB 55Si2MnVB	强度高、弹性好,抗回火稳定性佳,但易脱碳和石墨化。含 B 钢淬透性明显提高	主要的弹簧钢类,用途很广,可制造各种中等截面(<25mm)的重要弹簧,如汽车、拖拉机板簧、螺旋弹簧等
	Cr 系	50CrVA 60CrMnA 60CrMnBA 60CrMnMoA 60Si2CrA 60Si2CrVA	淬透性优良,回火稳定性高,脱碳和石墨化倾向低;综合力学性能佳,有一定的耐蚀性,含 V、Mo、W 等元素的弹簧具有一定的耐高温性;由于均为高级优质钢,故疲劳性能进一步改善	用于制造载荷大的重型、大型尺寸(50~60mm)的重要弹簧,如发动机阀门弹簧、常规武器取弹钩弹簧、破碎机簧簧;耐热弹簧,如锅炉安全阀弹簧、喷油嘴弹簧、汽缸胀圈等

五、滚动轴承钢

滚动轴承的工作结构是轴承内圈紧紧地装在轴上,轴承外圈固定在轴承座上。当轴转动时,轴承内圈与轴一起转动,使滚动体在轴承套圈内滚动和滑动。这时随着轴的转动,负荷(压力)自上而下迅速地从零升至极大值,而后又从下而上迅速地从极大值减少至零,使滚动体与内套产生周期性的交变冲击负荷。同时轴承套圈与滚动体之间呈点或线接触,产生极大的接触应力(通常为 3000~3500MPa)。滚动轴承在这样的服役条件下,往往会产生疲劳点蚀或磨损而失效,导致机器的精度下降。此外,滚动轴承经常与大气、润滑剂或其他具有腐蚀性的介质接触,容易发生腐蚀。

因此,滚动轴承钢必须具有高的弹性极限和接触疲劳强度、高而均匀的硬度和耐磨性、足够的韧性和淬透性,同时具有一定的耐蚀能力;此外,对钢的纯度(非金属夹杂物等)、组织均匀化、碳化物分布状况以及脱碳程度等都有严格的要求,否则这些缺陷将会显著缩短滚动轴承的寿命。

1. 滚动轴承钢的化学成分

滚动轴承钢的含碳量为 0.95%~1.15%,这样高的含碳量是为了保证滚动轴承钢具有高的硬度和耐磨性。Cr 的作用可增加钢的淬透性,铬与碳所形成的 $(Fe、Cr)_3C$ 合金渗碳体比一般 Fe_3C 渗碳体稳定,能阻碍奥氏体晶粒长大,减小钢的过热敏感性,使淬火后得到细小的组织,而增加钢的韧性。Cr 还有利于提高回火稳定性。但是含 Cr 量过高(>1.65%)时,会增加淬火钢中残余奥氏体量和碳化物分布的不均匀性,以致影响滚动轴承的使用寿命和尺

第 7 章 合金钢

寸稳定性。滚动轴承钢中含 Cr 量以 0.40%~1.65% 范围为宜。

对于大型滚动轴承[如 $D>(30~50)$ mm 的滚珠],还须加入适量的 Si (0.40%~0.65%)和 Mn(0.90%~1.20%),以便进一步改善淬透性,提高钢的强度和弹性极限而不降低韧性。

此外,对滚动轴承钢的杂质含量要求很严格,一般规定含 S 量应小于 0.02%,含 P 量应小于 0.027%。

除了传统的铬轴承钢外,生产中还发展了一些特殊用途的滚动轴承钢,如为了节省铬资源的无铬轴承钢、抗冲击载荷的渗碳轴承钢、耐蚀用途的不锈轴承钢、耐高温用途的高温轴承钢,其成分特点见相应钢种的国家标准。表 7-6 列出了常用铬轴承钢的化学成分。

常用铬轴承钢的化学成分　　　　　　　表 7-6

钢号	化学成分(%)								
	C	Si	Mn	P	S	Cr	Ni	Mo	其他
GCr6	1.05~1.15	0.15~0.35	0.20~0.40	≤0.027	≤0.020	0.40~0.70	≤0.30	—	Cu≤0.25
GCr9	1.00~1.10	0.15~0.35	0.20~0.40	≤0.027	≤0.020	0.90~1.20	≤0.30	—	Cu≤0.25
GCr9SiMn	1.00~1.10	0.40~0.70	0.90~1.20	≤0.027	≤0.020	0.90~1.20	≤0.30	—	Cu≤0.25
6Cr15	0.95~1.05	0.15~0.35	0.20~0.40	≤0.027	≤0.020	1.30~1.65	≤0.30	—	Cu≤0.25
GCr15SiM	0.95~1.05	0.40~0.65	0.90~1.20	≤0.027	≤0.020	1.30~1.65	≤0.30	—	Cu≤0.25

2. 滚动轴承钢的热处理

滚动轴承钢的热处理工艺主要为球化退火、淬火和低温回火。

球化退火是预先热处理,其主要目的是降低钢的硬度,便于切削加工,并为以后的淬火作好组织准备。经退火后的组织为球状珠光体,即铁素体和均匀分布的细粒状渗碳体的机械混合物。

淬火和低温回火是决定滚动轴承钢性能的最终热处理工序。淬火温度根据钢的成分不同而不同,一般在 800~850℃。温度太低,碳化物不能充分溶解到奥氏体,淬火后得不到理想的硬度、耐磨性和淬透层深度;温度过高,奥氏体晶粒长大,淬火后的马氏体组织变粗,又增加了残余奥氏体的数量,以致使钢的冲击韧性、疲劳强度急剧降低(图 7-15)。淬火后应立即回火,回火温度为 150~160℃,保温 2~4h,目的是去除内应力,提高韧性与尺寸稳定性。淬火与回火后的组织为极细的回火马氏体与分布均匀的细粒状碳化物以及少量的残余奥氏体,硬度为 61~65HRC。生产精密轴承时,由于低温回火不能彻底消除内应力和残余奥氏体,其在长期保存或使用过程中会发生变形。这时,可采用淬火后立即进行一次冷处理,并在回火及磨削加工后,再在 120~130℃进行 10~20h 尺寸稳定化处理(时效处理)。

3. 常用的滚动轴承钢

滚动轴承钢分为四大类:高碳铬轴承钢(即全淬透性轴承钢)、渗碳轴承钢、不锈轴承钢和高温轴承钢。我国常用主要轴承钢的类别、钢号、特点和用途见表 7-7,其具体成分与热处理工艺见相应的国家标准。

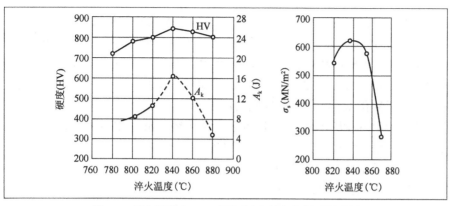

图 7-15 淬火温度对 GCr15 钢的冲击韧性和疲劳极限的影响

常用主要轴承钢的类别、钢号、特点和用途 表 7-7

类别	钢号	主要特点	用途举例
高碳铬轴承钢	GCr6	淬透性差,合金元素少而钢价格低,工艺简单	一般工作条件下的小尺寸(<20mm)的各类滚动体
	GCr9		
	GCr9SiMn	淬透性有所提高,耐磨性和回火稳定性有所改善	一般工作条件下的中等尺寸的各类滚动体和套圈
	GCr15		
	GCr15SiMn	淬透性高,耐磨性好,接触疲劳性能优良	一般工作条件下的大型或特大型轴承套圈和滚动体
渗碳轴承钢	20CrNiMoA	钢的纯洁度和组织均匀性高,渗碳后表面硬度58～62HRC,心部硬度25～40HRC,工艺性能好	承受冲击载荷的中小型滚子轴承,如发动机主轴承
	16Cr2Ni4MoA		
	12Cr2Ni3Mo5A		承受高冲击的轴承和高温下的轴承,如发动机的高温轴承
	20Cr2Ni4A		
	20Cr2Mn2MoA		承受大冲击的特大型轴承,也用于承受大冲击、安全性高的中小型轴承
	20Cr2Ni3MoA		
不锈轴承钢	9Cr18	高的耐蚀性、高的硬度、耐磨性、弹性、耐低温性,冷塑性成型性和切削加工性好	制造耐水、水蒸气和硝酸腐蚀的轴承及微型轴承
	9Cr18Mo		
	0Cr18Ni9		车制保持架,高耐蚀性要求的防锈轴承,经渗氮处理后可制作高温、高速、高耐蚀、耐磨的低负荷轴承
	1Cr18Ni9Ti		
	0Cr17Ni7Al		
高温轴承钢	Cr14Mo4V	高温强度、硬度、耐磨性和疲劳性能好,抗氧化性较好。但抗冲击性较差	制造耐高温轴承,如发动机主轴轴承,对结构复杂、冲击负荷大的高温轴承,应采用12Cr2Ni3Mo5 渗碳钢制造
	W18Cr4V		
	W6Mo5Cr4V2		
	GCrSiWV		
其他轴承钢	50CrVA	中碳合金钢具有较好的综合力学性能(强韧性配合),调质处理后若进行表面强化,则疲劳性能和耐磨性改善	用于制造转速不高,较大载荷的特大型轴承(主要是内外套圈),如掘进机、起重机、大型机床上的轴承
	37CrA		
	5CrMnMo		
	30CrMo		

目前应用最多的滚动轴承钢是 GCr15,较大型滚动轴承采用 GCr15SiMn,其他还有 GCr9、GCr6、GCr9SiMn 等。为了节约 Cr 而研制的无铬滚动轴承钢有 GSiMnMoV、GSiMnMoVRe、GMnMoV 等,用以代替 GCr15 或 GCr15SiMn。新钢种的淬透性比 GCr15 高。疲劳强度、耐磨性、韧性都比 GCr15 好。其缺点是切削加工性稍差,易锈蚀,脱碳倾向较大。

滚动轴承钢除用作轴承外,还可用来制作精密量具、冷冲模、机床丝杠以及柴油机油泵上的精密偶件——喷油嘴等。

滚动轴承钢的应用举例如下。

零件名称:油泵偶件针阀体。

针阀体与针阀是内燃机油泵中一对精密偶件,阀体固定在汽缸头上,在不断喷油的情况下,针阀顶端与阀体端部有强烈的摩擦作用,而且阀体端部工作温度在 260℃ 左右。阀体与针阀要求尺寸精密而稳定,稍有变形就会引起漏油或出现卡死现象。因此,要求针阀体有高的硬度与耐磨性,高的尺寸稳定性。精密偶件针阀体结构图如图 7-16 所示。

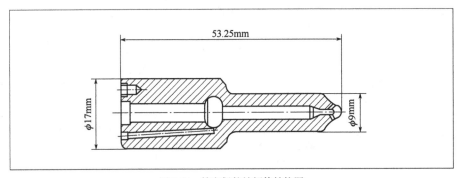

图 7-16 精密偶件针阀体结构图

热处理技术条件:62~64HRC,热处理变形度 <0.04mm。

用钢选择:一般选用 GCr15 钢。

针阀体的加工路线如下:

下料(冷拉圆钢)→机械加工→去应力→机械加工→淬火→冷处理→回火→时效→机械加工→时效→机械加工

去应力处理在 400℃ 下进行,以消除加工应力,减小变形。GCr15 钢制"针阀-针阀体"偶件的热处理工艺曲线如图 7-17 所示。

采用硝盐分级淬火,以减小变形。冷处理在 -60℃ 进行,其目的是减少残余奥氏体量,起到稳定尺寸的作用。回火温度为 170℃,以降低淬火及冷处理后产生的应力。第一次时效在回火后进行,加热温度为 130℃ 保温 6h,利用较低温度、较长时间的保温,使应力进一步降低,组织更加趋向稳定。第二次时效在精磨后进行,采用同上工艺,以便更进一步降低应力、稳定组织、稳定尺寸。

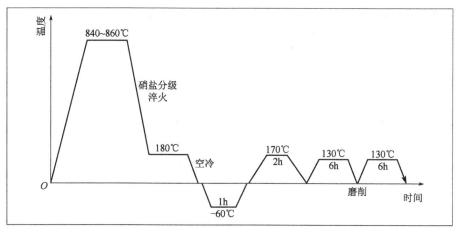

图 7-17　GCr15 钢制"针阀-针阀体"偶件的热处理工艺曲线

六、易切钢

易切钢是着重要求工艺性能的钢类,通过改善钢的被切削性来提高生产效率和改善产品质量。易切钢在被切削加工过程中,刀具寿命长,切削抗力小,加工表面粗糙度高,排除切屑容易。

在钢中附加某一种或某几种元素,使它成为容易被切削加工的钢,这类钢称为易切钢。目前常用的附加元素有硫、铅、钙、磷等。

硫在钢中与锰和铁可形成$(Mn \cdot Fe)S$夹杂物。它能破坏金属基体的连续性,相当于在金属基体上形成了无数个微小的缺口,从而减少了切削时使金属撕裂所需要的能量,切削加工时易断屑;同时硫的夹杂物还有润滑作用,降低切屑与刀具之间的摩擦系数,使切屑不黏附在刀刃上,故而能降低切削热,减少刀具磨损,提高表面粗糙度和刀具寿命,改善排屑性能。硫化物夹杂的形状与被切削性能也有密切的关系,呈圆形且分布均匀时,钢的切削加工性更好。低碳和中碳钢的切削加工性能通常是随着硫含量的提高而不断改善。但是钢中含硫量过多会导致热加工性能变坏,如:造成纤维组织,呈现各向异性,产生低熔点共晶,引起热脆等。因此,一般易切钢中含硫量限定在 0.08% ~ 0.30% 范围,同时应适当提高钢的含锰量(0.6% ~ 1.55%)以与含硫量相配合。

铅完全不溶解于钢中,当它以极细的分散颗粒均匀地分布在钢中时,能改善切削加工性。铅含量一般控制在 0.15% ~ 0.25%,含量过多将引起严重的铅偏析,形成粗粒的铅夹杂,从而降低对切削加工的有利作用。附加铅的易切钢对冷热加工性没有影响。与硫易切钢相比,铅易切钢可得到较高的机械性能。但是,铅易切钢容易产生比重偏析,并且在 300℃ 以上由于铅的熔化而使铅易切钢的机械性能下降。

此外,加入微量的钙(0.001% ~ 0.005%)能改善钢在高速切削下的切削加工性。这是因为钙在钢中能形成高熔点(1300 ~ 1600℃)的易切削夹杂物钙铝硅酸盐($mCaO \cdot Al_2O_3 \cdot nSiO_2$),它能依附在刀具上,构成薄而具有减摩作用的保护膜,从而减轻刀具磨损,显著地延长高速切削刀具的寿命。表 7-8 所列为几种常用易切钢的化学成分。

常用易切钢的化学成分　　　　　　　　表 7-8

钢号	化学成分(%)							
	C	Cr	Mn	Si	P	S	Pb	Ca
Y12	0.08~0.16	—	0.60~1.00	≤0.35	0.08~0-15	0.08~0.20	—	—
Y15	0.10~0.1S	—	0.70~1.10	≤0.20	0.05~0.10	0.20~0.30	—	—
Y20	0.15~0.25	—	0.60~0.90	0.15~0.35	≤0.06	0.08~0.15	—	—
Y30	0.25~0.35	—	0.60~0.90	0.15~0.35	≤0.06	0.08~0.15	—	—
Y40Mn	0.35~0.45	—	1.20~1.55	0.15~0.35	≤0.05	0.18~0.30	—	—
T10Pb	0.95~1.05	—	0.40~0.60	0.15~0.10	<0.03	0.035~0.045	0.15~0.25	—
40CrSCa	0.40	0.94	0.73	0.32	0.02	0.09		0.0028

易切钢的钢号可写成汉字或字母两种形式。汉字形式如易 12、易 20、易 40 锰等;字母形式如 Y12、Y20、Y40Mn 等。钢号冠以"易"或"Y",以区别于非易切钢,其后面数字表示万分之几的平均含碳量。锰含量较高者,在钢号后标出"锰"或"Mn"。T10Pb 表示平均含碳为 1.0% 的附加铅的易切碳素工具钢。Y40CrSCa 表示硫钙复合的易切 40Cr 合金调质钢。

Y12、Y15 钢用于在自动车床上加工形状复杂、强度要求不高的零件,如螺栓、螺母、小轴、销等小零件。这些零件可以进行渗碳。强度要求稍高的选用 Y20 或 Y30;需要焊接的尽量选用含硫含碳较低的 Y12。Y40Mn 用于制造不易加工的承受负荷较高的零件,如高强度螺栓,车床丝杠以及其他机床部件等。这些零件可以进行调质处理。加 Pb 或 Ca 后,只改善钢的被切削性,而对机械性能影响很小。T10Pb 相当于国外 17AP 类型钢,广泛用于精密仪表行业中,如制造手表、照相机的齿轮轴等。Y40CrSCa 可在比较广泛的切削速度范围内显示出良好的切削加工性。

七、超高强度钢

超高强度钢是一种较新发展的结构材料。随着航空航天技术的飞速发展,对结构轻量化的要求越加迫切,这就意味着材料应具有高的比强度和比刚度。超高强度钢就是在合金结构钢的基础上,通过严格控制材料的冶金质量、化学成分和热处理工艺而发展起来的以强度为首要要求辅以适当韧性的钢种。工程上一般将屈服强度超过 1380MPa 或抗拉强度超过 1500MPa 的钢称为超高强度钢,主要用于制造飞机起落架、机翼大梁、火箭及发动机壳体与武器的炮筒、防弹板等。

1. 性能要求

(1) 很高的强度和比强度(其比强度与铝合金接近)。为了保证极高的强度要求,这类钢材充分利用了马氏体强化、细晶强化、化合物弥散强化与固溶强化等多种机制的复合强化作用。

(2) 足够的韧性。评价超高强度钢韧性的合适指标是断裂韧性,而改善韧性的关键是提高钢的纯净度(降低 S、P 杂质含量和非金属夹杂物含量)、细化晶粒(如采用形变热处理工艺)并减小对碳的固溶强化的依赖程度(故超高强度钢一般是中低碳甚至是超低碳钢)。

2. 常用钢号及热处理

按化学成分和强韧化机制不同,超高强度钢可分为:低合金超高强度钢、二次硬化型超高强度钢、马氏体时效钢和超高强度不锈钢等四类。表 7-9 举了部分常用超高强度钢的钢号、热处理工艺和力学性能(具体成分见相应国家标准)。

部分常用超高强度钢的钢号、热处理工艺和力学性能　　　　表 7-9

种类与钢号	热处理工艺	$\sigma_{0.2}$ (MPa)	σ_b (MPa)	δ_5 (%)	ψ (%)	K_{IC} (MPa·m$^{1/2}$)
低合金超高强度钢 30CrMnSiNi2A 40CrNi2MoA	900℃油淬 260℃回火 840℃油淬 200℃回火	1430 1605	1795 1960	11.8 12.0	50.2 39.5	67.1 67.7
二次硬化型超高强度钢 4Cr5MoSiV 20Ni9Co4CrMo1V	1010℃空冷 550℃回火 850℃油冷 550℃回火	1570 1340	960 1380	12 15	42 55	37 143
马氏体时效钢 Ni18Co9Mo5TiAl(18Ni)	815℃固溶空冷 480℃时效	1400	1500	15	68	80~180
超高强度不锈钢 0Cr17Ni4Cu4Nb(17~4PH)	1040℃水冷 480℃时效	1275	1375	14	50	—

(1) 低合金超高强度钢。低合金超高强度钢是在合金调质钢基础上发展起来的。含碳量为 0.30%~0.45%、合金元素总量≤5%,常加入 Ni、Cr、Si、Mn、Mo、V 等元素。合金元素的作用是提高淬透性、回火稳定性和固溶强化。常经淬火(或等温淬火)、低温回火处理后,在回火马氏体(或下贝氏体+回火马氏体)组织状态下使用。此类钢的生产成本较低、用途广泛,可制作飞机结构件、固体火箭发动机壳体、炮筒、高压气瓶和高强度螺栓。典型钢种为 30CrMnSiNi2A。

(2) 二次硬化型超高强度钢。此类钢是通过淬火、高温回火处理后,析出特殊合金碳化物而达到弥散强化(即二次硬化)的超高强度钢。主要包括两类:Cr-Mo-V 型中碳中合金马氏体热作模具钢(4Cr5MoSiV,相当于美国钢号 H11、H13 钢)和高韧性 Ni-Co 型低碳高合金超高强度钢(如 20Ni9Co4CrMo1V 钢)。由于是在高温回火状态下使用,故此类钢还具有良好的耐热性。

(3) 马氏体时效钢。此类钢是超低碳高合金(Ni、Co、Mo)超高强度钢,具有极佳的强韧性。通过高温固溶处理(820℃左右)得到高合金的超低碳单相板条马氏体,然后再进行时效处理(480℃左右)析出金属间化合物(如 Ni3Mo)起弥散强化作用。这类钢不仅力学性能优良,而且工艺性能良好,但价格昂贵。主要用于制作固体火箭发动机壳体、高压气瓶等。

(4)超高强度不锈钢。在不锈钢基础上发展起来的超高强度不锈钢,具有较高的强度和耐蚀性。依据其组织和强化机制不同,也可分为马氏体沉淀硬化不锈钢、半奥氏体沉淀硬化不锈钢和马氏体时效不锈钢等。由于其 Cr、Ni 合金元素含量较高,故其价格也很昂贵,通常用于对强度和耐蚀性都有很高要求的零件。

7.3 合金工具钢

用来制造各种刃具、模具、量具等工具的合金钢称为合金工具钢。合金工具钢与合金结构钢由于用途不同,它们的化学成分也不同。

合金结构钢要求具有高的强度和韧性,即具有高的综合机械性能,因此钢的含碳量不太高,一般都是低碳或中碳,所加入的合金元素主要作用是强化铁素体基体,并增加钢的淬透性,如 Cr、Ni、Si、Mn 等。有些钢中也加入一些 V、Ti 等,其目的主要是细化晶粒。而合金工具钢则不同,它们主要要求高硬度和高的耐磨性。此外,对于切削刀具还要求具有很好的红硬性,即在高速切削的较高温度下仍保持高硬度的能力。因此,合金工具钢的含碳量比较高,一般都是高碳的,所加入的合金元素主要是使钢具有高硬度和高耐磨性,同时还能提高淬透性的一些碳化物形成元素,如 Cr、W、Mo、V 等。有些钢中也加入一些 Mn 和 Si,其目的主要是增加钢的回火稳定性,使其硬度值随着回火温度的上升而下降得慢些。

一、刃具钢

1. 工作条件及性能要求

刃具钢主要指制造车刀、铣刀、钻头等切削刀具的钢种。刃具的工作任务就是将钢材或坯料通过切削加工成为工件。在切削时,刃具受到工件的压力,刃部与切屑之间发生相对摩擦,产生热量而使温度升高;切削速度越大,温度越高,有时可达 500~600℃;此外,还承受一定的冲击和振动。根据刀具工作条件,对刃具钢提出如下性能要求。

(1)高硬度。

只有刃具的硬度大大高于被切削加工材料的硬度时,才能顺利地进行切削加工。切削金属材料的刃具硬度一般都在 60HRC 以上。刃具钢的硬度主要取决于马氏体中的含碳量,一般含碳量都要超过 0.65%,因此,刃具钢的含碳量都较高,在 0.65%~1.5%。

(2)高耐磨性。

刃具进行切削时,势必与被切削材料相互摩擦,要保持刃具刃口的锋利耐用和尺寸形状的精确,要求刃具钢要具有高的耐磨性。钢的耐磨性不仅取决于高硬度,而且与碳化物的性质、数量、大小和分布有关。实践证明,一定数量的硬而细小的碳化物均匀地分布在强而韧的金属基体上,可获得较为良好的耐磨性。

(3) 高的热硬性(又称红硬性)。

所谓热硬性,一般是指刃部受热升温时刃具钢仍能维持高硬度(≥60HRC)的能力。热硬性的高低与钢的回火稳定性和碳化物弥散沉淀等有关。若刃具钢加入 W、V、Nb 等合金元素,既能增加回火稳定性,又能形成弥散沉淀的碳化物,则将显著提高钢的红硬性。

(4) 一定的强度、塑性和韧性。

刃具在切削过程中,常受拉、压、弯、扭、冲击和振动等作用,为了保证刃具在使用过程中不崩刃或折断,要求刃具通过热处理后具有一定的强度、塑性和韧性。

2. 碳素刃具钢

如前所述,碳素刃具钢是含碳量 0.65%~1.30% 的碳钢,按其杂质含量的不同,可分为优质碳素刃具钢和高级优质碳素刃具钢,如 T7、T8、T10、T12 和 T7A、T8A、T10A、T12A 等。碳素刃具钢锻后硬度高,不易进行切削加工,有较大应力,应进行球化退火,即把钢加热到 $A_{C_1}+(20\sim30)$℃,保温后缓慢冷却,得到球状珠光体。为了获得高的硬度和耐磨性,碳素刃具钢必须进行淬火,淬火加热温度根据钢种来确定,一般为 $A_{C_1}+(30\sim50)$℃,由于碳钢的淬透性低,通常用水淬,获得在马氏体基体上均匀分布着小颗粒状的过剩碳化物和少量的残余奥氏体。为了消除内应力,减小钢的脆性,淬火后还应进行低温回火,回火温度在 180~200℃,此时淬火马氏体转变为回火马氏体,硬度为 60~62HRC。

碳素刃具钢价格便宜,加工性能良好,热处理后可获得高的硬度和耐磨性,广泛地用于制造各种工具、模具、量具,但是,碳素刃具钢也有很多弱点,如淬透性差、热处理变形大、回火抗力低、红硬性差等。所以一般不适宜用来做大截面、形状复杂和要求精度高的工具,以及高于 250℃ 状态下工作的刃具。为了克服上述缺点,应采用合金刃具钢。

3. 低合金刃具钢

在碳素刃具钢的基础上,加入一些合金元素,其含量少于 5%,称为低合金刃具钢。

低合金刃具钢除了高的含碳量之外,常加入 Cr、Mn、Si、Mo、V 等合金元素,这些元素可不同程度地提高钢的淬透性,同时 Cr、Mo、V 等是强碳化物形成元素,它们与碳形成的合金渗碳体(Fe、Cr)$_3$C 比一般渗碳体 Fe_3C 更加稳定和耐磨。Cr 和 Si 还能增加钢的回火稳定性。如图 7-18 所示,低合金刃具钢的基本热处理工序和碳素刃具钢大体相同,也是进行球化退火、淬火、低温回火。常用的低合金刃具钢有 9SiCr、9Mn2V、CrWMn 等。一般对于尺寸精度要求较高,形状较复杂或截面较大的刀具可选用低合金刃具钢来制造。

9SiCr 钢是在工厂中广泛应用的一种低合金刃具钢,适用于制造各种薄刃刀具,如板牙、丝锥、铰刀等。下面以 9SiCr 钢制造圆板牙为例,说明其加工工艺路线的安排和热处理工艺方法的选定。圆板牙的示意图如图 7-19 所示。

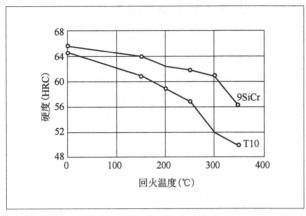 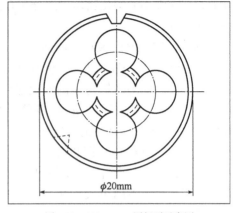

图 7-18 硬度随回火温度的变化　　　　图 7-19 M6×0.75 圆板牙示意图

圆板牙是用来切削外螺纹的薄刃刀具,特别要求刃具材料的碳化物分布要均匀,否则使用时易崩刃;板牙的螺距要求精密,热处理后齿形变形要小。圆板牙使用时螺纹直径和齿形部位容易磨损,因此还要求高的硬度(60～63HRC)和良好的耐磨性,以延长它的使用寿命。为了满足上述性能要求,选用 9SiCr 钢是比较合适的。

圆板牙生产过程的工艺路线如下:

下料→球化退火→机械加工→淬火+低温回火→磨平面→抛槽→开口

9SiCr 钢球化退火,一般采用如图 7-20 所示的等温退火工艺。退火后硬度在 197～241HBS 范围内,适宜机械加工。

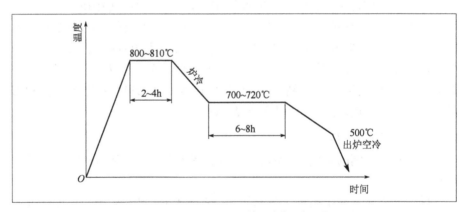

图 7-20　9SiCr 钢圆板牙等温球化退火工艺

淬火+低温回火的热处理工艺如图 7-21 所示。淬火加热前首先在 600～650℃预热,以减少高温停留时间,从而降低板牙的氧化脱碳倾向。9SiCr 钢合适的淬火温度为 850～870℃。当加热温度升高到 870℃以上时,一方面会使奥氏体晶粒显著长大,淬火后马氏体粗大,使钢的强度、韧性、塑性变坏;另一方面又会使残余奥氏体量增加。大量残余奥氏体的存在,不但使强度、硬度、耐磨性下降,而且在工具的使用过程中,奥氏体的逐渐转变,会使工具尺寸发生变化,这对精密工具来说是不允许的。加热后在 160～200℃的硝盐中进行等温淬火,使其发生下贝氏体组织转变,这样比用油淬可得到更好的韧性和硬度（60HRC 以上），并可减小变形。淬火后在 190~200℃ 进行低温回火，使其达到要求的硬度并降低残余内应力。

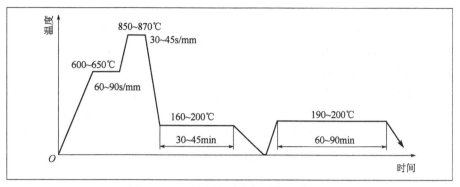

图 7-21　9SiCr 钢圆板牙淬火 + 低温回火工艺

二、高速钢

高速钢是一种高合金工具钢，钢中含 W、Mo、Cr、V 等合金元素，其总量超过 10%。用高速钢所制成的刀具，在切削时比一般低合金刃具钢刀具更加锋利，因此又称锋钢。高速钢更主要的特性是它具有良好的热硬性，当切削温度高达 600℃ 左右时，其硬度仍无明显下降，从而能比低合金刃具钢具有更高的切削速度，所以高速钢也就因此而得名。

现以应用较广泛的 W18Cr4V（亦简称 18-4-1）钢为例，说明各合金元素的作用。

(1) 碳：高速钢中含碳量较高。碳一方面要保证能与 W、Cr、V 等形成足够数量的合金碳化物；另一方面要有一定的碳量溶于高温奥氏体中，使淬火后获得含碳量过饱和的马氏体，以保证高硬度和高耐磨性，以及良好的热硬性。W18Cr4V 钢的含碳量为 0.70%~0.80%，若含碳量过低，钢的硬度、耐磨性以及热硬性降低；若含碳量过高，则碳化物不均匀性增加，钢的塑性降低，脆性增加，工艺性变坏。

(2) 钨：钨是使高速钢具有高的热硬性的主要元素。钨是一种强碳化物形成元素，它能形成稳定性很高的钨的特殊碳化物 Fe_4W_2C。在淬火加热时，一部分 Fe_4W_2C 溶于奥氏体，淬火后存在于马氏体中，提高了在以后回火时钢的回火稳定性，同时在回火过程中有一部分钨以 W_2C 的形式弥散沉淀析出，造成"二次硬化"。在淬火加热时，另一部分未溶的 Fe_4W_2C 还能阻止高温下奥氏体晶粒长大，由此可见，高的含钨量可提高钢的热硬性并减小其过热敏感性，但含钨量 >20% 时，钢中碳化物不均匀性增加，钢的强度及塑性降低；若含钨量减少，则碳化物总量减少，钢的硬度、耐磨性及热硬性将降低。

(3) 铬：高速钢中铬的含量大多在 4% 左右。铬的碳化物（$Cr_{23}C_6$）不像钨的碳化物那样稳定，在淬火加热时几乎全部溶解于奥氏体中，能增加钢的淬透性，并改善耐磨性和提高硬度。若含 Cr 量小于 4%，钢的淬透性达不到要求；而含 Cr 量大于 4% 时，则会增加钢在淬火后的残余奥氏体量，并使残余奥氏体稳定性增加，使钢的回火次数增多，而且也容易出现回火不足，从而降低刃具性能和缩短刃具使用寿命。

(4) 钒：钒与碳的结合力比钨与碳的结合力还要大，所形成的碳化物 V_4C_3

(或 VC)比钨碳化物更稳定,在淬火加热到 1200℃ 以上才开始明显溶解,故能显著阻碍奥氏体晶粒长大。V_4C_3 硬度可达 ≥83HRC,大大超过钨碳化物硬度(73~77HRC),其颗粒非常细小,分布又十分均匀,因此改善了钢的硬度、耐磨性和韧性。在回火时钒还能引起"二次硬化"现象;与钨相比,钒对高速钢的热硬性影响较小。高速钢的含钒量一般为 1%~2%,特殊的为 3%~4%。高钒高速钢磨削加工性不好,不宜制作成型刃具。

(5)钼:钼在高速钢中主要形成 Fe_4Mo_2C 型碳化物,和钨的作用相同,都可使高速钢获得高的热硬性。钨、钼可以互相代替,1% 的 Mo 可以代替 2% 的 W。相比之下,钼高速钢的加工工艺性好,广泛地用于制造扭制钻头。但其缺点是过热敏感性大,淬火温度范围小,氧化脱碳倾向大。

下面再以 W18Cr4V 钢制造的盘形齿轮铣刀为例,说明其工艺路线的安排和热处理工艺方法的选定。盘形齿轮铣刀示意图如图 7-22 所示。

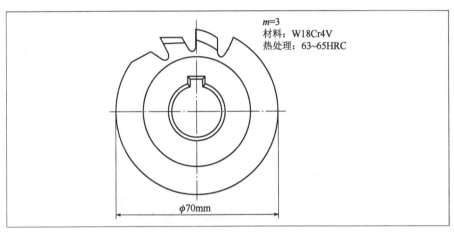

图 7-22 盘形齿轮铣刀示意图

盘形齿轮铣刀生产过程的工艺路线如下:

下料→锻造→退火→机械加工→淬火+回火→喷砂→磨加工→成品

高速钢的铸态坯料组织中具有鱼骨骼状碳化物,W18Cr4V 钢的铸态组织如图 7-23 所示。这些碳化物不但粗大,而且分布不均匀,从而使刀具的强度、硬度、耐磨性、韧性和热硬性均降低,导致了刀具在使用过程中容易崩刃和磨损变钝而早期失效。然而,这些粗大的碳化物不能用热处理的方法来消除,只能用锻造的方法将其打碎,并使其分布均匀。锻造退火后的显微组织由索氏体和分布均匀的碳化物所组成,W18Cr4V 钢锻造退火后的组织如图 7-24 所示。由此可见,高速钢坯料的锻造,不仅是为了成型,而且也是为了打碎粗大的鱼骨骼状碳化物,并使这些碳化物分布均匀。另外,由于高速钢属于高碳高合金钢,塑性和导热性均较差,而且具有很高的淬透性,在空气中冷却也可以得到马氏体组织。因此,高速钢坯料锻造后通常采取埋在砂中缓慢冷却,以免产生裂纹。这种裂纹在以后的热处理时会进一步扩展,从而导致整个刀具开裂报废。锻造时如果停锻温度过高(>1000℃),变形度不大,会造成晶粒不正常长大而出现"萘状断口"(图 7-25)。

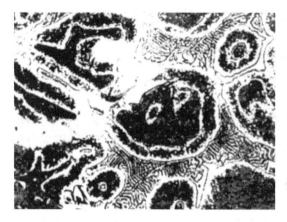
图7-23 W18Cr4V钢的铸态组织(500×)

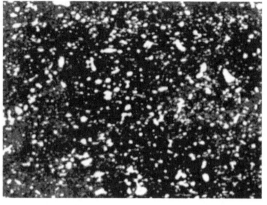
图7-24 W18Cr4V钢锻造退火后的组织(500×)

高速钢锻造后必须进行退火,以降低硬度(退火后硬度为207~255HBS),并为随后的淬火回火作好组织准备。为了缩短时间,一般采用等温退火。W18Cr4V钢锻件在电炉中的退火工艺如图7-26所示。退火以后就可直接进行机械加工,但是为了使齿轮铣刀在铲削后齿面有较高的粗糙度,在铲削前还须增加调质处理工序,即在900~920℃加热,油中冷却,然后在700~720℃回火1~3h。调质后的组织为回火索氏体+碳化物,其硬度为26~32HRC。

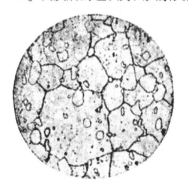
图7-25 高速钢萘状断口金相组织(500×)

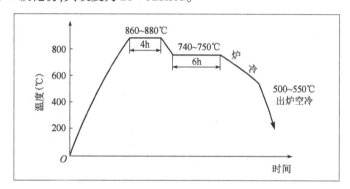
图7-26 W18Cr4V钢锻件在电炉中的退火工艺

W18Cr4V钢制盘形齿轮铣刀的淬火回火工艺如图7-27所示。

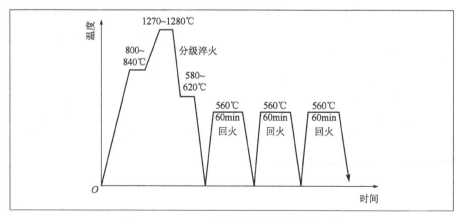
图7-27 W18Cr4V钢盘形齿轮铣刀淬火回火工艺

预热：由于高速钢是高碳高合金钢，导热性差、塑性低，而且高速钢的淬火加热温度又很高，为了避免骤然加热至淬火温度而产生过大的内应力，使刀具变形或开裂，W18Cr4V 钢盘形齿轮铣刀在加热到淬火温度之前先要进行一次预热(800～840℃)。对于大型或形状复杂的工具，还要采用两次预热。

加热温度：高速钢的热塑性主要取决于马氏体中合金元素的含量，即取决于加热时溶于奥氏体的合金元素的多少。淬火加热温度对奥氏体成分的影响很大，如图 7-28 所示。由图可知，对 W18Cr4V 钢热硬性影响最大的两个元素——W 及 V，在奥氏体中很难溶解，只有在 1000℃ 以上时溶解度才有明显增加，在 1270～1280℃ 时，奥氏体中含有 7%～8% W，4% Cr，1% V。淬火加热温度再高，奥氏体晶粒就会迅速长大，淬火后的残余奥氏体数量也会迅速增多，从而降低高速钢性能。因而 W18Cr4V 钢淬火加热温度一般取 1270～1280℃ 为宜。

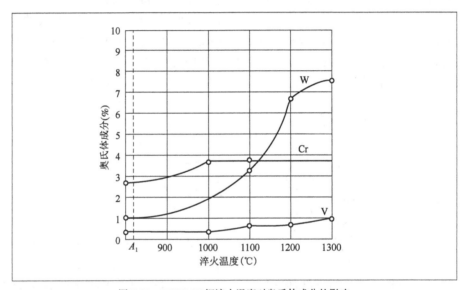

图 7-28　W18Cr4V 钢淬火温度对奥氏体成分的影响

冷却：根据刀具的形状、尺寸不同，可以采取不同的淬火冷却方法。高速钢具有很高的淬透性，中小型工具甚至在空气中冷却也能淬火得到马氏体，但由于在空气中淬火时工具表面易产生氧化腐蚀，析出二次网状碳化物而降低刀具的硬度和热硬性，故一般都不在空气中淬火。对于小型或形状简单的刀具可采用油淬。形状复杂或要求变形小的刀具，常不用分级淬火方法，即首先在 580～620℃ 中性盐浴中使工件内外温度均匀，然后取出在空气中自然冷却而转变成马氏体。淬火后的组织如图 7-29 所示，在白亮的马氏体和残余奥氏体的基体上分布着较大块的一次碳化物和细小球状的二次碳化物，能见到原奥氏体晶界，但看不到马氏体针的形态。

回火：W18Cr4V 钢硬度与回火温度的关系如图 7-30 所示。

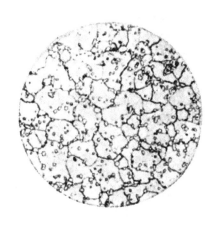 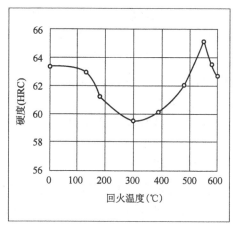

图7-29　W18Cr4V钢淬火后的组织(500×)　　图7-30　W18Cr4V钢硬度与回火温度的关系

由图可知,在550~570℃回火时硬度最高。其原因有二:①在此温度范围内,钨及钒的碳化物(WC、VC)呈细小分散状从马氏体中沉淀析出,这些碳化物很稳定,难以聚集长大,从而提高了钢的硬度,这就是所谓的"弥散硬化";②在此温度范围内,一部分碳及合金元素从残余奥氏体中析出,从而降低了残余奥氏体中碳及合金元素含量,提高了马氏体转变温度,当随后回火冷却时,就会有部分残余奥氏体转变为马氏体,使钢的硬度得到提高。由于以上原因,在回火时便出现了硬度回升的"二次硬化"现象。

为什么又要进行三次回火呢？因为W18Cr4V钢在淬火状态有20%~25%的残余奥氏体,仅靠一次回火难以消除,因为淬火钢中的残余奥氏体在随后的回火冷却过程中才能向马氏体转变。回火次数越多,提供冷却的机会就越多,就越有利于残余奥氏体向马氏体转变,从而减少残余奥氏体量(残余奥氏体一次回火后约剩15%,二次回火后剩3%~5%,第三次回火后约剩2%)。而且,后一次回火还可以消除前一次回火由于残余奥氏体转变为马氏体所产生的内应力。W18Cr4V钢淬火回火后的组织如图7-31所示。它由回火马氏体+少量残余奥氏体+碳化物所组成。

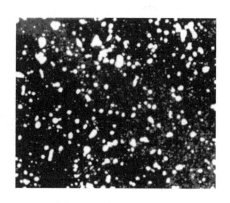

图7-31　W18Cr4V钢淬火回火后的组织(500×)

目前在生产中广泛应用的另一种高速钢是W6Mo5Cr4V2(简称6-5-4-2),这种钢的热塑性、使用状态的韧性、耐磨性等均优于W18Cr4V钢,而二者热硬性不相上下,并且这种钢的碳化物细小,分布均匀,比重小,价格便宜;但磨削加工性稍次于W18Cr4V,脱碳敏感性较大。其合适的淬火温度为1220~1240℃。这种钢适合于制造要求耐磨性和韧性很好配合的高速切削刀具(如丝锥、钻头等)。

高速钢是一种较贵重的工具钢,应尽量节约使用,并充分提高它的性能,目前所采取的措施有以下几方面:

第7章　合金钢　　173

(1) 改进刀具设计和制造工艺,如对于直径 10mm 以上的钻头,常采用 45 钢接柄;对于直径 600mm 以上的锯片,可用高速钢镶齿等。

(2) 尽可能采用铸造高速钢和粉末冶金高速钢刀具,充分利用高速钢料头及切屑等废料,并提高其性能。

(3) 应用表面化学热处理工艺方法(如蒸气处理、软氮化及硫氮共渗等)进一步提高刀具的使用寿命,充分发挥高速钢的性能潜力。

三、模具钢

用于制造冷作模具和热作模具的钢种,通常称为模具钢。由于冷作模具和热作模具的工作条件不同,因而对模具钢性能要求也不同,分别叙述如下。

1. 冷作模具钢

冷作模具钢是用来制造在冷态下使金属变形的模具钢种,如冷冲模、冷镦模、冷挤压模以及拉丝模、滚丝模、搓丝板等。由其工作条件可知,冷作模具钢要求具有高的硬度(表 7-10),高的耐磨性和高的淬透性,以及足够的强度和韧性。

冷作模具对硬度的要求　　　　　　　　　表 7-10

模型	要求硬度(HRC)							
	硅钢片冲模	薄钢板冲模	厚钢板冲模	拔丝模	剪刀	φ5mm 以下小冲头	挤铜铝冷挤模	挤钢冷挤模
凸模	58~60	58~60	56~58	—	54~58	56~58	60~64	60~64
凹模	60~62	58~60	56~58	>64	—	—	60~64	58~60

为了保证模具经过热处理后获得高硬度和高耐磨性,冷作模具钢含有比较高的含碳量,此外,还加入一定量的合金元素(如 Cr、Mn、Si、W、Mo、V 等),其作用与刃具钢相似,主要是为了提高钢的淬透性,耐磨性及减小变形等。

一般受力不大、形状简单、尺寸又小的模具可选用淬透性较低的碳素工具钢(如 T10、T11、T12 等)。尺寸较大、形状复杂的模具,可选用淬透性较好的高碳低合金模具钢(如 9Mn2V、CrWMn 等)。尺寸很大、形状又很复杂的模具,可选用高碳高铬模具钢[如 Cr12 型钢(Cr12、Cr12MoV)等]。各种冷作模具钢的选用举例见表 7-11。

现以 Cr12MoV 钢为例,说明合金元素的作用及热处理特点。

Cr12MoV 钢的化学成分为:1.45%~1.70% C,11.00%~12.50% Cr,0.40%~0.60% Mo,0.15%~0.30% V。主要元素的作用如下:

(1) 碳:由于高的含碳量,能与 Cr、Mo、V 形成足够数量的合金碳化物;另外有一定的碳量溶入高温奥氏体中,淬火后可得到含碳量过饱和的马氏体,从而保证了 Cr12MoV 钢的高硬度、高耐磨性和一定的热硬性。

冷作模具钢选用举例 表7-11

冲模种类	钢号			备注
	简单(轻载)	复杂(轻载)	重载	
硅钢片冲模	Cr12,Cr12MoV,Cr6WV	同左	—	因加工批量大,要求寿命较长,故均采用高合金钢
冲孔落料模	T10A,9Mn2V	9Mn2V,Cr6WV,Cr12MoV	Cr12MoV	—
压弯模	T10A,9Mn2V	—	Cr12,Cr12MoV,Cr6WV	—
拔丝拉伸模	T10A,9Mn2V	Cr12,Cr12MoV		—
冷挤压模	T10A,9Mn2V	9Mn2V,Cr12MoV,Cr6WV	Cr12MoV,Cr6WV	要求热硬性时还可选用W18Cr4V,W6Mo5Cr4V2
小冲头	T10A,9Mn2V	Cr12MoV	W18Cr4V,W6Mo5Cr4V2	冷挤压钢件,硬铝冲头还可选用超硬高速钢、基体钢
冷镦(螺钉、螺母)模,冷镦(轴承钢、球钢)模	T10A,9Mn2	—	Cr12MoV,8Cr8Mo2SiV,Cr12MoV,W18Cr4V-Cr4W2MoV,8Cr8Mo2SiV2,基体钢①	—

注:①基体钢指5Cr4W2Mo3V、6Cr4Mo3Ni2WV、55Cr4WMo5VCo8,它们的成分相当于高速工具钢在正常淬火状态的基体成分。这种钢过剩碳化物数量少、颗粒细、分布均匀,在保证一定耐磨性和热硬性条件下,显著改善抗弯强度和韧性,淬火变形也较小。

(2) 铬:Cr是Cr12MoV钢的主要元素。铬与碳所形成的Cr_7C_3或$(Cr、Fe)_7C_3$合金碳化物具有很高的硬度(约1820HV),可极大地增加钢的耐磨性。和在其他钢中一样,Cr也能改善钢的淬透性,可使截面厚度≤300~400mm的模具在油中淬火能全部淬透,以致使Cr12MoV钢获得高的强度。此外,由于铬使Cr12MoV钢在淬火后存在较多的残余奥氏体,因而用Cr12MoV钢制成的模具在淬火时可达到微变形。铬也能提高合金钢的回火稳定性,同时产生二次硬化现象。

(3) 钼、钒:它们除能改善Cr12MoV钢的淬透性和回火稳定性外,还能细化晶粒,改善碳化物的不均匀性,从而提高钢的强度和韧性。

图7-32所示为冲孔落料模,因其工作条件繁重,对凸模(图7-32a)和凹模(图7-32b)均要求有高的硬度(58~60HRC)和高的耐磨性,以及足够的强度和韧性,并要求淬火时变形小。据此,采用Cr12MoV钢制造是比较合适的。为了满足上述性能要求,根据冲孔落料模规格和Cr12MoV钢成分的特点来选定热处理工艺方法和安排工艺路线。

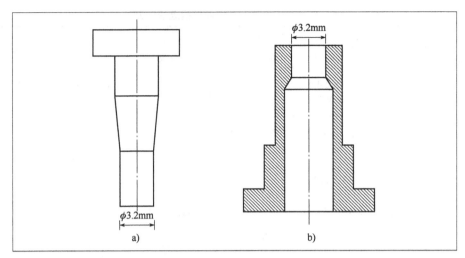

图 7-32 冲孔落料模

Cr12MoV 钢制冲孔落料模生产过程工艺路线如下：

锻造→退火→机械加工→淬火、回火→精磨或电火花加工→成品

Cr12MoV 钢类似于高速钢，也需要反复地锻打，把大块的碳化物击碎，锻造后也要进行球化退火，以便降低硬度，利于切削加工。经机械加工后进行淬火、回火处理，其工艺如图 7-33 所示。

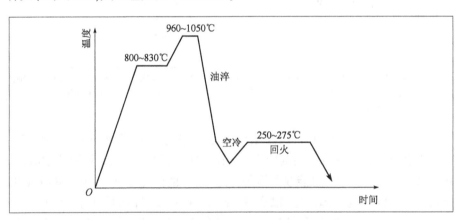

图 7-33　Cr12MoV 钢制冲孔和落料模具淬火回火工艺

2. 热作模具钢

热作模具是在受热状态下对金属进行变形加工的一种模具，如热锻模、热挤压模、高速锻模等。根据热作模具的工作条件，对热作模具钢提出如下性能要求：

(1) 它在工作中承受压应力、张应力、弯曲应力及冲击应力，还承受强烈的摩擦，因此它必须具有高的强度和韧性，同时还应有足够的硬度和耐磨性。

(2) 它经常接触炽热金属，因此要求具有高的回火稳定性，以便在高温下仍能保持高的强度和韧性。

(3) 由于它在工作中反复受到炽热金属的加热和冷却介质(水、油、空气)

的交替作用,容易产生"龟裂"现象,即所谓的"热疲劳",因此它必须具有抗热疲劳能力。

(4)由于热作模具一般尺寸较大,所以还应具有高的淬透性和导热性。

最常用的热作模具钢有 5CrMnMo 和 5CrNiMo 等。目前一般中小型热锻模具都采用 5CrMnMo 钢来制造。大型热锻模具采用 5CrNiMo 钢制造,5CrMnMo 钢和 5CrNiMo 钢的化学成分见表 7-12。

5CrMnMo 钢和 5CrNiMo 钢的化学成分　　表 7-12

钢号	化学成分(%)					
	C	Cr	Mn	Mo	Ni	Si
5CrMnMo	0.50~060	0.60~0.90	1.20~1.60	0.15~0.30	—	0.25~0.60
5CrNiMo	0.50~0.60	0.50~0.80	0.50~0.80	0.15~0.30	1.40~1.80	≤0.40

主要元素的作用如下。

(1)碳:规定为 0.50~0.60% C,含碳量太低则不能保证一定的强度、硬度和耐磨性;含碳量太高又使韧性和导热性降低。

(2)铬:主要是提高淬透性,并能提高回火稳定性,形成的合金碳化物还能提高耐磨性,并使钢具有热硬性。

(3)镍:镍与铬共同作用能显著提高淬透性,Ni 固溶于铁素体中,在强化铁素体的同时还增加钢的韧性。

(4)锰:在提高淬透性方面不亚于镍,但 Mn 固溶于铁素体中,在强化铁素体的同时使钢的韧性有所降低。

(5)钼:其主要作用是防止产生第二类回火脆性。另外钼也有细化晶粒,增加淬透性,提高回火稳定性等作用。

现以 5CrMnMo 钢制扳手热锻模(图 7-34)为例,说明其工艺路线的安排和热处理工艺方法的选定。

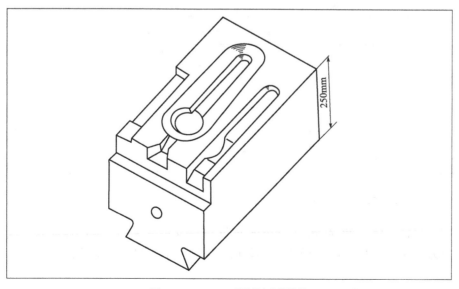

图 7-34　5CrMnMo 钢制扳手热锻模

热锻模生产过程的工艺路线如下：

锻造→退火→粗加工→成型加工→淬火、带温回火→精加工（修型，抛光）

5CrMnMo 钢制热锻模淬火、回火工艺如图 7-35 所示。

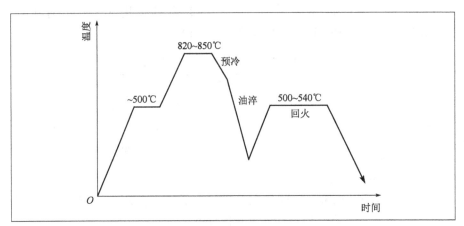

图 7-35　5CrMnMo 钢制热锻模淬、回火工艺

表 7-13 列出了模具硬度与回火温度的关系。表 7-14 列出了不同尺寸模具要求的模面和模尾的硬度。一般情况下，在同一模具上，模面（即型腔）所要求的硬度比模尾（与燕尾槽相配合的部位）高些。这是因为模面是工作部位，硬度高些免得压塌；模尾是装配连接部分，硬度低些免得断裂。

模具硬度与回火温度的关系　　　　　　　表 7-13

回火温度（℃）	回火后硬度（HRC）
380 ~ 400	48 ~ 52
480 ~ 500	44 ~ 48
500 ~ 540	40 ~ 44
560 ~ 580	36 ~ 40

模具的硬度要求　　　　　　　表 7-14

模具高度	要求的硬度（HRC）	
	模面	模尾
<250mm 小型模具	47 ~ 41	39 ~ 35
250 ~ 400mm 中型模具	44 ~ 39	37 ~ 33
>400mm 大型模具	39 ~ 35	33 ~ 26

查表 7-14 可知，高度为 250mm 的 5CrMnMo 钢扳手热锻模的模面硬度规定为 44 ~ 39HRC，再查表 7-13 可知，这个硬度可采用 500 ~ 540℃ 温度回火后获得。

各类热作模具选用的材料举例见表 7-15。

模具选材举例　　　　　　　　　　　　　　　　　　　　　　表 7-15

名称	类型	选材举例	硬度(HRC)
锻模	高度<250mm 小型热锻模	5CrMnMo,5Cr2MnMo	39~47
	高度 250~400mm 中型热锻模		
	高度>400mm 大型热锻模	5CrNiMo,5Cr2MnMo	35~39
	寿命要求高的热锻模	3Cr2W8V,4Cr5MoSiV,4Cr5W2SiV	40~54
	热锻模	4Cr3W4MoVTiNb,4Cr5MoSiV,4Cr5W2SiV,3Cr3MoV,基体钢	39~54
	精密锻造或高速锻模	3Cr2W8V 或 4Cr5MoSiV,4Cr5W2SiV,4Cr3W4Mo2VTiNb	45~54
压铸模	压铸锌、铝、镁合金	4Cr5MoVSi,4Cr5W2SiV,3Cr2W8V	43~50
	压铸铜和黄铜	4Cr5MoSiV,4Cr5W2SiV,3Cr2W8V 钨基粉末冶金材料,钼、钛、锆难熔金属	—
	压铸钢铁	钨基粉末冶金材料,钼、钛、锆难熔金属	—
挤压模	温挤压和温镦锻(300~800℃)	8Cr8Mo2SiV,基体钢	—
	热挤压	挤压钢、钛或镍合金用 4Cr5MoSiV,3Cr2W8V(>1000℃)	43~47
		挤压铜或铜合金用 3Cr2W8V(<1000℃)	36~45
		挤压铝,镁合金用 4Cr5MoSiV,4Cr5W2SiV(<500℃)	46~50
		挤压沿用 45 号钢(<100℃)	16~20

注:1.5Cr2MnMo 为堆焊锻模的堆焊金属牌号,其化学成分为:0.43%~0.53% C,1.80%~2.20% Cr,0.60%~0.90% Mn,0.80%~1.20% Mo;
　2.所列热挤压温度均为被挤压材料的加热温度。

下面有几点需要加以说明:

(1)在箱式炉中加热时为了防止模面氧化和脱碳,常采用各种措施加以保护。如放于保护气氛中加热或在模面涂一层用硼酸与酒精构成的过饱和溶液等。

(2)为了减小锻模的变形和开裂,从炉中取出后需要进行预冷,以减小温差,一般预冷到 750~780℃入油。

(3)锻模在油中不能冷到室温,不然易开裂。其温度为 200℃ 左右,然后立即进行回火。经 500~600℃ 回火后,硬度为 41~44HRC。一般认为这样的硬度是比较合适的,虽然硬度值不太高,但冲击韧性有很大提高,因此模具寿命大大延长。

四、量具钢

量具包括各种量规、块规、卡尺等量度尺寸和形状的工具。

1. 对量具钢的性能要求

(1) 由于量具使用过程中经常与工件接触和摩擦,为了保证量具的测量精度,量具钢应有高的硬度($\geqslant 62$HRC)和耐磨性;

(2) 为了保证量具在保存期间不产生形状、尺寸变化而丧失其精度,量具钢应具有高的尺寸稳定性;

(3) 要求有好的加工性。

2. 量具用钢及热处理

由于量具用途不同和所要求的精度不同,因而所选用的钢种和热处理也不同。

凡尺寸小、形状简单、精度较低的量具如量规、样套等,一般用碳钢制造,可用 T10A,T12A 等高碳工具钢经淬火低温回火后使用。有时也可用 15、20 等低碳钢渗碳淬火,或用中碳钢 50、60 等经高频淬火处理来制造精度不高,但使用频繁,碰撞后不致折断的卡板、样板、直尺等量具。

凡形状复杂、高精度的精密量具如塞规、块规等常用热处理变形小的钢(如 CrMn、CrWMn、GCr15 等)制造。

现以 CrWMn 钢为例,说明其元素作用。

(1) 碳:钢中含有较高的含碳量(0.90%~1.05%C),主要是为了形成足够数量的渗碳体和获得含碳过饱和的马氏体组织,以保证高的硬度和高的耐磨性。

(2) 合金元素:常加入 Cr、W、Mn 等合金元素,在 CrWMn 钢中含 0.90%~1.20% Cr、1.20%~1.60% W、0.80%~1.10% Mn,它们增加钢的淬透性,可采用缓和的介质淬火,减小热处理变形;它们降低 M_s 点,使残余奥氏体量增加,也能减小钢的淬火变形。另外,Cr、W、Mn 等融入渗碳体,形成合金渗碳体而提高钢的硬度和耐磨性。

下面以 CrWMn 钢制造的块规为例,说明其工艺路线的安排和热处理工艺方法的选定。

块规(图 7-36)是机械制造工业中的标准量块,用它来测量及标定线形尺寸。

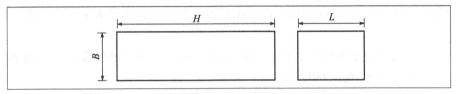

图 7-36 块规示意图
B-厚度;H-长度;L-宽度

CrWMn 钢制块规生产过程的工艺路线如下:

锻造→球化退火→机械加工→淬火→冷处理→回火→粗磨→低温人工时效处理→精磨→去应力回火→研磨

CrWMn 钢锻造后球化退火,其工艺为:780~800℃加热,690~710℃等温保温,退火后硬度为 217~255HBS。

CrWMn 钢制块规退火后的热处理工艺如图 7-37 所示。

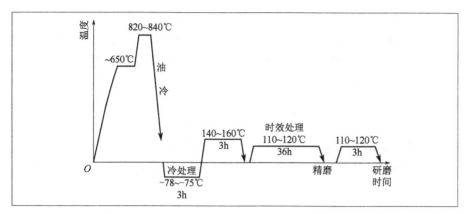

图 7-37　CrWMn 钢制块规退火后的热处理工艺

CrWMn 钢制块规的热处理特点,主要是增加了冷处理和时效处理,其目的是保证块规具有高的硬度(62~65HRC)、耐磨性和长期的尺寸稳定性。

量具在保存和使用过程中的尺寸变化,主要是由于以下几方面原因引起的:

(1) 残余奥氏体继续转变为马氏体而引起尺寸的膨胀;

(2) 马氏体继续分解,它的正方度减小而引起尺寸的收缩;

(3) 残余应力松弛造成的弹性变形,部分地转变为塑性变形,从而引起尺寸的变化。

采用淬火冷却以后 -78~-75℃、3h 的冷处理,可以使淬火后的残余奥氏体继续转变为马氏体,减少了残余奥氏体量,进行 110~120℃、36h 的长时间低温人工时效处理,有利于使冷处理后尚存的极少量残余奥氏体得到稳定,并且还可以使马氏体正方度和残余应力减小至最低限度,从而使 CrWMn 钢制块规获得高的硬度、耐磨性和尺寸的长期稳定性。

冷处理后的低温回火(140~160℃、3h),是为了减小冷处理时所产生的内应力。精磨后又进行 110~120℃、3h 的低温回火处理,是为了消除新生的磨削应力,使量具的残余应力保持在最小限度。

五、特殊性能钢

所谓特殊性能钢是指具有特殊的化学和物理性能的钢。常用的特殊性能钢包括不锈钢、耐热钢、耐磨钢和低温钢等。

(一) 不锈钢

在腐蚀介质中具有高的抗腐蚀性能的钢称为"不锈钢"。不锈钢应具有抵抗空气、水、酸、碱、盐类溶液或其他介质等腐蚀作用的能力。

1. 金属腐蚀的概念

所谓腐蚀乃是金属与其周围的化学介质接触时，因表面与化学介质发生化学的或电化学的作用而引起的表面破坏过程。

腐蚀基本上有两种形式：化学腐蚀、电化学腐蚀。

化学腐蚀是金属与外界介质发生纯化学作用而被腐蚀。金属在电解质（酸、碱、盐类）溶液中由于原电池作用而引起的腐蚀称为电化学腐蚀。在电化学腐蚀过程中有电流产生。这里着重分析电化学腐蚀。

金属在电解质溶液中，其表层就有一小部分原子脱离金属进入电解质内，使金属带负电荷，而直接与金属接触的溶液层带正电荷，因此，金属与电解质溶液的接触面间就产生了电位差，这种电位差被称为电极电位。

当两种金属相互连接而放入电解质溶液时，由于两者的电极电位不同，彼此之间就会形成一个原电池（或微电池），而有电流产生。电极电位较低的金属为阳极（原电池的负极），将不断被腐蚀；而电极电位较高的金属为阴极（原电池的正极），将受到保护。

电化学腐蚀不只在两种金属之间产生，同样在同一金属内部产生，如有两种以上不同组织，也会形成原电池而引起电化学腐蚀。珠光体中有电极电位不同的两个相——铁素体及渗碳体。若将它置于硝酸酒精溶液中，则铁素体相的电极电位较负，成为阳极而被腐蚀，渗碳体相的电极电位较正，成为阴极而不被腐蚀。这样就使原来已经被抛光的磨面变得凹凸不平，如图 7-38 所示。图中凸出部分为渗碳体，凹陷部分为铁素体，二者相比，电极电位较高的渗碳体具有较好的耐蚀性。由两相组成的组织越细，所能形成的原电池数目就越多，在相同条件下，就越容易发生电化学腐蚀，即它的耐蚀性越差。

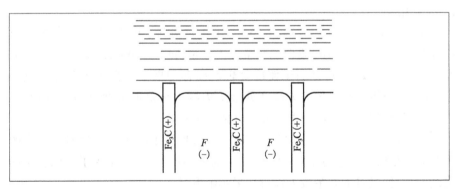

图 7-38　片状珠光体电化学腐蚀结果示意图

由上述可知，要提高金属的耐蚀性，一方面要尽量使合金在室温下呈单一且均匀的组织结构，另一方面更重要的是提高合金本身的电极电位。

钢中加入一定量的铬会使电极电位提高。实践证明：在铁中加入大于 11.6% 的铬后，铁的电极电位由 −0.56V 升高至 0.2V，如图 7-39 所示，因此其耐蚀性显著提高。

在不锈钢中同时加入铬和镍，可形成单一的奥氏体组织，使不锈钢具有优良的耐蚀性。

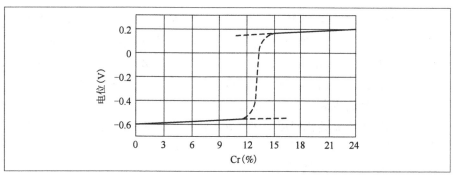

图 7-39 铁铬合金的电极电位(大气条件)

2. 常用不锈钢

(1) 铬不锈钢。

这类钢的主要牌号有 1Cr13、2Cr13、3Cr13、4Cr13、1Cr17 等,其化学成分、热处理、组织、机械性能及用途见表 7-16。

常用铬不锈钢的化学成分、热处理、组织、机械性能及用途　　表 7-16

类别	钢号	化学成分(%)		热处理	组织	机械性能						用途举例
		C	Cr			σ_b (MN/m²)	σ_s (MN/m²)	δ (%)	ψ (%)	A_k (J)	硬度 (HRC)	
马氏体型	1Cr13	0.08~11.15	12~14	1000~1050℃ 油或水淬 700~790℃ 回火	回火索氏体	≥600	≥420	≥20	≥60	≥72	187HB	制作能抗弱腐蚀性介质、能承受冲击负荷的零件,如汽轮机叶片、水压机阀、结构架、螺栓、螺母等
	2Cr13	0.16~0.24	12~14	1000~1050℃ 油或水淬 700~790℃ 回火	回火索氏体	≥660	≥450	≥16	≥55	≥64	—	制作具有高硬度和耐磨性的医疗工具、量具,滚珠轴承等
	3Cr13	0.25~0.34	12~14	1000~1050℃ 油淬 200~300℃ 回火	回火马氏体	—	—	—	—	—	48	—
	4Cr13	0.35~0.45	12~14	1000~1050℃ 油淬 200~300℃ 回火	回火马氏体	—	—	—	—	—	50	制作切削工具、冷冲、模具、滚动轴承和渗碳零件等
铁素体型	1Cr17	≤0.12	16~18	750~800℃ 空冷	铁素体	≥400	≥250	≥20	≥50	—	—	制作硝酸工业设备如吸收塔、热交换器、酸槽、输送管道,以及食品工厂设备

第 7 章　合金钢

Cr13 型不锈钢中平均含 Cr 量为 13%。铬不锈钢能在阳极(负极)区表面上形成一层富 Cr 的氧化物保护膜,这层氧化膜会阻碍阳极区域的电化学反应,并能增加钢的电极电位而使其电化学腐蚀过程减缓,从而使含铬不锈钢获得一定的耐蚀性。这种由于金属中阳极区域的电化学反应受到阻碍而使金属耐蚀性提高的现象称为"钝化"。

铬不锈钢主要靠钝化膜起保护作用,所以只有在氧化性介质中,如大气、海水、蒸汽等中才具有高的耐蚀性,相反在硫酸、盐酸、熔融碱液中由于不能很好地建立起钝化膜,因而耐蚀性很差。此即说明,不锈钢的所谓"不锈"是相对、有条件的。

铬不锈钢随着钢中含碳量的增加,其耐蚀性下降,原因为:

① 含碳量增加,铬碳化物 $(Cr、Fe)_{23}C_6$ 增多,相应地使基体中含铬量减少,铬增加钢的耐蚀性的作用降低。

② 铬碳化合物与基体具有不同的电极电位,它们彼此间形成原电池,随着钢中含碳量增加,所形成的原电池数目相应增多,钢的电化学腐蚀增加。

Cr13 型不锈钢由于加入了大量的铬元素,淬透性很高,锻造空冷后组织中也出现马氏体,所以也称为马氏体型不锈钢。同时由于高的含铬量,使 Fe-Fe_3C 相图共析点向左移,即含 12% Cr 钢,其共析点含碳量左移为 0.3% 左右,因此,一般把生产上用的 1Cr13 和 2Cr13 钢当作亚共析钢,用于要求韧性较高与受冲击载荷下的耐腐蚀的结构钢零件,如汽轮机叶片、水压机阀、结构架、螺栓、螺母等。二者相比,2Cr13 钢的强度稍高而耐蚀性差些。它们都是在调质状态下使用的,组织为回火索氏体,具有良好的综合机械性能,又具有良好的耐蚀性。同样,一般把生产上用的 3Cr13 和 4Cr13 钢当作共析钢和过共析钢,3Cr13 钢用于制造要求弹性较好的夹持器械,如各种手术钳及医用镊子等;4Cr13 由于其 Cr 含量稍高,故适用于制造要求较高硬度和耐磨性的医用外科刃具,如手术剪、手术刀等。

3Cr13 钢和 4Cr13 钢制造医用夹持器械和刃具的工艺路线如下:

落料→热锻成型→重结晶退火→冷精压→再结晶退火→钳加工→淬火→低温回火→整形和开刀→抛光

其中的重结晶退火和再结晶退火都属于预先热处理。

3Cr13 钢及 4Cr13 钢的热处理及硬度见表 7-17。

3Cr13 钢及 4Cr13 钢的热处理及硬度　　　　表 7-17

钢号	热处理			硬度(HRC)
	淬火温度(℃)	冷却剂	回火温度(℃)	
3Cr13	1000～1050	油	200～300	48
4Cr13	1000～1100	油	200～300	50

1Cr17 属于铁素体类型的钢,它在升温时不发生 $\alpha \to \gamma$ 相变,因而不能淬火强化。与 1Cr13 相比,1Cr17 钢中含铬量较高,而且呈现单相铁素体组织,所以耐蚀性和塑性都比较好,这类钢广泛用于硝酸和食品工业设备等。

(2)铬镍不锈钢。

这类钢习惯上称为18-8型铬镍不锈钢或18-8型不锈钢,含有约18%Cr和9%Ni,所以在我国标准钢号中可认为是18-9型铬镍不锈钢。

18-8型不锈钢中含碳量都很低,有的甚至极微,属于超低碳范围。这是因为含碳量增高对耐蚀性是不利的。合金元素铬主要产生钝化膜,阻碍阳极电化学腐蚀反应,增加钢的耐蚀性;含约9%Ni的主要作用是扩大γ区并降低M_s点(降低至室温以下),使钢在室温时具有单相奥氏体组织。

钢中加钛的目的主要是抑制$(Cr、Fe)_{23}C_6$在晶界上析出,消除钢的晶间腐蚀倾向。所谓晶间腐蚀是指腐蚀沿晶界发展。造成晶间腐蚀的原因是由于钢中的铬碳化物$(Cr、Fe)_{23}C_6$在500~700℃时沿晶界析出,造成了晶粒边缘(靠近晶粒边界)的部位贫Cr(小于耐蚀的极限含量12%Cr),从而使晶粒边缘部位耐蚀能力明显降低而遭到腐蚀。经过晶间腐蚀的不锈钢,在敲击时不发出金属声,稍稍加力即将其碎成粉末,可使设备突然破坏,所以晶间腐蚀的危害性极大。18-8型不锈钢均属于奥氏体类型钢。其强度、硬度均很低(硬度为135HBS左右),无磁性,塑性、韧性及耐蚀性均较Cr13型不锈钢好。这类钢还适宜于冷作成型,通过冷加工变形的加工硬化来提高其强度性能,焊接性能也较好。与Cr13型不锈钢相比,18-8型不锈钢缺点是切削加工性较差,在一定条件下还会产生晶间腐蚀现象,而且在拉应力状态下容易产生腐蚀破坏,即应力腐蚀的倾向亦较大。

为了提高18-8型不锈钢的性能,常用的热处理工艺方法有以下几种。

①固溶处理:18-8型不锈钢属于奥氏体类型钢,但是,若把钢加热到奥氏体状态,缓慢冷却时,将会从奥氏体中析出$(Cr、Fe)_{23}C_6$碳化物,并发生奥氏体向铁素体转变,从而使耐蚀性降低。所以在生产上经常对18-8型不锈钢进行所谓的固溶处理,即将钢加热至1050~1150℃,让所有碳化物全部溶于奥氏体,然后水淬快速冷却,不让奥氏体在冷却过程中有碳化物析出或发生相变,在室温下获得单相的奥氏体组织,提高18-8型不锈钢的耐蚀性。

②稳定化处理:经固溶处理的18-8型不锈钢具有耐蚀性。若再加热到500~700℃,并在电解质溶液中使用,则沿晶界又会析出$(Cr、Fe)_{23}C_6$,造成晶界附近贫铬而被腐蚀。

为了彻底消除晶间腐蚀,可在钢中加入微量的Ti或Nb,但Ti或Nb必须通过稳定化处理后才能发挥其作用。因为钛加入18-8型不锈钢中可形成碳化钛(TiC),但在固溶处理时,与铬碳化物溶解的同时,大部分的碳化钛也溶解了。随后在500~700℃温度下,由于钛在钢中的含量相对于铬来说要少得多,加上钛的原子比铬大,扩散能力低于铬,所以沿晶界析出的仍是铬碳化物而不是碳化钛。因此,含钛的18-8型不锈钢仍会产生晶间腐蚀。如果含钛的18-8型不锈钢在固溶处理后再进行一次稳定化处理,即把钢加热到较高的温度,使这个温度高于$(Cr、Fe)_{23}C_6$完全溶解的温度,而低于碳化钛完全溶解的温度,以使$(Cr、Fe)_{23}C_6$完全溶解而碳化钛部分保留,然后缓慢冷却,以便使加热时溶于奥氏体中的那一部分碳化钛在冷却时能够充分析出,这样,随着温度降低而过饱和的那一部分碳就几乎全部稳定于碳化钛中(稳定化处理即由此而得名),而$(Cr、Fe)_{23}C_6$不会再析出,从而将固溶体中的含铬量提高,相应地也就提高了钢的电极电位,于是也就彻底消除了含钛18-8型不锈钢的晶间腐蚀倾向。一般稳定化处理工艺为:加热温度850~880℃,保温6h,空冷或炉冷。

③除应力处理:经过冷加工或焊接的18-8型不锈钢都会存在残余应力,这些残余应力将引起应力腐蚀,因此必须进行相应的除应力处理。为了消除冷加工残余应力,须加热至300~350℃,若要消除焊接件残余应力,须加热至850℃以上,这样可同时起到减轻晶间腐蚀倾向的作用。

(二)耐热钢

1. 耐热性的一般概念

耐热性是高温抗氧化性和高温强度的一个综合概念。高温抗氧化性是金属材料在高温下对氧化作用的抗力,而高温强度则是金属材料在高温下对机械负荷的抗力。因此,耐热钢就是在高温下不发生氧化,并对机械负荷有较高抗力的钢。

(1)金属的抗氧化性。

金属的抗氧化性(或热稳定性)是保证零件在高温下能持久工作的重要条件。耐热钢在高温下之所以不被氧化,并非它们与氧绝对不发生作用,恰恰相反,它们在高温下迅速地受到氧化,只是这时在它们的表面会形成一层致密的高熔点的氧化膜,可以保护钢在高温下免于继续氧化,从而产生高温下的抗氧化性。

(2)金属的高温强度。

金属的高温强度是保证零件在高温下使用并能承受一定负荷而安全平稳工作的必要条件。金属在高温下所表现的机械性能与室温下是大不相同的。当工作温度超过金属的再结晶温度,工作应力超过金属在该温度下的弹性极限时,随着时间的延长,金属将会发生极其缓慢的变形,这种现象称为"蠕变"。蠕变现象对高温下长期工作的锅炉、透平燃气轮机和喷气发动机等部件具有较大的意义。若材料选择和设计不当,则往往会由于蠕变量超过了一定允许量而使机械零件失效或损坏。例如,高温高压下长期工作的钢管,由于蠕变的产生会使管径越来越大,管壁越来越薄,最终钢管会破裂,因此,金属对蠕变的抗力越大,即表示金属的高温强度越高。那么,金属在高温下为什么会产生蠕变现象呢?我们知道当应力超过钢的屈服极限时将会产生塑性变形。在室温下塑性变形必然引起加工硬化,使强度升高,从而可阻止塑性变形的发展。而在工作温度超过钢的再结晶温度时,由于塑性变形所引起的加工硬化,瞬间必为回复与再结晶所消除,所以塑性变形一旦产生,便会连续不断地发展下去,从而发生蠕变现象。蠕变速度(即金属变形的快慢程度)与温度、应力有关。应力一定,温度越高,蠕变速度越快;在一定的温度下,应力越大,则蠕变速度也越大。另一方面,金属在一定的温度与应力作用下,变形量与时间有关,保持时间越长,则变形量也越大。

耐热钢包括抗氧化钢和热强钢,现分述于后。

2. 抗氧化钢

在高温下有较好的抗氧化性而有一定强度的钢种称为抗氧化钢,又叫耐热不起皮钢。为了提高抗氧化性,钢中通常加入足够的 Cr、Si、Al 和稀土元素等。

(1) 铬:加入铬能在钢的表面形成一层致密的 Cr_2O_3 氧化膜,可有效地阻挡外界的氧原子继续往里扩散。含铬量大于20%的抗氧化钢,在1100℃温度下工作是稳定的。

(2) 硅:加入硅能在钢的表面形成一层致密的 SiO_2 氧化膜。通常在 1.5%～2.0% Si 最为有效。如低于此限量,则硅对钢不起作用;反之,如高于此限量,则会恶化钢的热加工艺性能。

(3) 铝:铝和硅都是比较经济地提高抗氧化性的元素。含铝的钢在表面形成 Al_2O_3 薄膜,与 Cr_2O_3 相似,也能起很好的保护作用。含铝5%可使钢在980℃具有较好抗氧化性。含铝5%的铁锰铝奥氏体钢可在800℃长期使用。过高的含铝量使钢的冲压性能和焊接性能变坏。

(4) 稀土元素:稀土元素是指Ⅲ副族的镧系元素。通过研究,镧、铈等稀土元素可进一步提高含铬钢的抗氧化性,因为它们会降低 Cr_2O_3 的挥发性,改善氧化膜组成,形成更加稳定的 $(Cr、La)_2O_3$;又认为它们可促进铬扩散,有助于形成 Cr_2O_3。

实际上应用的抗氧化钢大多是在铬钢、铬镍钢或铬锰氮钢基础上添加硅或铝而配制成的。单纯的硅钢或铝钢因其机械性能和工艺性能欠佳而很少应用。

抗氧化钢多用来制造炉用零件和热交换器,如燃气轮机燃烧室、锅炉吊钩、加热炉底板和辊道以及炉管等。高温炉用零件的氧化剥落是零件损坏的主要原因。锅炉过热器等受力零件的氧化还会削弱零件的结构强度。高温螺栓氧化会造成螺纹咬合,这些零件都要求高的抗氧化性。

常用抗氧化钢的化学成分、热处理、机械性能及用途见表7-18。

常用抗氧化钢的化学成分、热处理、机械性能及用途　　表7-18

钢号	化学成分(%)						热处理	室温机械性能				用途举例
	C	Si	Mn	Cr	Ni	N		σ_b (MN/m²)	σ_s (MN/m²)	δ_5 (%)	ψ (%)	
3Cr18Mn12Si2N	0.22～0.30	1.40～2.20	10.50～12.50	17.0～19.0	—	0.22～0.30	1100～1150℃油、水或空冷(固溶处理)	70	40	35	45	锅炉吊钩,渗碳炉构件,最高使用温度约为1000℃
2Cr20Mn9Ni2SiN	0.17～0.26	1.80～2.70	8.50～11.0	18.0～21.0	2.0～3.0	0.20～0.30	同上	65	40	35	45	

续上表

钢号	化学成分(%)						热处理	室温机械性能				用途举例
	C	Si	Mn	Cr	Ni	N		σ_b (MN/m²)	σ_s (MN/m²)	δ_5 (%)	ψ (%)	
3Cr18Ni25Si2	0.30~0.40	1.50~2.50	≤1.5	17.0~20.0	23.0~26.0	—	同上	65	35	25	40	各种热处理炉坩埚炉构件和耐热铸件,最高使用温度为1000℃

3. 热强钢

高温下有一定抗氧化能力和较高强度以及良好组织稳定性的钢称为热强钢。汽轮机、燃气轮机的转子和叶片,锅炉过热器,高温工作的螺栓和弹簧,内燃机排气阀等用钢都是热强钢。

在常温下与在高温下钢的机械性能是有差异的,一般来讲,温度越高,则强度越低。在常温下,钢的机械强度可以用拉伸时的应力-应变曲线来表示。当应力超过 σ_s 时,开始发生塑性变形,再超过 σ_b 时,则造成断裂。对于某一种材料而言,一定的应力对应着一定的应变,而与施力的时间无关。高温机械性能与常温机械性能的主要差别在于前者增加了温度、时间和组织变化三个因素。和常温下一样,金属也会因蠕变变形过量和破断而失效。高温机械性能要求在高温长期使用中不产生组织结构变化,否则可能由于高温软化而使强度降低甚至导致脆性破坏。金属抗蠕变能力以蠕变极限来衡量,它表征金属在高温下对塑性变形的抗力。蠕变极限是指试样在一定温度下,经过一定时间后,其残余变形量达到一定数值的应力值。如 $\sigma_{0.2/1000}^{700}$ 表示试样在700℃下经过1000h产生0.2%伸长率的应力值。对于在使用中不考虑变形量大小,而只要求在一定应力下具有一定使用寿命的零部件(例如锅炉钢管),须规定另外一个热强性指标:持久强度。它表征金属在高温下对破断的抗力。持久强度是指试样在一定温度下,经过一定时间发生断裂的应力值。如 $\sigma_{10^5}^{500}$ 表示试样在500℃下经过 10^5 h发生断裂的应力值。

常用的热强钢有珠光体钢、马氏体钢、贝氏体钢、奥氏体钢等几种。热强钢中常加入铬、镍、钼、钨、钒、锰等元素,用以提高钢的高温强度。铬能提高钢的再结晶温度,从而提高钢的高温强度。钼和钨为高熔点金属,进入固溶体后不仅能提高钢的再结晶温度,还能析出较稳定的碳化物,两者均能使钢的高温强度提高。钒、钛、铌形成碳化物的能力高于钨、钼,它们能形成细小弥散的碳化物,并能使更多的元素(铬、钨、钼)进入固溶体,从而提高高温性能。镍主要促使形成稳定的奥氏体组织,以提高钢的高温强度。锰、氮和镍作用相似,可用于代替部分镍。碳在高温下碳化物聚集,使碳对钢的强化作用显著降低,碳还能使钢的塑性、焊接性、抗氧化性降低,因而耐热钢中的含碳量一般均较低。

(1) 珠光体钢:这类钢在600℃以下温度范围内使用,它们含合金元素最少,一般不超过3%~5%,广泛用于动力、石油等工业部门作为锅炉用钢及管道材料。常用的珠光体钢有15CrMo、12Cr1MoV等,其化学成分、热处理、机械性能及用途见表7-19。

常用珠光体钢的化学成分、热处理、机械性能及用途 表7-19

钢号	化学成分(%)				热处理	室温机械性能				高温机械性能 (MN/m^2)	用途举例
	C	Cr	Mo	V		σ_b (MN/m^2)	σ_s (MN/m^2)	δ_5 (%)	ψ (%)		
15CrMo	0.12~0.18	0.80~1.10	0.40~0.55	—	930~960℃正火;680~730℃回火	240	450	21	48	500℃: σ_{10}^5 为110~140; $\sigma_{1/10}^5=80$ 550℃: $\sigma_{10}^5=50$~70; $\sigma_{1/10}^5=45$	壁温≤550℃高温炉管,≤510℃的高中压蒸汽导管和锻件,亦用于炼油工业
12Cr1MoV	0.08~0.15	0.90~1.20	0.25~0.35	0.15~0.30	980~1020℃正火;720~7600℃回火	260	480	21	48	520℃: $\sigma_{10}^5=160$; $\sigma_{1/10}^5=130$ 580℃: $\sigma_{10}^5=80$; $\sigma_{1/10}^5=60$	壁温≤580℃的过热高温炉管,≤540℃导管

珠光体钢的热处理一般采用正火($A_{C_3}+50℃$)和随后的高于使用温度100℃的回火。实践证明,珠光体钢在正火高温回火状态比退火或淬火回火状态具有较高的蠕变抗力。

(2) 马氏体钢:前面提到的Cr13型马氏体不锈钢除具有较高的耐蚀性外,还具有一定的耐热性。1Cr13可在450~475℃使用,而2Cr13钢的含碳量较高,只能在400~450℃使用。1Cr11MoV和1Cr12WMoV钢是在1Cr13和2Cr13钢基础上发展起来的马氏体钢,其化学成分、热处理、机械性能见表7-20。

1Cr11MoV和1Cr12WMoV钢的化学成分、热处理、机械性能 表7-20

钢号	化学成分(%)					热处理	室温机械性能				高温机械性能 (MN/m^2)
	C	Cr	Mo	W	V		σ_b (MN/m^2)	σ_s (MN/m^2)	δ_5 (%)	ψ (%)	
1Cr11MoV	0.11~0.18	10.0~11.5	0.50~0.70	—	0.25~0.40	930~960℃正火;680~730℃回火	240	450	21	48	500℃: σ_{10}^5 为110~140; $\sigma_{1/10}^5=80$ 550℃: σ_{10}^5 为50~70; $\sigma_{1/10}^5=45$

续上表

钢号	化学成分(%)					热处理	室温机械性能				高温机械性能 (MN/m^2)
	C	Cr	Mo	W	V		σ_b (MN/m^2)	σ_s (MN/m^2)	δ_5 (%)	Ψ (%)	
1Cr12WMoV	0.12~0.18	10.0~13.0	0.50~0.70	0.7~1.10	0.15~0.35	980~1020℃正火；720~7600℃回火	260	480	21	48	520℃：$\sigma^5_{10}=160$；$\sigma^5_{1/10}=130$ 580℃：$\sigma^5_{10}=80$；$\sigma^5_{1/10}=60$

马氏体钢都是经过调质热处理后在回火索氏体状态下使用的。马氏体钢(1Cr11MoV 钢)热处理后所得热强性比珠光体热强钢要高得多,见表7-21。

1Cr11MoV 及 15CrMo 钢的热强性   表7-21

钢号	蠕变极限 $\sigma^{550}_{1/10^5}$ (MN/m^2)	持久强度 $\sigma^{500}_{1/10^5}$ (MN/m^2)
1Cr11MoV	63	152~170
15CrMo	45	50~70

4Cr9Si2、4Cr10Si2Mo 等铬硅钢是另一类马氏体热强钢。4Cr9Si2 钢主要用来制造工作温度在 650℃ 以下的内燃机排气阀,4Cr10Si2Mo 钢用来制造某些航空发动机的排气阀,这类钢故而又称为阀门钢。

(3)贝氏体钢:这类钢在正火状态组织由部分贝氏体所组成。

贝氏体钢在使用时与珠光体钢相近,都是采用正火+高温回火处理,获得索氏体组织,但贝氏体钢比珠光体钢具有较高的室温和高温机械性能。因此,贝氏体钢与珠光体钢一样也用于制造锅炉钢管,只是贝氏体钢所制造的锅炉钢管能承受较高的温度和压力。

(4)奥氏体钢:奥氏体钢一般在 600~700℃ 温度使用。它们含有大量的合金元素,尤其是含有较多的 Cr 和 Ni,其总量超过 10%,属于高合金钢。

1Cr18Ni9Ti 既是奥氏体不锈钢,又是一种广泛应用的奥氏体热强钢,它的抗氧化性可达 700~750℃,在 600℃ 左右具有足够的热强性,在锅炉及汽轮机制造方面用来制造 610℃ 以下的过热器管道及构件等。4Cr14Ni14W2Mo 是 14-14-2 型奥氏体钢,主要用于制造工作温度≥650℃ 的航空、船舶、载重汽车的内燃机排气阀。奥氏体钢的热处理,主要是进行固溶处理,即将钢加热到 1000℃ 以上,保温一定时间,随后水冷或空冷。在固溶处理后,还要采用高于使用温度 60~100℃ 的时效处理,以使组织进一步稳定,有时通过强化相的沉淀析出而进一步提高钢的强度。

以上介绍的耐热钢仅适用于 650~750℃ 以下的工作温度。如果零件的工作温度超过 750℃,则应考虑选用镍基、钴基等耐热合金;工作温度超过 900℃ 可考虑选用铌基、钼基耐热合金以及陶瓷合金等。

(三) 耐磨钢

耐磨钢是指在强烈摩擦或撞击时具有很高的抗磨损能力的钢。目前工业生产中最常用的耐磨钢是高锰钢。高锰钢的主要成分是含 1.0% ~ 1.3% C、11% ~ 14% Mn。由于对这种钢机械加工极其困难,基本上都是铸造成型的,因而在其钢号前加上符号"ZG"(表示"铸钢"的汉语拼音字头),钢号也即写成 ZGMn13。

铸态下的高锰钢组织中存在着碳化物,因此,高锰钢铸件的性质硬而脆,耐磨性也差,不能实际应用。实践证明,高锰钢只有在全部获得奥氏体组织时才能呈现出最为良好的韧性和耐磨性。为了使高锰钢全部获得奥氏体组织须进行"水韧处理"。水韧处理实际上是一种淬火处理的操作方法,即把钢加热到 1000 ~ 1100℃,保温一段时间,使钢中的碳化物全部溶解到奥氏体中去,然后迅速浸于水中冷却,由于冷却速度非常快,碳化物来不及从奥氏体中析出,因而获得了均匀单一的奥氏体组织。

其实,单一奥氏体组织的高锰钢本身的硬度并不高,仅为 180 ~ 220HBS。但当它在受到剧烈冲击或较大压力作用时,表面层奥氏体将迅速产生加工硬化,并由马氏体及 ε 碳化物沿滑移面形成,从而使表面层硬度迅速提高到 450 ~ 550HBS,获得高的耐磨性。其心部则仍维持原来状态。

高锰钢铸件水韧处理后不再进行回火,否则碳化物又将重新沿奥氏体晶界析出使钢变脆。为了防止激冷淬火时产生裂纹,设计铸件时必须使其壁厚均匀。

必须强调,高锰钢制件在使用中必须伴随外来的压力和冲击作用,否则高锰钢是不耐磨的,其耐磨性并不比硬度相同的其他钢种好。例如喷砂机的喷嘴,选用高锰钢或碳素钢来制造,它们的使用寿命几乎是相同的。这是因为喷砂机的喷嘴所通过的小砂粒不能引起高锰钢硬化所致。因此,喷砂机喷嘴的材料就用不着选用价贵的高锰钢,一般选用淬火、回火的碳素钢即可。

高锰钢广泛用于既耐磨又耐冲击的一些零件。如挖掘机的铲斗、坦克的履带板、装甲车的防弹板、保险箱钢板、铁道道岔、碎石机颚板等。

(四) 低温钢

低温钢是指用于工作温度低于 0℃ (也有认为 -40℃) 的零件的钢种,广泛用于钢铁冶金、化工、冷冻设备、液体燃料的制备与储运装置、海洋工程与极地机械设施等。

1. 性能要求

(1) 冷脆转变温度低、低温冲击韧性强。

(2) 一定的强度及对所接触介质的耐蚀性。

(3) 优良的焊接性能与冷塑性成型性能。

2. 成分与组织特点

(1) 低碳,一般含碳量 <0.20%。

(2) 主要合金元素:Mn、Ni 对低温韧性有利,尤其是 Ni 最明显;V、Ti、Nb、

Al 等元素可细化晶粒而进一步改善低温韧性。

(3)严格控制损害韧性的 P、Si 等元素含量。

(4)面心立方结构(如奥氏体钢,铝、铜金属)的低温韧性良好,而体心立方结构(如铁素体)的冷脆现象较明显。

3. 低温钢的种类与常用钢号

低温钢可按其使用温度等级、组织类型或主要化学成分不同来进行分类。《承压设备用钢板和钢带 第 3 部分:规定低温性能的低合金钢》(GB/T 713.3—2023)和部分国外标准摘录的常用低温钢。

习　题

1. 合金钢中经常加入哪些合金元素? 如何分类?
2. 合金元素 Mn、Cr、W、Mo、V、Ti 对过冷奥氏体的转变有哪些影响?
3. 合金元素对钢中基本相有何影响? 对钢的回火转变有什么影响?
4. 请解释下列名词的基本概念。
(1)奥氏体,合金奥氏体,奥氏体钢。
(2)铁素体,合金铁素体,铁素体钢。
(3)渗碳体,合金渗碳体,特殊碳化物。
5. 解释下列现象。
(1)在含碳量相同的情况下,除了含 Ni 和 Mn 的合金钢外,大多数合金钢的热处理加热温度都比碳钢高;
(2)在含碳量相同的情况下,含碳化物形成元素的合金钢比碳钢具有较高的回火稳定性;
(3)含碳量≥0.40%、含铬量 12% 的钢属于过共析钢,而含碳量 1.5%、含铬量 12% 的钢属于莱氏体钢;
(4)高速钢在热锻或热轧后,经空冷获得马氏体组织。
6. 何谓渗碳钢? 为什么渗碳钢的含碳量均为低碳? 合金渗碳钢中常加入哪些合金元素? 它们在钢中起什么作用?
7. 何谓调质钢? 为什么调质钢的含碳量均为中碳? 合金调质钢中常加入哪些合金元素? 它们在钢中起什么作用?
8. 弹簧钢的含碳量应如何确定? 合金弹簧钢中常加入哪些合金元素? 最终热处理工艺如何确定?
9. 滚动轴承钢的含碳量如何确定? 钢中常加入的合金元素有哪些? 其作用如何?
10. 现有 $\phi 35 \times 20$ mm 的两根轴。一根为 20 钢,经 920℃ 渗碳后直接淬火(水冷)及 180℃ 回火,表层硬度为 58 ~ 62HRC;另一根为 20CrMnTi 钢,经 920℃ 渗碳后直接淬火(油冷), -80℃ 冷处理及 180℃ 回火后表层硬度为 60 ~ 64HRC。试问这两根轴的表层和心部的组织(包括晶粒粗细)与性能有何区别? 为什么?

11. 用 9SiCr 制造的圆板牙要求具有高硬度、高的耐磨性、一定的韧性,并且要求热处理变形小。试编写加工制造的简明工艺路线,说明各热处理工序的作用及板牙在使用状态下的组织及大致硬度。

12. 何谓热硬性(红硬性)? 为什么 W18Cr4V 钢在回火时会出现"二次强化"现象? 65 钢淬火后硬度可达 60~62HRC,为什么不能用其制造车刀等要求耐磨的工具?

13. W18Cr4V 钢的淬火加热温度应如何确定(A_{C_1} 约为820℃)? 若按常规方法进行淬火加热能否达到性能要求? 为什么? 淬火后为什么进行560℃的三次回火?

14. 试述用 CrWMn 钢制造精密量具(块规)所需的热处理工艺。

15. 用 Cr12MoV 钢制造冷作模具时,应如何进行热处理?

16. 与马氏体不锈钢相比,奥氏体不锈钢有何特点? 为提高其耐蚀性可采取什么工艺?

17. 常用的耐热钢有哪几种? 合金元素在钢中起什么作用? 用途如何?

18. 指出下列合金钢的类别、用途、碳及合金元素的主要作用以及热处理特点。

(1) 20CrMnTi:
(2) 40MnVB:
(3) 60Si2Mn:
(4) 9Mn2V:
(5) Cr12MoV:
(6) 5CrNiMo:
(7) 1Cr13:
(8) 1Cr18Ni9Ti:
(9) ZGMn13:

第 8 章
CHAPTER 8
铸铁

铸铁是碳的质量分数在 2.11% 以上的铁碳合金的总称。其中的碳在结晶时,可以化合态的渗碳体析出,也可以游离态的石墨析出。

铸铁是工业上广泛应用的一种铸造合金材料,普通铸铁以铁-碳-硅为主,其化学成分范围为:2.4% ~ 4.0% C,0.6% ~ 3.0% Si,0.2% ~ 1.2% Mn,0.1% ~ 1.2% P,0.08% ~ 0.15% S。有时还加入其他合金元素,以便获得具有特种性能的铸铁。

铸铁的性能取决于铸铁的组织和成分。铸铁的机械性能主要取决于基体组织以及石墨的数量、形状、大小及分布特点。石墨的机械性能很低,硬度仅为 3~5HB,抗拉强度约为 $20MN/m^2$,延伸率近于零。珠光体的抗拉强度为 $800 \sim 1000MN/m^2$。铁素体的抗拉强度为 $350 \sim 400MN/m^2$。石墨与基体相比其强度和塑性都要小得多,故分布于金属基体中的石墨可视为空洞。铸铁的抗拉强度、塑性和韧性要比碳钢低。一般来说,石墨数量越少,形状越接近球形,则铸铁的强度、塑性及韧性越高。

虽然铸铁的机械性能不如钢,但由于石墨的存在,铸铁具备许多钢所不及的性能,如:良好的减摩性、高的消振性、低的缺口敏感性以及优良的切削加工性等。此外,铸铁的含碳量较高,所以其熔点低、铸造流动性好;

同时,石墨在结晶时的体积膨胀使铸造收缩率小。因此,铸铁的铸造性能优于钢。

在工业上,铸铁由于具有优良的工艺性能和使用性能,生产工艺简单,成本低廉,因此,被广泛用于机械制造、冶金、矿山、石油化工、交通运输、建筑和国防等部门。在各类机械中,铸铁件占机器总重量的45%～90%。高强度铸铁和特殊性能铸铁还可以代替部分昂贵的合金钢和有色金属材料。

本章重点掌握铸铁的化学成分,组织和性能的特点。石墨化是铸铁中的一个基本问题,它在很大程度上决定了铸铁的组织和性能。化学成分和工艺因素对铸铁的组织和性能的影响,首先考虑的是石墨化的作用,这是和钢不相同之处。工艺因素对铸铁组织和性能的作用,也主要是通过对石墨化起作用的。铸铁和钢组织上的根本区别在于铸铁中存在石墨,因而铸铁的结晶过程、组织和性能具有自己的特点,学习时应采用和钢对比的方法。

8.1 铸铁的石墨化

一、铸铁的石墨化过程

1. 铁-碳合金稳定系状态图

为了改善铸铁的性能,必须研究铸铁组织的形成规律,而铁-碳状态图是分析研究铁碳合金结晶过程和组织形成规律的基础和有力工具。

含碳量超过在 α-Fe、γ-Fe 中的溶解度后,剩余的碳可以有两种存在方式:渗碳体和石墨。在通常情况下,铁碳合金是按铁-渗碳体系(即 $Fe-Fe_3C$)进行转变,但是,渗碳体实际上是一个亚稳定相,在一定条件下可以分解为铁基固溶体和石墨,因此,Fe-石墨系是更稳定的状态。因此反映铁碳合金结晶过程和组织转变规律的状态图便有两种: $Fe-Fe_3C$(亦称亚稳定系)状态图和 Fe-石墨系(亦称稳定系)状态图。铸铁的结晶过程和组织转变根据化学成分和铸造工艺条件不同,可以按 $Fe-Fe_3C$ 系进行或者按 Fe-石墨系进行。研究铸铁时,为方便起见,通常将这两种状态图叠加在一起,表示为 $Fe-Fe_3C$ 和 Fe-石墨的双重状态图。铁-碳合金双重状态图如图 8-1 所示。

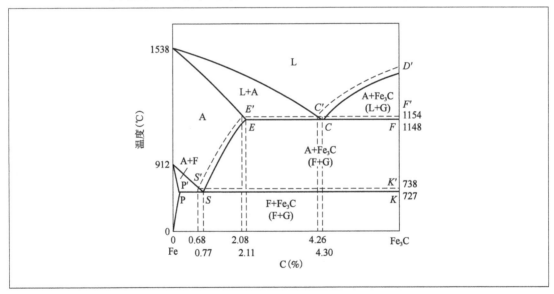

图 8-1 铁-碳合金双重状态图
L-液态;G-石墨;P-珠光体

图中虚线均位于实线的上方或左上方,表明 Fe-石墨系比 $Fe-Fe_3C$ 系稳定;而且在 Fe-石墨系中,碳在液态、奥氏体和铁素体中的溶解度较在 $Fe-Fe_3C$ 系中的溶解度小;同时,奥氏体-石墨共晶温度比奥氏体-渗碳体共晶温度高,铁素体-石墨共析温度比铁素体-渗碳体共析温度高。

2. 铸铁中石墨的形成过程

铸铁中石墨的形成过程称为石墨化过程。

铸铁组织形成的基本过程就是铸铁中石墨的形成过程。灰口铸铁与白口铸铁的组织和性能之所以有较大的差别，就是与石墨化过程进行与否及石墨化过程进行的程序密切相关。因此，了解铸铁石墨化过程的条件与影响因素，对掌握铸铁材料的组织与性能是十分重要的。

从热力学的自由能值来分析，铁碳合金结晶时，Fe-石墨系状态图比 Fe-Fe_3C 系状态图的自由能低，因此，热力学条件对铸铁的石墨化过程最为有利。

铸铁能否进行石墨化除了取决于热力学条件外，还取决于和石墨化过程有关的动力学条件。共晶成分铸铁的液相含碳量为 4.3%，渗碳体的含碳量为 6.69%，而石墨的含碳量接近于 100%。相比之下，液相与渗碳体的碳浓度差要比液相与石墨的碳浓度差小得多。从晶体结构的相似程度来分析，渗碳体晶体结构比石墨更接近于液相和 γ-Fe。因而液相结晶时有利于渗碳体晶核的形成与长大。与此相反，石墨的形核和长大过程，不仅需要碳原子通过大量扩散而集中，还要求铁原子从石墨长大的前沿作相反方向扩散。由于铁原子扩散要比碳原子困难，故石墨较难长大。而渗碳体的结晶长大过程中，主要依赖于碳原子的扩散，并不要求铁原子作长距离扩散，所以其长大速度快。从结晶的形核和长大过程的动力学条件来看，都有利于渗碳体的形成。当结晶冷却速度(过冷度)增大时，动力学条件的影响表现得更为强烈。

上述分析同样适用于铸铁中的固态相变。从图 8-1 可以看出，在 1154～1148℃之间，结晶过程一般按稳定系进行。在 1148℃ 以下继续冷却时，究竟按稳定系形成灰口铸铁还是按亚稳定系形成白口铸铁，则应视具体情况而定。铸铁的化学成分与结晶过程的冷却速度是影响石墨化的主要因素。

根据铁-碳合金双重状态图，铸铁的石墨化过程可分为三个阶段。

第一阶段，液相至共晶结晶阶段。包括从过共晶成分的液相中直接结晶出一次石墨和从共晶成分的液相结晶出奥氏体和石墨；以及由一次渗碳体和共晶渗碳体在高温退火时分解为奥氏体和石墨。

第二阶段，共晶转变至共析转变阶段。包括从奥氏体中直接析出二次石墨和二次渗碳体在此温度区间内分解为奥氏体和石墨。

第三阶段，共析转变阶段。包括共析转变时，奥氏体转变为铁素体和石墨及共析渗碳体退火时分解为铁素体和石墨。

二、影响石墨化过程的因素

为了获得所需要的组织，就必须恰当地控制铸铁的石墨化过程。实践证明，铸铁的石墨化过程受到化学成分、熔炼条件以及铸造时的冷却速度等一系列因素的影响，其中主要因素为化学成分和结晶时的冷却速度。下面分述之。

1. 铸铁的化学成分对石墨化过程的影响

铸铁中常见的元素为碳、硅、锰、硫、磷五大元素。它们对铸铁的石墨化过程和组织均有较大影响。

(1)碳和硅：碳和硅都是强烈促进石墨化的元素。

在铸铁生产中，正确控制碳、硅含量是获得所需组织和性能的重要措施之一。

石墨来源于碳,随着含碳量的增加,铁水中碳浓度和未溶解的石墨微粒增多,有利于石墨的形核,从而促进石墨化。但含碳量过高会促使石墨数量增多,从而降低铸铁的机械性能。

硅与铁原子的结合力大于碳与铁原子的结合力,硅溶于铁的固溶体中,由于削弱了铁与碳原子间的结合力,而促进石墨化。此外硅提高铸铁的共晶温度和共析温度,有利于碳原子的扩散与石墨的形成。同时硅还降低铸铁的共晶成分与共析成分的碳浓度,更易于石墨的析出。

为了综合考虑碳和硅的影响程度,常用碳当量($CE\%$)和共晶度(或称碳饱和度)S_C来表示。

碳当量是将含硅量折合成相当的含碳量与实际含碳量之和,即

$$CE\% = \frac{1}{3}Si\% + C\% \tag{8-1}$$

共晶度就是铸铁中含碳量接近共晶点含碳量的程度,即

$$S_C = \frac{C\%}{4.3\% - \frac{1}{3}Si\%} \tag{8-2}$$

当 $S_C = 1$ 时,铸铁为共晶组织;

当 $S_C < 1$ 时,铸铁为亚共晶组织;

当 $S_C > 1$ 时,铸铁为过共晶组织。

S_C 越接近于1,铸造性能越好。但是随 S_C 增加,铸铁组织中石墨数量增加,其强度和硬度降低。

随着碳、硅含量的增加,铸铁的组织由白口铸铁变为珠光体甚至铁素体基体的灰口铸铁。一般情况下,为获得全珠光体的普通灰铸铁,其碳、硅含量应控制在2.6% ~3.5%C,1.0% ~2.5%Si,厚壁铸件取下限,薄壁铸件取上限。

(2)锰:锰是阻碍石墨化的元素。它能溶于铁素体和渗碳体中,起固碳的作用,从而阻碍石墨化。当铸铁中的锰含量较低时,它主要阻碍共析阶段石墨化,有利于形成珠光体基体铸铁。锰还能与硫化合形成MnS,可以消除硫的有害影响,所以是有益元素。普通灰口铸铁的含锰量一般在0.5% ~1.4%,过高时易产生游离渗碳体。

(3)硫:硫是有害元素。阻碍石墨化并使铸铁变脆。生产上对含硫量应严格控制,一般控制在0.15%以下。

(4)磷:磷是一个促进石墨化不显著的元素。磷在奥氏体和铁素体中的溶解度很小,且随铸铁中含碳量的增加和温度的降低而减小。由于磷的区域偏析倾向大,在铸铁结晶过程中常富集于尚未凝固的液相中。铸铁中含磷量达0.12%时,就会出现Fe_3P,它常以共晶的形式分布于铸铁组织的晶界上。常见的磷共晶形态有 $\alpha-Fe+Fe_3P$ 二元磷共晶(含10.5% P,89.5% Fe),熔点1005℃;$\alpha-Fe+Fe_3P+Fe_3C$ 三元磷共晶(含0.89% P,1.96% C,91.15% Fe),熔点953℃。磷共晶的性质硬而脆,在铸铁中少量的磷共晶呈孤立、细小、均匀分布时,可以提高铸件的耐磨性;反之,若呈连续网状分布,将降低铸件的强度,增

加铸件的脆性。由于过分硬脆会易产生剥落,反而加速磨损,同时造成切削加工困难,故除耐磨磷铸铁外,通常高强度铸铁的含磷量应控制在0.12%以下。

2. 冷却速度对石墨化过程的影响

一般来说,铸造冷却速度越慢,越有利于按照Fe-石墨稳定系状态图进行结晶与转变,充分进行石墨化;反之,则有利于按照Fe-Fe_3C亚稳定系状态图进行结晶与转变,最终获得白口铸铁。尤其在共析阶段的石墨化,由于温度较低,冷却速度大,原子扩散更加困难,所以一般情况下,共析阶段石墨化难以充分进行。

铸造时的冷却速度与浇铸温度、铸型材料的导热能力以及铸件的壁厚等因素有关。

8.2 常用铸铁的特点与应用

一、灰铸铁

1. 灰铸铁的成分和组织

灰铸铁是石墨呈片状分布的铸铁,是应用最广的一类铸铁。在各类铸铁件中,所占比例最大,约为80%以上。灰铸铁按其中石墨片的粗细、大小不同,又可分为普通灰铸铁和孕育铸铁两种。

灰铸铁的成分一般范围为:2.50%~4.00%C、1.00%~3.00%Si、0.40%~1.30%Mn、S<0.12%、P<0.4%。

灰铸铁的组织由片状石墨和金属基体组成。金属基体根据共析阶段石墨化进行的程度不同,可分为铁素体、铁素体+珠光体和珠光体三种。相应地便有三种不同基体组织的灰铸铁,它们的显微组织如图8-2所示。

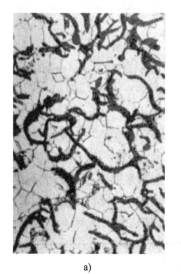  

a)   b)   c)

图8-2 灰铸铁的显微组织
a)铁素体灰铸铁;b)铁素体+珠光体灰铸铁;c)珠光体灰铸铁

由于石墨的晶体结构为简单六方结构(图8-3),六方层面与柱面的原子间距相差较大,在长大过程中,层面上的长大速度快于柱面上的长大速度,故易长大成片状形态。

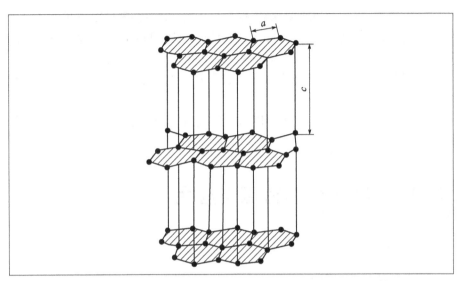

图8-3 石墨的晶体结构
c-层间距;a-原子间距

研究表明,灰铸铁中的石墨并不是单晶体,而是呈花瓣状的多晶集合体。共晶灰铸铁结晶过程中形成的奥氏体与石墨的共晶体,实际上是由于花瓣状的石墨多晶集合体和奥氏体所构成,其结晶前沿呈团状,故称为灰铸铁的共晶团。在金相显微镜下,花瓣状的石墨呈细条状,每一细条石墨就是花瓣状石墨多晶集合体的一片石墨。

铸铁化学成分和冷却条件不同,从而改变了石墨化过程的动力学条件,导致石墨类型、大小及分布不同。灰铸铁中石墨类型一般可分为A、B、C、D、E、F六种类型,如图8-4所示。

A型:石墨呈均匀片状、无一定方向分布,是灰铸铁中石墨的一种典型组织。共晶度小于1的亚共晶铸铁,在过冷度不大的条件下形成这种形态的石墨。在基体组织相同的情况下,具有A型石墨的灰铸铁有最好的机械性能。

B型:石墨呈花朵状不均匀分布,外围的石墨片较粗大,心部的石墨密集而细小。共晶度接近于1的亚共晶铸铁,在过冷度稍大的条件下常形成B型石墨。由于过冷度较大,石墨开始在共晶团中心生核,长大速度较快,形成细小密集的石墨片。随后因凝固放出结晶潜热,使残余铁水温度回升到平衡结晶温度,于是使石墨长大速度减慢,从而在共晶团外围出现较粗大的A型石墨。B型石墨其石墨片的大小及分布不均匀,且心部往往出现铁素体,所以具有B型石墨的灰铸铁的机械性能不如具有A型石墨的,通常通过改善熔炼工艺和孕育处理来提高B型石墨的灰铸铁的机械性能。

C型:石墨呈粗细不均匀的片状、无一定方向分布。共晶度大于1的过共晶铸铁,在过冷度不大的条件下,C型石墨由液态结晶出厚片状初晶石墨和共晶结晶时形成的细片状石墨组成。具有 C 型石墨的灰铸铁的机械性能比具有 B 型石墨的灰铸铁的机械性能还要低。

D 型：石墨在树枝晶间不均匀分布,无一定方向,呈细小片状或点状。D 型石墨亦称为枝晶石墨。共晶度很小的亚共晶铸铁,在过冷度很大的条件下常出现这种类型的石墨,故又称为过冷石墨。具有 D 型石墨的灰铸铁,其强度并不低,但塑性差,通常采用孕育处理可以使其转变为 A 型石墨的灰铸铁。

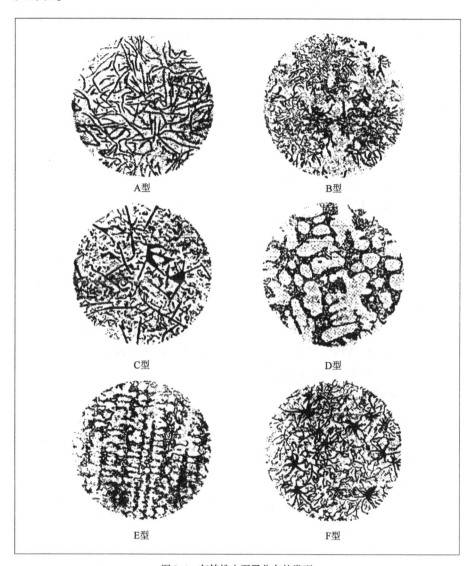

图 8-4　灰铸铁中石墨分布的类型

E 型：石墨细片在树枝晶间呈不均匀分布,但有一定方向性,石墨片较 D 型大些。在共晶度很小的亚共晶铸铁中,当过冷度很大(但稍比形成 D 型石墨小)时,形成 E 型石墨,因此,也被称为枝晶石墨或过冷石墨。具有 E 型石墨分布的灰铸铁,因其石墨分布不均匀并具有方向性,石墨片周围常出现带方向性的铁素体,故其机械性能较具有 A 型石墨的灰铸铁低。通常采用孕育处理把 E 型石墨转变为 A 型石墨,以提高机械性能。

F 型:石墨呈星形,石墨片大小及分布不均匀。共晶度较大的过共晶铸铁,在过冷度较大的条件下常形成这种类型的石墨。具有 F 型石墨的铸铁,因其含碳量高,所以石墨数量多以及石墨片大小不均匀,机械性能较低。

实际灰铸铁件中的石墨分布不是单一的类型,往往是几种类型的石墨同时出现。

灰铸铁件的机械性能不仅与石墨片的分布类型有关,而且还与石墨片的大小、形状等有关。灰铸铁片状石墨的大小分为 8 级,以 1 级为最粗,8 级为最细。具有 1~4 级粗大片状石墨的灰铸铁,机械性能低;具有 5~8 级细小蠕虫状石墨的灰铸铁具有良好的机械性能。为了获得细片状的石墨,通常采用孕育处理。经过孕育处理的灰铸铁,称为孕育铸铁;未经孕育处理的灰铸铁,称为普通灰铸铁。

通常依据在金相显微镜下放大 100 倍观测到的石墨片的大小,按下列关系式来划分灰铸铁中石墨的级别:

$$L = 2^{8-N} \tag{8-3}$$

式中:L——放大 100 倍时石墨片的长度,mm;

N——石墨片的级别。

灰铸铁的金属基体和碳钢的组织相似,依化学成分、工艺条件和热处理状态不同,可以分别获得铁素体、珠光体、索氏体、屈氏体、马氏体和奥氏体等组织。其性能也和钢的组织类似。由于铸铁中含有较高的硅和锰,铸铁基体的硬度和强度比相应组织的碳钢要高一些。铸铁基体组织中还经常出现有磷共晶和游离碳化物,它们能提高铸铁基体的硬度和耐磨性,但对铸铁的其他性能几乎都是有害的,特别是对铸铁的塑性、韧性和低温性能有害。所以,在实际应用中,根据铸铁件的工作条件和性能要求,对灰铸铁基体组织的类型、数量和分布形态也要进行适当控制。

2.灰铸铁的钢号、性能及用途

(1)灰铸铁的钢号与机械性能指标。

我国灰铸铁的钢号用"灰铁"二字的汉语拼音的第一个大写字母"HT"和一组数字表示,数字表示抗拉强度(单位为 MN/m²)。

表 8-1 所示为灰铸铁件的钢号、机械性能及应用范围举例。

灰铸铁件的钢号、机械性能及应用范围举例　　　表 8-1

铸铁类别	钢号	铸铁壁厚(mm)	试棒直径 D (mm)	机械性能					用途举例
				抗拉强度 σ_b (MN/m²)	抗弯强度 σ_{bb} (MN/m²)	挠度 (mm)	抗压强度 σ_{bc} (MN/m²)	硬度 (HB)	
				不小于					
铁素体灰铸铁	HT100	所有尺寸	30	100	260	2	500	143~229	低负荷及不重要的零件,如手轮、支架、重锤等

续上表

铸铁类别	钢号	铸铁壁厚 (mm)	试棒直径 D (mm)	机械性能					用途举例
				抗拉强度 σ_b (MN/m²)	抗弯强度 σ_{bb} (MN/m²)	挠度 (mm)	抗压强度 σ_{bc} (MN/m²)	硬度 (HB)	
				不小于					
铁素体+珠光体灰铸铁	HT150	6~8	13	280	470	1.5	650	170~241	承受中等应力(拉弯应力约达 10MN/m²)的零件,如支柱、底座、齿轮箱、工作台、刀架、端盖、阀体、管路附件及一般无工作条件要求的零件
		>8~15	20	200	390	2.0	650	170~241	
		>15~30	30	150	330	2.5	650	163~220	
珠光体灰铸铁	HT200	6~8	13	320	530	1.8	750	187~225	承受较大应力(拉压应力达 30MN/m²)和较重要的零件,如汽缸、齿轮、机座、飞轮、床身、汽缸体、汽缸套、活塞、刹车轮、联轴节、齿轮箱、轴承座、油缸以及中等压力(80MN/m²)液压筒、液压泵和阀的壳体等
		>8~15	20	250	450	2.5	750	170~241	
		>15~30	30	200	400	2.5	750	170~241	
	HT250	>8~15	20	290	500	2.8	1000	187~255	
		>15~30	30	250	470	3.0	1000	170~241	
孕育铸铁	HT300	>15~30	30	300	540	3.0	1100	187~225	承受高弯曲应力(至 50MN/m²)及抗拉应力的重要零件,如齿轮、凸轮、车床卡盘、剪床和压力机的机身、高压液压筒和滑阀的壳体等
	HT350	>15~30	30	350	610	3.5	1200	197~269	
	HT400	>20~30	30	400	680	3.5		197~269	

(2)灰铸铁的组织对性能的影响。

灰铸铁的组织由金属基体和片状石墨组成。其性能取决于金属基体和片状石墨的数量、大小及分布。

由于石墨的强度极低,在铸铁中相当于裂缝或空洞,减小铸铁基体的有效承载截面积,以及片状石墨端部易引起应力集中,因此灰铸铁的抗拉强度、塑性、韧性及弹性都低于碳素铸钢,特别是灰铸铁塑性、韧性几乎等于零,灰铸铁的抗拉强度、塑性、韧性及弹性与碳素铸钢的比较见表 8-2。与铸铁相比,灰铸铁具有优良的减振性、低的缺口敏感性和高的耐磨性。

灰铸铁的抗拉强度、塑性、韧性及弹性与碳素铸钢比较　　　表 8-2

材料名称	性能指标			
	抗拉强度 σ_b (MN/m²)	延伸率 δ (%)	冲击韧性值 a_k (J/cm²)	弹性模量 E (MN/m²)
灰铸铁	100~400	0~0.5	0~8	70000~160000
碳素铸钢	400~600	20~30	25~50	200000

铁素体的强度、硬度低,而塑性、韧性高。所以,铁素体基体灰铸铁的机械强度低;而塑性、韧性因石墨片割裂金属基体以及其尖端引起应力集中而降低,致使金属基体承受拉伸载荷时发生早期断裂,铁素体基体灰铸铁的延伸率和冲击韧性值均很低。珠光体具有高的强度、硬度和耐磨性,故珠光体基体灰铸铁的强度、硬度和耐磨性均优于铁素体基体灰铸铁,而塑性、韧性相差无几,所以珠光体基体灰铸铁获得了广泛的使用,铁素体加珠光体基体灰铸铁的机械性能及耐磨性能介于珠光体与铁素体基体灰铸铁之间,且因基体

组织中的铁素体含量不同而在较大范围内变化。在实际生产中,获得百分之百珠光体基体组织的灰铸铁件是比较困难的,故通常灰铸铁铸态的基体组织都是珠光体加铁素体组织。

(3)灰铸铁的铸造性能。

灰铸铁具有熔点低(约为1200℃)、流动性好、铸造收缩率小(一般从铁水注入铸型到凝固冷却至室温,其收缩率为0.5%~1%)、铸件内应力小、易于铸造成型等特性。

(4)灰铸铁的热处理

通过热处理可以改变灰铸铁的基本组织,但它并不能改变片状石墨的形态和分布。在灰铸铁中存在石墨的缩减效应和缺口效应,使得金属基体强度的利用率仅为30%~50%,因此,热处理对灰铸铁强度提高的贡献和权重较小。下面对常见的几种灰铸铁的热处理方式进行介绍。

①去应力退火。

铸件在冷却过程中,由于各部位的冷却速度不同,通常会在铸件的内部产生很大的内应力。它不仅会引起铸件的变形和开裂,而且还会在切削加工以后因应力的重新分布而引起铸件的变形,使铸件的加工精度降低。所以凡大型和形状复杂的铸件,在开箱以后或切削加工之前,都要进行一次去应力退火,有时候甚至在精加工之后还要再进行一次去应力退火。具体去应力退火工艺过程见图8-5。

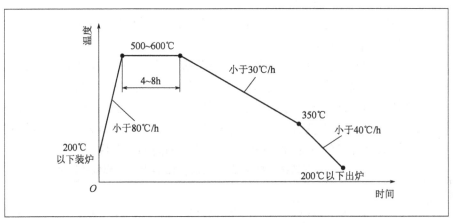

图8-5 灰铸铁去应力退火工艺

②改善切削加工性的退火。

铸件的表层及一些薄壁处,由于冷却速度快(特别是金属型铸造时)难免会出现白口,致使切削加工难以进行。为了降低硬度,改善切削加工性能,必须进行在共析温度以上加热的高温退火,通常也称为石墨化退火。退火方法是将铸件加热至850~900℃,保温2~5h,使渗碳体分解为石墨,而后随炉缓慢冷却至400~500℃,再置于空气中冷却,具体的退火工艺如图8-6所示。

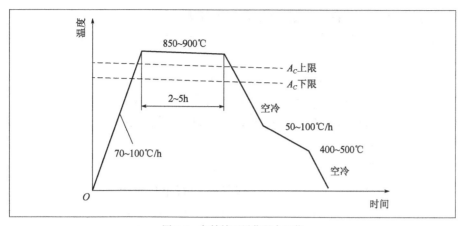

图 8-6　灰铸铁石墨化退火工艺
A_C-奥氏体转变线

③表面淬火。

有些大型铸件的工作表面需要有较高的硬度和耐磨性,例如,机床导轨的表面及内燃机汽缸的内壁等,常需要表面淬火。表面淬火的方法有高频感应加热表面淬火,火焰表面淬火及接触电热表面淬火等多种。

3. 孕育铸铁

普通灰铸铁的主要缺点不仅在于其中的石墨呈粗大片状,更主要的是普通灰铸铁的壁厚敏感性大,致使同一铸件不同壁厚的部位其组织和机械性能不能均匀一致。为了细化灰铸铁的组织,提高机械性能并使其均匀一致,通常在浇铸前往铁水中加入少量强烈促进石墨化的物质(即孕育剂)进行处理,这一处理过程称为孕育处理。

常用的孕育剂有硅铁、硅钙等,其中最常用的是含75% Si 的硅-铁系合金。孕育剂的作用是促使石墨非自发形核,因而既能获得灰口组织,又可细化石墨片,并使其均匀分布于基体组织中,从而减小灰铸铁的壁厚敏感性,使灰铸铁的机械性能显著提高。经过孕育处理的灰铸铁,称为孕育铸铁。

孕育铸铁的化学成分,一般选择在灰口与白口(或麻口)区之间,经孕育处理后形成石墨量较少、石墨片细小的珠光体基体组织。

孕育铸铁的机械性能与普通灰铸铁比较,其显著的特点是壁厚敏感性小,即同一铸件壁厚不同的各个部位的组织与性能均匀,而且强度、硬度和耐磨性以及冲击韧性值、延伸率均比普通灰铸铁高。所以,孕育铸铁主要用于动载荷较小,而静载强度要求较高的重要零件,例如:汽缸、齿轮、凸轮和高压液压筒以及机床铸件等。

二、可锻铸铁

可锻铸铁是先将铁水浇铸成白口铸铁,然后经过石墨化退火,使游离渗碳体发生分解形成团絮状石墨的一种高强度灰口铸铁。由于团絮状石墨对铸铁金属基体的割裂和引起应力集中作用比片状石墨小得多,因此,可锻铸铁具有较高的强度,特别是塑性(延伸率δ可达12%左右)比普通灰铸铁高得多,有一定的塑性变形能力,因而得名可锻铸铁(又称玛钢)。实际上可锻铸铁并不能锻造。

常用可锻铸铁的化学成分范围为:2.4%~2.7%C,1.4%~1.8%Si,0.5%~0.70%Mn,<0.08%P,<0.25%S,<0.06%Cr,另外加少量的孕育剂铝和铋。

可锻铸铁按白口铸件石墨化退火工艺特性的不同,又可分为石墨化可锻铸铁和脱碳可锻铸铁。

1. 石墨化可锻铸铁(又称黑心可锻铸铁)

石墨化可锻铸铁是由白口铸件经长时间石墨化退火而制得的,在退火过程中主要是发生石墨化。如果白口组织在退火过程中第一阶段和第二阶段石墨化充分进行,则退火后得到铁素体基体加团絮状石墨的组织,称为铁素体可锻铸铁。由于其断口颜色石墨析出而心部呈墨绒色,表层则因退火时脱碳而呈白亮色,故又称黑心可锻铸铁。如果退火过程中经第一阶段和中间阶段石墨化后,以较快冷却速度冷却,使第二阶段石墨化未能进行,则退火后的组织为珠光体加团絮状石墨的组织,称为珠光体可锻铸铁。其断口虽呈白色,但习惯上亦称为黑心可锻铸铁,因为它们都是石墨化可锻铸铁。

2. 脱碳可锻铸铁(又称白心可锻铸铁)

退火过程中铸件往往脱碳不完全,致使铸件心部组织为珠光体基体加团絮状石墨,甚至残留有少量未分解的游离渗碳体,表层组织为铁素体。其断口颜色是表层呈黑绒色,而心部呈白色,故又称白心可锻铸铁。

可锻铸铁的机械性能除与石墨团的形状、大小、数量和分布有关外,还与金属基体的组织有很大关系。铁素体基体可锻铸铁具有一定的强度和较高的塑性与韧性,主要用作承受冲击和振动的铸件,珠光体基体可锻铸铁具有高的强度、硬度和耐磨性以及一定的塑性、韧性,主要用于要求高强度、硬度、耐磨的铸件。

可锻铸铁另一重要特点是其生产过程是先浇铸成白口铸铁件,然后再退火成灰口组织。因此,非常适宜生产形状复杂的薄壁细小的铸件。这是任何其他铸铁所不能比美的。

我国可锻铸铁的钢号用"可铁"两字汉语拼音的第一个大写字母"KT"表示,随后加两组数字分别表示最低抗拉强度(单位为 MN/m^2)和最低延伸率(%)。由于可锻铸铁的生产周期长、工艺复杂、成本较高,因而近年来不少可锻铸铸铁已逐渐被球墨铸铁件所代替。

3. 可锻铸铁的热处理

退火是生产可锻铸铁的一个重要工艺环节,它直接影响可锻铸铁的组织和性能。黑心可锻铸铁的退火是在中性气氛中进行的,而且须将工件装入退火箱中,密封后装入退火炉,黑心铁素体可锻铸铁的退火工艺包括三个过程。

(1)加热过程。

当把原始组织为珠光体加共晶渗碳体的白口铸铁件缓慢加热到900~

1000℃时,其原始组织开始转变为奥氏体加共晶渗碳体。

(2)石墨化过程。

石墨化过程包括第一阶段石墨化、中间阶段石墨化和第二阶段石墨化。

①第一阶段石墨化是将白口铸件加热到临界点 A_{C_1} 以上保温,使共晶渗碳体石墨化。退火温度越高,越有利于渗碳体的分解,因此石墨化的时间也就越短。但是,过高的退火温度,将会导致石墨相晶体粗化,并易于形成片状石墨,甚至引起铸件变形。实际生产中将退火温度控制在1050℃以下,通常在900~1000℃。经过一段时间的保温,铸态的奥氏体+渗碳体组织转变为奥氏体+团絮状石墨的组织,也就是进行第一阶段石墨化。

②中间阶段石墨化是发生在第一阶段石墨化以后,自高温随炉冷却到750~720℃的过程中,从奥氏体中析出二次石墨,再次冷却过程中冷却速度不宜过快,以免析出二次渗碳体,一般以40~50℃/h为宜。

③第二阶段石墨化是从高温逐步降温,使共析渗碳体(和可能出现的二次渗碳体)充分分解,并最终获得铁素体+团絮状石墨组织,也就是进行第二阶段石墨化。该过程可在共析转变温度范围(770~720℃)内,以3~5℃/h的冷却速度进行较长时间的缓慢冷却。由于这一阶段温度较低,原子扩散较困难,因此若冷却较快或保温不足,则基体组织中将会残留部分珠光体。

(3)冷却过程。

经过第二阶段石墨化以后,铸件的组织已经转变为铁素体加团絮状石墨,在随后的冷却过程中将不会发生相变。但冷却速度对铸件的韧性有很大的影响,生产中不可忽视。如果退火后实行缓慢冷却,则铸件的冲击韧性会显著下降。在这种情况下,铸件的端口呈白亮色,称为白脆性,它是黑心铁素体可锻铸铁的一种缺陷。其产生的原因目前还不十分清楚,实践证明,可锻铸铁的成分中P、Si含量较高时,白脆性比较敏感。为了避免退火产生的白脆性,通常应在退火冷却到650℃左右时打开炉门进行空冷。黑心铁素体可锻铸铁正常的断口为黑绒色。

图8-7为黑心铁素体可锻铁的退火工艺曲线,图8-8为黑心铁素体可锻铸铁的组织转变过程。

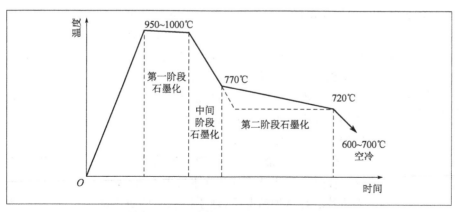

图8-7 黑心铁素体可锻铸铁的退火工艺曲线

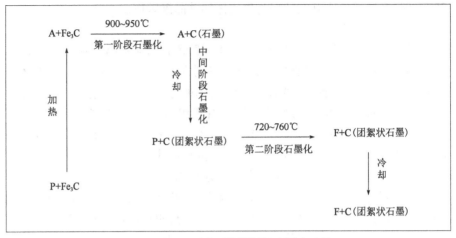

图 8-8 黑心铁素体可锻铸铁的组织转变过程

三、球墨铸铁

石墨呈球状分布在基体上的灰口铸铁称为球墨铸铁,与灰铸铁相似,球墨铸铁也是由液态石墨化而获得的一种铸铁,在工艺上是通过浇铸前往一定成分的铁水中加入定量的球化剂(如稀土等)和孕育剂,以促进碳呈球状石墨结晶析出。球状石墨对金属基体的损坏、减小有效承载面积以及引起应力集中作用均比片状石墨的灰铸铁小得多。因此,球墨铸铁中的基体组织的强度、塑性和韧性可充分发挥作用,从而具有比灰铸铁高得多的强度、塑性和韧性,并保持有耐磨、减振、缺口不敏感等灰铸铁的特性。它与可锻铸铁相比,除了具有更高的机械性能外,还具有生产工艺简单、生产周期短且不受铸件尺寸限制的特点。此外,球墨铸铁还可以像钢那样进行各种热处理改善金属基体组织,进一步提高机械性能。

球墨铸铁使用范围已遍及汽车、农机、船舶、冶金、化工等各个工业部门,成为重要的铸铁材料。

1. 球墨铸铁的组织特点

球墨铸铁的组织是由球状石墨和金属基体所组成的。

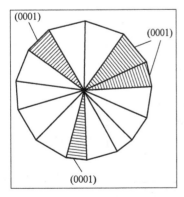

图 8-9 石墨球的结构示意图

球墨铸铁中的石墨球通常是孤立地分布在金属基体中。每个石墨球是由与石墨晶体的底面[(0001)面]成垂直方向的一系列柱状石墨单晶体所组成的。这些单晶体以共同的结晶核心各自沿着径向生长成近似于锥形的石墨单晶体,每个石墨球的球面由锥形石墨单晶体的底面[(0001)面]所构成,石墨球的结构示意图如图 8-9 所示。

但是,在球墨铸铁中所观察到的石墨并不都是呈球状的。这往往是由于化学成分和铁水处理不当,改变了石墨的生长条件所致。在这种情况下,球墨铸铁中的石墨除了呈球状外,还可能出现团状、团片状、厚片状、开花状以及呈枝晶状等分布形态。一般来说,石墨的圆整度越好,球径越小,分布越均匀,则球墨铸铁的机械性能亦越高。

球墨铸铁的金属基体组织与许多因素有关。除了化学成分的影响外,还与铁水处理和铁水的凝固条件以及热处理有关。因此,球墨铸铁的基体组织在铸态下变化比较大,一般很难获得单一的基体组织,而往往获得"铁素体+珠光体+渗碳体+球状石墨"这样的混合组织。这在灰铸铁中是少见的。所以,球墨铸铁在铸造后,通常都要经过退火或正火处理来调整其金属基体组织。铸件经正火或退火后球墨铸铁的基体组织有珠光体、珠光体+铁素体和铁素体,分别称为珠光体球墨铸铁、珠光体+铁素体球墨铸铁和铁素体球墨铸铁,典型组织如图8-10~图8-12所示。

图8-10 珠光体球墨铸铁组织

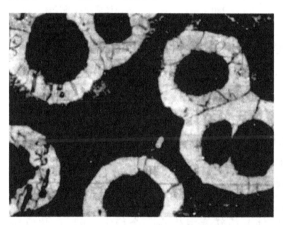

图8-11 珠光体+铁素体球墨铸铁组织

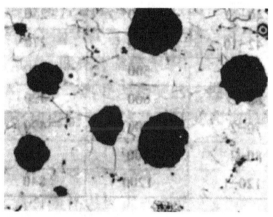

图8-12 铁素体球墨铸铁组织

2. 球墨铸铁的成分特点

球墨铸铁化学成分选择,应当有利于石墨化的前提下,根据铸件的壁厚大小、组织与性能要求来决定。表8-3列出了几种铸铁的化学成分的大致范围。表8-4为我国球墨铸铁的钢号和机械性能。

几种铸铁的化学成分的大致范围　　　　表8-3

铸铁类别	化学成分(%)						
	C	Si	Mn	P	S	$Mg_{残}$	$RE_{残}$
珠光体球墨铸铁	3.6~3.9	2.0~2.6	0.5~0.8	≤0.1	<0.03	0.03~0.06	0.02~0.05
铁素体球墨铸铁	3.6~3.9	2.5~3.2	0.3~0.5	0.05~0.07	<0.03	0.03~0.06	0.02~0.05
贝氏体铸铁	3.6~3.9	2.7~3.1	0.25~0.5	<0.07	<0.03	0.03~0.06	0.02~0.05
灰铸铁	2.7~3.6	1.0~2.2	1.5~1.3	<1.30	<0.15	—	—

表 8-4 我国球墨铸铁的钢号和机械性能

钢号	抗拉强度 σ_b(MPa)	屈服强度 $\sigma_{0.2}$(MPa)	断后伸长率 J(%)	供参考	
	≥			布氏硬度（HBS）	基体组织
QT400-18	400	250	18	130~180	铁素体
QT400-15	400	250	15	130~180	铁素体
QT450-10	450	310	10	160~210	铁素体
QT500-7	500	320	7	170~230	铁素体+珠光体
QT600-3	600	370	3	190~270	珠光体+铁素体
QT700-2	700	420	2	225~305	珠光体
QT800-2	800	480	2	245~335	珠光体或回火组织
QT900-2	900	600	2	280~360	贝氏体或回火马氏体

从表中可以看出,球墨铸铁的化学成分的特点是:碳、硅含量较高,锰、磷及硫含量低,并含有残留的球化剂镁和稀土元素。碳、硅、锰、磷、硫五元素仍然是主要成分。

3. 球墨铸铁的热处理

球墨铸铁将基体强度的利用率提高了 70%~90%,从而使通过热处理来改善球墨铸铁力学性能的作用大为突出。球墨铸铁可以像钢一样进行热处理,从而使球墨铸铁的应用范围进一步扩大。

由于球墨铸铁中存在石墨,又含有较多的碳和硅,因而又具有其固有的特点:球墨铸铁中含有较多的硅,使共析转变发生在一个稳定区间,在共析转变温度范围内的不同温度,都对应着铁素体与奥氏体的不同平衡数量,只要控制加热温度和保温时间,就可获得具有小比例的铁素体和珠光体的基体组织,从而可大幅度调整球墨铸铁的力学性能。加热时奥氏体中的碳需要通过球状石墨的表面溶解来供应,控制加热温度,保温时间和冷却速度可以在相当大的范围内调整和控制奥氏体的含碳量,最终通过调整和控制奥氏体转变产物的含碳量,来达到改善力学性能的目的。由于 Si 降低 C 在奥氏体中的溶解能力,因而保温时间要长;石墨的存在使球墨铸铁的导热能力变差,所以加热时速度要慢。球墨铸铁的热处理工艺性能好,因此凡是能改变和强化基体的各种热处理方法均适用于球墨铸铁。下面将介绍生产中常用的几种球墨铸铁的热处理方法。

(1)去应力退火。

球墨铸铁的弹性模量(E 为 170000~180000MPa)比灰铸铁(E 为 75000~110000MPa)高,铸造后产生残余应力的倾向要比灰铸铁大 2~3 倍。因此,球墨铸铁件特别是形状复杂,壁厚不均匀的球墨铸铁件,即使不需要进行其他热处理,也需要进行消除内应力退火。一般情况下,球墨铸铁在去应力退火过程中不发生组织的转变。

球墨铸铁的弹-塑性转变温度为500~620℃,去应力退火温度一般选择在550~650℃,对于铁素体球墨铸铁,一般取上限温度(600~650℃),珠光体球墨铸铁一般取下限温度(550~600℃)通常不超过600℃,保温时间的长短根据零件的大小和复杂程度来决定,一般为2~8h,然后随炉缓慢冷却(冷却速度一般控制在30~60℃/h),至200~250℃出炉空冷。

(2)高温石墨化退火

球墨铸铁件由于加镁的作用,其白口倾向增大,铸造后组织往往会产生游离渗碳体,从而使铸件脆性加大,硬度偏高,切削加工困难。为了消除铸态组织中的游离态渗碳体,提高铸件的塑性、韧性,降低其硬度,改善其切削加工性,必须进行高温石墨化退火,其工艺如图8-13所示。

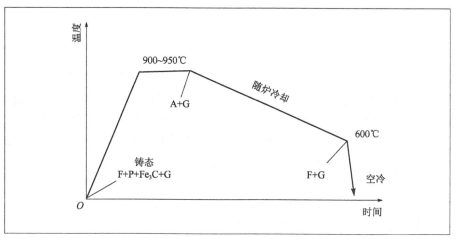

图8-13 球墨铸铁高温退火工艺曲线

四、蠕墨铸铁

蠕墨铸铁是20世纪60年代开始发展并逐步受到重视的一种新的铸铁材料,因其石墨呈蠕虫状而得名。

蠕墨铸铁的显微组织由蠕虫状石墨加基体组织组成,其基体组织与球墨铸铁相似,在铸态下一般都是珠光体和铁素体的混合基体,经过热处理或合金化才能获得铁素体或珠光体基体。通过退火可以使蠕墨铸铁获得85%以上的铁素体基体或消除薄壁处的游离渗碳体。通过正火可增加珠光体量,从而提高强度和耐磨性。

由于蠕虫状石墨对基体的性能有很好的作用,故蠕墨铸铁是一种综合性能良好的铸铁材料,其力学性能介于球墨铸铁与灰铸铁之间,抗拉强度、屈服点、断后伸长率、弯曲疲劳极限均优于灰铸铁,接近于铁素体球墨铸铁。导热性、切削加工性均优于球墨铸铁,与灰铸铁相近。蠕墨铸铁的钢号用RuT表示,所跟的数字表示最低抗拉强度。蠕墨铸铁的性能特点及用途举例见表8-5。

表 8-5 蠕墨铸铁的性能特点及用途举例

钢号	性能特点	用途举例
RUT420, RUT380	需加入合金元素或经正火热处理以获得以珠光体为主的基体。具有高的强度、硬度、耐磨性和较高的热导率	活塞环、汽缸套、制动盘、玻璃模具、制动鼓、钢珠研磨盘、吸泥泵体等
RUT340	具有较高的强度、硬度、耐磨性和热导率	带导轨面的重型机床件、大型龙门铣床横梁、大型齿轮箱体、制动鼓、飞轮、玻璃模具、起重机卷筒、烧结机滑板等
RUT300	强度、硬度适中,有一定的塑性、韧性和较高的热导率,致密性较好	排气管、变速箱体、汽缸盖、纺织机零件、液压件、钢锭模及某些小型烧结机算条等
RUT260	一般需经退火热处理以获得铁素体为主的基体,强度一般,硬度较低,有较高的塑性、韧性和热导率	增压器废气进气壳体,汽车、拖拉机的某些底盘零件

根据铸铁的使用条件的不同,可对蠕墨铸铁实行退火、淬火和回火处理。除非尺寸稳定性要求很高的铸件外,蠕墨铸铁一般不需要进行消除应力退火。

退火的目的是使渗碳体石墨化,降低铸件硬度,改善切削加工性能。如果铸件组织中没有游离态渗碳体,通过低温退火(退火温度为760℃左右)可以促使珠光体分解,以此增加铁素体含量,但是大多数蠕墨铸铁件退火的目的是消除铸件中的白口组织。消除游离渗碳体的加热温度和保温时间可参照球墨铸铁的高温石墨化退火规范进行。

蠕墨铸铁铸态组织中有大量的铁素体,为了提高材料强度和耐磨性能,可以实行正火处理,获得90%以上珠光体基体。

一般全奥氏体化正火温度为 900~950℃,保温后空冷或风冷。为了获得更好的综合力学性能,也可以进行低碳钢奥氏体化正火,接近 A_{c_1} 温度(740~760℃)保温1.5h后,随即快速加热至 900~940℃,在石墨尚未充分溶入奥氏体的情况下出炉空冷或风冷。壁厚不均匀或重要的蠕墨铸铁件正火后需在550~580℃回火消除内应力。

少数硬度要求高的蠕墨铸铁件可以进行淬火、回火处理。淬火加热温度为850~870℃。含硅量较高时,加热温度可以提高10~20℃,铸件的保温时间可按1.5min/mm计算(电阻炉)。保温后在油或有机淬火介质中冷却。淬火后需要及时回火,回火温度不应该超过550℃,以免出现石墨化现象。具有铁素体基体的蠕墨铸铁经高频加热淬火后,石墨周围产生环状硬化带,能提高铸件的耐磨能力。

五、耐热铸铁

1. 铸铁在高温下的损坏形式

普通灰铸铁在900℃左右反复加热与冷却,其体积会逐次增大,最后产生因裂纹而损坏。铸铁在反复加热、冷却时产生体积长大的现象称为铸铁的生长。

铸铁在高温下损坏的形式,主要是在反复加热、冷却过程中,发生相变和氧化引起铸铁生长与微裂纹的形成。对于普通灰铸铁,由于石墨呈片状分布,有利于氧化性气体渗入铸铁内部而产生内氧化,引起铸铁生长和微裂纹的产生。因此,灰铸铁的耐热性较差,一般只能在400℃左右的温度下工作。

2. 提高铸铁耐热性的途径

由上述铸铁在高温下的损坏形式可知,凡是促进铸铁石墨化和内氧化的因素,都会使铸铁的生长加剧,而降低铸铁的耐热性。提高铸铁耐热性可以采取以下几方面的措施。

(1)合金化。在铸铁中加入硅、铝、铬等合金元素进行合金化,以提高铸铁的耐热性。因为这些元素能在铸铁表面形成一层致密的、稳定性很高的氧化膜,阻止氧化气氛渗入铸铁内部产生内氧化,从而抑制铸铁的生长。加入0.8% Cr 可使铸铁生长量减少约10%,从而提高耐热性能。

(2)提高铸铁金属基体的连续性,减少或消除氧化气氛渗入铸铁内部,以防止铸铁发生内氧化和铸铁的生长,可提高铸铁的耐热性。白口铸铁由于没有石墨割裂金属基体,氧化性气氛难以进入铸铁内部,因此耐热性比灰口铸铁高。球墨铸铁由于石墨呈孤立的球状分布,对金属基体的割裂与破坏相比石墨呈片状分布的灰铸铁小得多,其抗生长性也比灰铸铁好。因此,球墨铸铁的耐热性亦比灰铸铁好。

(3)通过合金化以获得单相的铁素体或奥氏体基体,使其在工作温度范围内不发生相变,从而减少因相变引起铸铁的生长和微裂纹,亦能收到提高耐热性的效果。

从以上讨论可知,铸铁合金化是提高铸铁耐热性能的最有效措施,因此,耐热铸铁主要是合金铸铁。国外应用铬、镍系耐热铸铁,国内主要发展高硅、高铝或铝耐热铸铁以及低铬耐热铸铁和高铬耐热铸铁。

常用的几种耐热铸铁的成分、性能及应用见表8-6。

常用的耐热铸铁成分、性能及应用　　　　表8-6

铸铁名称	化学成分(%)						使用温度(℃)	用途举例
	C	Si	Mn	P	S	其他		
中硅耐热铸铁	2.2~3.3	5.0~6.0	<1.0	<0.2	<0.12	Cr 0.5~0.9	≤850	烟道挡板、换热器等
中硅球墨铸铁	2.4~3.0	5.0~6.0	<0.7	<0.1	<0.03	Mg 0.04~0.07 RE 0.015~0.035	900-950	炉底板、熔铝、电阻炉坩埚等
高铝球墨铸铁	1.7~2.2	1.0~2.0	0.4~0.8	<0.2	<0.01	Al 21~24	1000~1100	炉底板、渗碳罐炉子、传送链构件等
铝硅球墨铸铁	2.4~2.9	4.4~5.4	<0.5	<0.1	<0.02	Al 4.0~5.0	950~1050	闸门、炉条等
低铬耐热铸铁	2.8~3.6	1.5~2.7	<1.0	<0.3	<0.12	Cr 0.5~1.9	≤650	闸门、炉条等
高铬耐热铸铁	1.5~2.2	1.3~1.7	0.5~0.8	≤0.1	≤0.1	Cr 28~36	1100~1200	加热炉底板、炉子、传送链构件等

六、耐蚀合金铸铁

铸铁在酸、碱、盐以及其他介质(如大气、海水等)的作用下要发生腐蚀,造成铸件损坏,根据腐蚀过程机理的不同,铸铁的腐蚀可分为化学腐蚀和电化学腐蚀两类。

在通常的情况下,铸铁的腐蚀是化学腐蚀和电化学腐蚀两者兼有的过程,从而加速铸铁的腐蚀损坏。

根据铸铁腐蚀损坏的基本原理,提高铸铁的耐腐蚀途径可以采用以下几方面的措施。

(1)通过合金化提高铸铁的抗化学腐蚀性能,如加入硅、铝、铬等合金元素,能在铸铁表面形成一层连续致密而且与铸铁金属基体牢固结合的保护膜,可有效地提高铸铁的耐蚀性。

(2)通过合金化提高铸铁基体的电极电位,提高铸铁的抗电化学腐蚀能力。铸铁中加入铬、硅、钼、铜、镍和磷等合金元素,能使铸铁基体在电解质中形成致密的保护膜(如 Cr_2O_3 或 SiO_2),变成钝化状态,从而提高金属基体的电极电位,减缓电化学腐蚀过程,提高耐蚀性。

(3)改变铸铁的组织,提高其耐蚀性。铸铁组织中的石墨数量越少,形状越呈球状,则原电池数目越少,腐蚀介质就越不容易渗入铸铁内部进行腐蚀,所以,铸铁中石墨数量越少耐蚀性越好,而且石墨呈球状的球墨铸铁比石墨呈片状的灰铸铁具有较好的耐蚀性。对于金属基体来说,具有单相的合金铁素体或奥氏体比多相的珠光体基体铸铁耐蚀性要好。多相的珠光体基体组织弥散度越大,原电池数目越多,耐蚀性越差。所以,化学成分相同的铸铁,当基体为多相混合物时,珠光体基体的耐蚀性最好,索氏体基体次之,屈氏体和贝氏体基体的最差。

综上所述,提高铸铁耐蚀性的主要途径是铸铁的合金化。因此,耐蚀铸铁一般都是合金铸铁。目前应用较多的有高硅耐蚀铸铁、高铝耐蚀铸铁和高铬耐蚀铸铁等。

常用的几种耐蚀铸铁的化学成分和机械性能见表8-7。

常用的几种耐蚀铸铁化学成分和机械性能 表8-7

铸铁名称	钢号	化学成分(%)								热处理	机械性能		
		C	Si	Mn	Cr	Cu	RE加入量	S	P		σ_b (MN/m²)	σ_{bb} (MN/m²)	硬度 (HB)
高硅铸铁	STSi-15	0.5~0.8	14.5~16.0	0.3~0.8	—	—	—	≤0.07	≤0.07	900℃退火	60	140	300~400
稀土高硅球墨铸铁	SQTSi-15	0.5~0.8	14.5~16.0	0.3~0.8	—	—	0.25	≤0.03	≤0.05	900℃退火	150	300	350~420

续上表

铸铁名称	钢号	化学成分(%)								热处理	机械性能		
		C	Si	Mn	Cr	Cu	RE加入量	S	P		σ_b (MN/m^2)	σ_{bb} (MN/m^2)	硬度 (HB)
稀土高硅铸铁	STSi-11	1.0~1.2	10.0~12.0	0.3~0.8	0.6~0.8	1.8~2.2	0.25	≤0.02	≤0.045	900℃退火	—	350	260~350
高铝耐蚀铸铁	—	2.8~3.3	1.2~2.0	0.5~1.0	Al4.0~6.0	0.8~1.2	—	<0.12	<0.2	900℃退火	—	—	—

铸铁中加入铬后,在腐蚀介质中铸铁表面能形成致密的 Cr_2O_3 钝化膜,提高铸铁基体的电极电位。它既能提高铸铁的电化学腐蚀,又能提高铸铁的高温抗氧化性能。因此它既是耐蚀铸铁,又是耐热铸铁。为了提高耐蚀性能,铬与碳的比值应控制在 17 以上。

七、耐磨铸铁

按工作条件不同,耐磨铸铁可分为两种类型:一种是在润滑条件下工作,如机床导轨、汽缸套、活塞环等,常称为减摩铸铁;另一种是在无润滑的干摩擦条件下工作,如犁铧、轧辊及球磨机零件等,常称为抗磨铸铁。

在润滑条件下工作的耐磨铸铁称为"减摩铸铁",这类零件不仅要求工作中磨损少,而且要求有较小的摩擦系数,以减少动力消耗。这类铸铁的组织应为软基体上分布有硬的组织组成物,在磨合后使软基体有所磨损,形成沟槽,保持油膜的连续性。普通的珠光体灰口铸铁就符合这个要求,其中铁素体为软基体,渗碳体层片为硬组分,石墨也起储油和润滑作用。为进一步提高珠光体灰口铸铁的耐磨性,把铸铁中的含磷量提高到 0.4%~0.6%,称为高磷铸铁。为了进一步改善高磷铸铁的机械性能,常在其中加入合金元素,如 Cr、Mo、Cu、W、V、Ti 等,构成合金高磷铸铁。

中锰球墨铸铁是一种具有较好强度和韧性的马氏体抗磨铸铁,即在稀土镁球墨铸铁中加入 4.5%~9% 的锰,可控制不同的锰量而有不同的基体组织,除碳化物、基体组织还有球状石墨存在。这种铸铁的成分、性能及应用见表 8-8。

中锰球墨铸铁的成分、性质及应用 表 8-8

类型	化学成分(%)							机械性能				金相组织	用途举例
	C	Si	Mn	P	Si	RE	Mg	σ_b (N/m^2)	σ_{bb} (N/m^2)	f (mm)	硬度 (HRC)		
奥氏体型	3.3~3.8	4.0~5.0	7.5~9.5	<0.15	<0.02	0.025~0.05	0.025~0.06	350~450	550~750	40~70	38~47	球墨+奥氏体+断续网碳状化物 5%~25%	耙片、球磨机衬板、履带板

续上表

类型	化学成分(%)							机械性能				金相组织	用途举例
	C	Si	Mn	P	Si	RE	Mg	σ_b (N/m²)	σ_{bb} (N/m²)	f (mm)	硬度 (HRC)		
马氏体型	3.3~3.8	3.3~4.0	~	<0.15	<0.02	0.025~0.05	0.025~0.06	550~800		3.0~4.0	48~56	球墨+针状体+少量奥氏体+碳化物5%~25%	磨球

抗磨铸铁应具有均匀的高硬度组织。高含碳量的共晶或过共晶的白口铸铁就是一种很好的抗磨铸铁。由于白口铸铁很脆,不能用来制作要求具有一定冲击韧性和强度的铸件,如轧辊和车轮等;因而常用局部"激冷"的办法,获得所谓"冷硬铸铁"或"激冷铸铁"。即在浇铸时,在要求耐磨的表面部位采用金属型,使其产生激冷作用,同时适当调整化学成分,使铸件在耐磨的表面部位获得白口组织,而在心部和其他部位获得灰口组织,从而既具有一定的冲击韧性和强度,又具有高的耐磨性。

为了提高普通白口铸铁的耐磨性能,常加入一定的合金元素,获得合金白口铸铁。向普通白口铸铁中加入少量的铬、钼、钒、硼等,获得珠光体合金白口铸铁。加入较多的合金元素如镍、铬,可获得马氏体合金白口铸铁。为了获得更理想的组织及更高的硬度,应用高合金白口铸铁,如高铬铸铁及高钨马氏体白口铸铁等。

此外,耐磨铸铁中还有铬钼铜耐磨铸铁、硼耐磨铸铁以及钒钛耐磨铸铁等。

习 题

1. 根据石墨形态详述铸铁的分类。
2. 试述铸铁的石墨化过程以及影响其石墨化的主要因素。
3. 试述石墨形态对铸铁性能的影响。
4. 比较各类铸铁的性能特点,与钢相比铸铁在力学性能和工艺性能上有何优缺点?
5. 试从下列几个方面来比较 HT250 和退火态 45 钢。
   (1) 成分;
   (2) 组织;
   (3) 抗拉强度;
   (4) 抗压强度;
   (5) 硬度;
   (6) 减摩性;
   (7) 铸造性能;
   (8) 锻造性能;

(9)可焊性;

(10)切削加工性。

6.现有铸态下球墨铸铁曲轴一根,试确定其热处理方法,使其基体为珠光体组织,轴颈表层硬度为50~55HRC。

7.为下列零件选用合适钢号的铸铁,并说明原因:①汽缸套;②齿轮箱;③汽车后桥壳;④空气压缩机曲轴;⑤输油管;⑥1000~1100℃加热炉炉底。

第 9 章
CHAPTER 9
有色金属及其合金

工业上使用的金属材料，可分为黑色金属和有色金属两大类。钢和铸铁称为黑色金属。除了钢和铸铁外，其他金属及其合金统称为有色金属，如 Al、Mg、Ti、Cu、Pb、Sn 等金属及其合金。相对于钢铁材料，有色金属及其合金具有许多优良的特性，在工业领域尤其是高科技领域具有很重要的地位。例如：Al、Mg、Ti、Be 等轻金属具有密度小、比强度高等特点，广泛用于航空航天、汽车、船舶和军事领域；Al、Cu、Au、Ag 等金属具有优良的导电导热性和耐蚀性，是电器仪表和通信领域不可缺少的材料；Ni、W、Mo、Ta 等金属是制造高温零件和电真空元器件的优良材料；还有专用于原子能工业的 U、Ra、Be 等。有色金属及其合金具有钢铁材料所没有的许多特殊的机械、物理和化学性能，为现代工业不可缺少的金属材料。

9.1 铝及其合金

一、工业纯铝

工业上使用的纯铝具有以下特点：

(1) 铝很轻，它的密度为 2.72g/cm^3，大约是铜的三分之一。

(2) 导电性和电热性较好。室温时，铝的导电能力约为铜的 62%，若按单位重量材料的导电能力计算，铝的导电能力约为铜的 200%。

(3) 塑性好（$\Psi = 82\%$），能通过冷热压力加工制成各种型材，如丝、线、箔等。这种特性与铝具有面心立方晶格结构有关。

(4) 抗大气腐蚀性能好，因为铝的表面能生成一层极致密的氧化铝薄膜，它能有效地隔绝铝和氧的接触，而防止铝表面的进一步氧化。

(5) 强度很低（σ_b 为 $80 \sim 100 \text{MN/m}^2$），冷变形加工硬化后强度可提高到 σ_b 为 $150 \sim 250 \text{MN/m}^2$，但其塑性却下降到 Ψ 为 $50\% \sim 60\%$。

工业纯铝不像化学纯铝那样纯，它或多或少含有杂质，最常见的杂质为铁和硅，铝中所含杂质的数量越多，其导电性、导热性、抗大气腐蚀性以及塑性就越低。

纯铝按纯度分为高纯铝、工业高纯铝、工业纯铝，压力加工产品的牌号用"L"加顺序号表示。高纯铝在顺序号前加"0"，有 L05~L01 五种，数字越大，纯度越高；工业高纯铝在顺序号前加"G"，有 LG5~LG1 五种，数字越大，纯度越高；工业纯铝有 L1~L7 七种，数字越小，纯度越高。工业纯铝的主要用途是配制铝合金，高纯铝主要用于科学试验和化学工业。纯铝还可用来制造导线、包覆材料、耐蚀和生活器皿等。

二、铝合金

纯铝的主要缺点是强度低，故不能作为结构材料使用。但在铝中加入一定量的合金元素，如 Si、Cu、Mg、Mn 等（主加元素）和 Cr、Ti、B、Ni、Zr 等（辅加元素），可得到较高强度的铝合金。如果再经冷变形和热处理，强度还可以进一步提高。

（一）铝合金的分类及强化

纯铝虽然塑性高、导电性和导热性好，但其用途由于强度和硬度低而受到限制。为适应工业上不同用途的需要，需对纯铝进行合金化。所谓合金化，就是以一种金属为基加入一种或几种元素，熔在一起，构成一种新的金属组成物，使之具有某种特性或良好的综合性能的过程。铝在合金化时，常加入的合金元素有铜、镁、锌、硅、镍、锂和稀土等。铝合金的种类很多，根据生产方式不同，可分为铸造铝合金和变形铝合金两大类。一般来说，铸造铝合金中合金元素的含量较高,具有较多的共晶体,有较好的铸造性能,但塑性低,不宜进行压力加工而用于铸造零件,故称之为铸造铝合金。变形铝合金塑性好,可用压力加工方法制成各种形式的半成品。应当指出,铸造铝合金和变形铝合金之间的界限并不是十分严格,有些铸造铝合金也可以进行压力加工,一些铝-硅系合金就可以轧成板材使用。

根据状态图,铝合金的分类如图 9-1 所示,位于 B 点右侧的合金属于铸造铝合金;位于 B 点左侧的合金均可用加热的方法变成单相组织,有加工变形的可能,称为变形铝合金;位于 4 区内的合金,随温度的降低,合金元素溶解度越来越小,因而有热处理强化的可能,称为热处理可强化的变形铝合金;位于 3 区内的合金,不论温度如何变化,合金的组织都不会发生变化,属于热处理不可强化的变形铝合金,此类合金能承受冷深冲压,并有较高的耐腐蚀性,可用冷加工硬化方式提高强度。虽然大多数元素能与铝组成合金,但只有几种元素在铝中有较大的固溶度而成为常用合金元素。在铝中固溶度超 1.0%(原子分数)的元素有 8 个:锰、铜、镓、锗、锂、镁、硅、锌,其中铜、锰、镁、锌、硅为普遍采用的添加元素,是合金化的基本元素。要指出的是,在合金中除了表征合金主要特点的主要合金化元素以外,尚有少量的添加元素,如锰(作为合金化元素时除外)、铬、钛、锆等,它们对过饱和固溶体的分解、再结晶过程、晶粒度和各种性能都有很大影响,也能防止铸锭产生裂纹。此外,铁、硅(作为合金元素的除外)等杂质,对铝的加工性能、使用性能都是相当有害的。

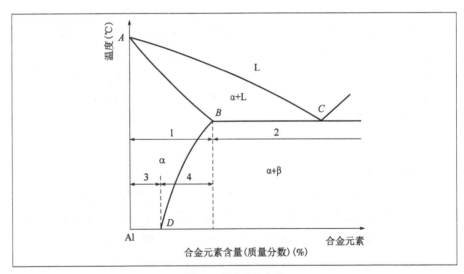

图 9-1 铝合金的分类

1-变形铝合金;2-铸造铝合金;3-热处理不可强化的变形铝合金;4-热处理可强化的变形铝合金

按照所含主要合金元素的不同,变形铝合金可分为 8 个合金系。其中,热处理不可强化的变形铝合金有以下 4 个合金系:

(1)工业纯铝。

(2)铝-锰系合金。

(3)铝-硅系合金。

(4)铝-镁系合金。

热处理可强化的变形铝合金主要有以下 3 个合金系：

(1) 铝-铜系合金。

(2) 铝-镁-硅系合金

(3) 铝-锌-镁系合金。

还有一个合金系是以其他合金元素为主要合金元素。

热处理不可强化的合金，主要通过冷加工而得到强化(即加工硬化或冷作硬化)。另外，少量元素的固溶及不溶性化合物弥散分布也可得到部分强化。硬化的材料可通过退火得到不同程度的软化。材料的力学性能可由冷作硬化程度和退火温度来控制。

热处理可强化的合金，主要通过固溶、淬火和时效而得到强化，使合金组元形成固溶体的固溶处理和形成在室温下亚稳定过饱和固溶体的淬火处理，所得到的部分强化效果不是很显著，而能析出强化相的时效处理则有显著的强化效果。多数强化相是由除铝外不少于两个元素组成的。一般从过饱和固溶体中析出的析出物种类可能很多，但有显著强化效应的相却是有限的。

(二) 变形铝合金

1. 变形铝合金的分类

根据铝合金的使用性能不同分类如下。

(1) 防锈铝合金。

防锈铝合金中主要合金元素是锰和镁。这类合金锻造退火后是单相固溶体，故抗腐蚀性能高、塑性好。而且 Mg 的加入不但有较好的固溶强化效果，尤其能使合金的比重降低，使制成的零件比纯铝还轻，如 5A05(LF5)。

在航空工业上防锈铝合金应用甚广，宜用于制造承受焊接的零件、管道、容器以及铆钉等。各种防锈铝合金均属不能热处理强化的铝合金，若要提高合金强度，可施以冷压力加工，使它产生加工硬化。

(2) 硬铝合金。

硬铝基本上是 Al-Cu-Mg 系合金，还含有少量的锰。加入铜和镁是为了形成强化相。锰的加入主要是为了改善合金的耐蚀性，也有一定的固溶强化作用，各种硬铝都可以进行时效强化。这种合金主要用于制作航空工业各种受力的结构零件，如飞机结构支架、翼肋、螺旋桨、发动机架等。

(3) 超硬铝合金。

超硬铝是 Al-Cu-Mg-Zn 系合金，和硬铝相比较，有更高的强度，但耐蚀性差。这种合金通常进行淬火和 120℃ 左右的人工时效处理。主要用于航空结构中主要受力件，如飞机大梁、蒙皮及起落架等。

(4) 锻铝合金。

锻铝是用于制作形状复杂的大型锻件的铝合金。它应具有良好的铸造性能(可铸出高质量的铸锭)、良好的锻造性能和较高的机械性能。目前锻铝属于 Al-Mg-Si-Cu 系和 Al-Cu-Ni-Fe 系合金。其合金元素的种类虽多，但含量都较少，因而具有良好的热塑性，一般锻压成型后经淬火时效处理。

根据合金元素不同分类如下。

(1) 铝-铜系合金。

铝-铜系合金是以铜为主要合金元素的铝合金,它是在铝铜二元素合金基础上发展起来的。铝-铜系合金在 820K 发生共晶转变,可溶解 5.6% 的铜。在合金缓慢冷却过程中,从 α 固溶体中可析出化合物 $CuAl_2$,合金的强度因此而增加。铝-铜系合金包括了 Al-Cu-Mg 系合金、Al-Cu-Mg-Fe-Ni 系合金和 Al-Cu-Mn 系合金等,这些合金均属于热处理可强化铝合金。

铝-铜系合金的特点是强度高,通常称为硬铝合金,其耐热性能和加工性能良好,但耐蚀性不如其他多数铝合金好,在一定条件下会产生晶间腐蚀,因此,板材往往需要包覆一层纯铝或一层对芯板有电化学保护的铝合金,以提高其耐腐蚀性能。其中,Al-Cu-Mg-Fe-Ni 系合金具有极为复杂的化学组成和相组成,它在高温下有高的强度,并具有良好的工艺性能,主要用于锻压在 150～250℃ 以下工作的耐热零件;Al-Cu-Mn 系合金的室温强度虽然低于 2A12 和 2A14 合金,但在 225～250℃ 或更高温度下强度却比前二者高,并且合金的工艺性能良好,易于焊接,主要应用于耐热可焊的结构件及锻件。该系合金广泛应用于航空和航天领域。

(2) 铝-锰系合金。

铝-锰系合金是以锰为主要合金元素的铝合金,属于热处理不可强化变形铝合金。它的塑性高,焊接性能好,强度比纯铝系铝合金高,而耐蚀性能与纯铝相近,是一种耐腐蚀性能良好的中等强度铝合金,用途广,用量大。

Al-Mn 系合金相图如图 9-2 所示。含量小于 2.0% 的一部分 Mn 能溶于铝中形成固溶体,在 930K(658℃) 时 Mn 的含量为 1.8%,在 20℃ 时 Mn 含量为 0.05%。3A21 合金的组织是由固溶体和分散的第二相 $MnAl_6$ 的质点组成,因而塑性好,但强度不高。

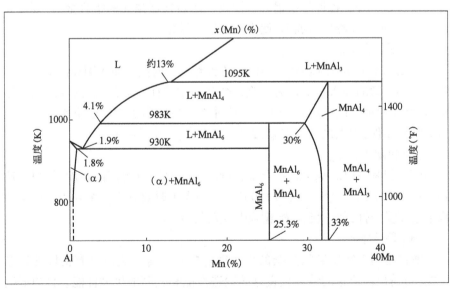

图 9-2　Al-Mn 系合金相图

合金元素和杂质元素在铝-锰系合金中的作用如下。

Mn:Mn 是铝-锰系合金中唯一的主合金元素,其含量一般在 1.0%~1.6%,合金的强度、塑性和工艺性能良好。Mn 与 Al 可以生成 $MnAl_6$ 相。合金的强度随 Mn 含量的增加而提高,当 Mn 含量高于 1.6% 时,合金强度随之提高,但由于形成大量脆性化合物 $MnAl_6$,合金变形时容易开裂。随着 Mn 含量的增加,合金的再结晶温度相应地提高。该系合金具有很强的过冷能力,因此在快速冷却结晶时,产生很大的晶内偏析。Mn 的浓度在枝晶的中心部位低,而在边缘部位高,当冷加工产品存在明显的 Mn 偏析时,在退火后易形成粗大晶粒。

Fe:Fe 能溶于 $MnAl_6$ 中形成(Fe、Mn)Al_6 化合物,从而降低 Mn 在 Al 中的溶解度。在合金中加入 0.4%~0.7% Fe,并且保证 Fe+Mn 含量不大于 1.85%,可以有效地细化板材退火后晶粒,否则,形成大量的粗大片状(Fe、Mn)Al_6 化合物,会显著降低合金的力学性能和工艺性能。

Si:Si 是有害杂质。Si 与 Mn 形成复杂三元相 T($Al_{12}Mn_3Si_2$),该相也能溶解 Fe,形成(Al、Fe、Mn、Si)四元相。若合金中 Fe 和 Si 同时存在,则先形成 α($Al_{12}Mn_3Si_2$)或 β(Al_9MnSi_2)相,破坏了 Fe 的有利影响,故合金中的 Si 应控制在 0.6% 以下。Si 也能降低 Mn 在 Al 中的溶解度,而且比 Fe 的影响大。Fe 和 Si 可以加速 Mn 在热变形时从过饱和固溶体中的分解过程,也可以提高合金的力学性能。

Mg:少量的 Mg(约为 0.3%)能显著地细化该系合金退火后的晶粒,并稍许提高其抗拉强度,但同时也损害了退火材料的表面光泽。Mg 也是 Al-Mg 系合金中的合金化元素,添加 0.3%~1.3% Mg,合金强度提高,伸长率(退火状态)降低,因此发展出 Al-Mg-Mn 系合金。

Cu:合金中含有 0.05%~0.5% Cu,可以显著提高其抗拉强度,但含有少量的 Cu(0.1%),能使合金的耐蚀性能降低,故合金中 Cu 含量应控制在 0.2% 以下。

Zn:Zn 含量低于 0.5% 时,对合金的力学性能和耐蚀性能无明显影响。考虑到 Zn 对合金焊接性能的影响,其含量限制在 0.2% 以下。

(3)铝-硅系合金。

铝-硅系合金是以硅为主要合金元素的铝合金,其大多数合金属于热处理不可强化铝合金,只有含 Cu、Mg 和 Ni 的合金,以及焊接热处理强化的合金,才可以通过热处理强化。该系合金由于硅含量高,熔点低,熔体流动性好,容易补缩,并且不会使最终产品产生脆性,因此主要用于制造铝合金焊接的添加材料,如钎焊板、焊条和焊丝等。另外,由于铝-硅系合金的耐磨性能和高温性能好,也被用来制成活塞及耐热零件。含硅量在 5.0% 左右的合金,经阳极氧化上色后呈黑灰色,适宜作建筑材料以及制造装饰件。

(4)铝-镁系合金。

铝-镁系合金是以镁为主要合金元素的铝合金,属于不可热处理强化铝合金。该系合金密度小,强度较高,属于中高强度铝合金,疲劳性能和焊接性能良好,耐海洋大气腐蚀性好。为了避免高镁合金产生应力腐蚀,对最终冷加工产品要进行稳定化处理,或控制最终冷加工量,并且限制其使用温度(不超过65℃)。该系合金主要用于制作焊接结构件和应用在船舶领域。

(5) 铝-镁-硅系合金。

铝-镁-硅系合金是以镁和硅为主要合金元素并以 Mg_2Si 相为强化相的铝合金,属于热处理可强化铝合金。合金具有中等强度、耐蚀性高、无应力腐蚀破裂倾向、焊接性能良好、焊接区腐蚀性能不变、成型性和工艺性能良好等优点。铝-镁-硅系合金中应用得最广的是6061和6063合金,它们具有最佳的综合性能,主要产品为挤压型材,是最佳的挤压合金。该合金广泛用作建筑型材。

(6) 铝-锌系合金。

铝-锌系合金是以锌为主要合金元素的铝合金,属于热处理可强化铝合金。合金中加镁,则为Al-Zn-Mg系合金,具有良好的热变形性能,淬火范围很广,在适当的热处理条件下能够得到较高的强度,焊接性能良好,一般耐蚀性较好,有一定的应力腐蚀倾向,是高强可焊的铝合金。Al-Zn-Mg-Cu系合金是在Al-Zn-Mg系合金基础上通过添加Cu发展起来的,其强度高于铝-铜系合金,一般称为超高强铝合金。其屈服强度接近抗拉强度,屈强比高,比强度也很高,但塑性和高温强度较低,宜作为常温或120℃以下使用的承力结构件。合金易于加工,有较好的耐腐蚀性能和较高的韧性。该合金广泛应用于航空和航天领域,并成为这个领域中最重要的结构材料之一。

2. 变形铝合金的应用

变形铝合金型材是指由冶金工厂采用铸锭冶金法熔铸成铸锭后,通过锻造、冲压、弯曲、轧制、挤压和拉拔等塑性变形工艺加工方法,制成板材、带材、管材、箱材、型材和锻件等各种形态的铝合金材料,又称可压力加工铝合金。变形铝合金具有优良的再加工和成型性能,同时制备成本低廉,耐久性、可靠性和可维修性高,通过热处理控制技术可使其具有较好的比强度、比刚度以及耐腐蚀、导热、导电等所需特殊性能。主要适于制造结构件,在航空、航天产品用料中占主要地位,如飞机蒙皮、主梁、翼肋、起落架零件、导管、铆钉及发动机叶片、叶轮、压气机盘、机匣、作动筒零件等,在船舶及建筑工业也有着广泛的应用。图9-3为汽车上的铝合金结构件。

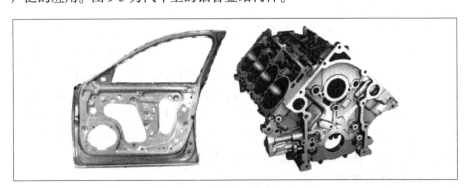

图9-3 汽车上的铝合金结构件

以下详细介绍几类典型的变形铝合金的性能特点及应用范围。

(1) 工业纯铝(L)。

该类合金铝含量大于等于99%,具有高的可塑性,优良的抗腐蚀性能、导电性和导热性,但强度低,力学性能较差,可切削性不好,不能通过热处理强化。焊接性优良,可承受压力加工、引伸和弯曲。纯铝具有良好的化学或电解抛光性能,经阳极氧化处理后可获得具有一定光亮度的表面。产品有板、带、线材、管、箔材、棒材、型材等。

(2)工业高纯铝(LG)。

高纯铝是以优质铝为原料,通过定向凝固提炼法生产的纯度(铝含量)大于99.8%的纯铝,其性能与工业纯铝类似,但杂质含量较工业纯铝少。高纯铝又可细分为次超高纯铝(含铝量99.5%~99.95%)、超高纯度铝(含铝量99.996%~99.999%)和极高纯度铝(含铝量99.999%以上)。高纯铝表面光洁,呈银白色,具有清晰的结晶纹,不含有夹杂物,具有低的变形抗力、高的电导率、良好的塑性和良好的延展性,通常可以碾压成极薄的铝箔或极细的铝丝,使用机械碾压可以制作达到厚度为0.4μm的独立铝箔。产品有板、带、箔、管等,一般以半圆锭或长板锭供货,主要应用于科学研究、电子工业、化学工业及制造高纯合金、激光材料及一些其他特殊用途。工业高纯铝组合金主要包括以下典型品种:LG5(1A99)、LG4(1A97)、LG3(1A93)、LG2(1A90)、LG1(1A85)。

(3)防锈铝合金(LF)。

防锈铝合金在大气、水、海水等介质中仍表现出很好的抗腐蚀性,这类铝合金的主要合金元素是锰(1.5%左右)和镁,可分为Al-Mn系防锈铝合金(3×××系铝合金)和Al-Mg系防锈铝合金(5×××系铝合金)两种,锰元素通过固溶强化效果提高铝合金的强度,其强度较1×××系铝合金强度高20%以上,通过第二项强化提升合金耐腐蚀性;镁元素对铝合金的耐腐蚀性影响较小,但仍具有良好的固溶强化效果,故Al-Mn系合金较Al-Mg系合金的耐腐蚀性和强度更好,但其切削性比较差。防锈铝合金是热处理不可强化合金,只能通过冷加工来强化,因此其强度一般,但具有较强的承压加工能力和优异的耐蚀性,易于加工成型,并具有良好的光泽和低温性能,适于制造耐腐蚀、承受负荷较小的零件,如油管、油箱、窗框、灯具、铆钉等。

(4)硬铝合金(LY)。

硬铝合金是指可强化铝合金,其具有密度小、强度高、耐热性好等优点而被广泛运用在航天航空中承载构件、建筑、船舶等领域。硬铝合金主要有Au-Cu-Mg系合金、Au-Cu-Mn系合金等不同类型。合金中的铜镁含量越高,强化效果越显著、强度越高,但塑性和耐腐蚀性降低。锰的加入主要可以有效提高合金的耐腐蚀性,同时具有一定固溶强化效果。根据合金的合金化程度、力学性能和工艺性能,硬铝可分为铆接硬铝(2A01、2A10)、中强硬铝(2A11)、离强硬铝(2A12、2A06)、耐热硬铝(2A02)等。

(5)超硬铝合金(LC)。

超硬铝合金指的是具有超高强度的铝-锌-镁-铜系合金,是现有铝合金中强度最高的,淬火时效处理后的室温强度可达600~700MPa,故又有超高强铝合金之称。但是该合金耐热耐蚀性差(低于硬铝),抗疲劳性差,对应力集中敏感,应力腐蚀倾向明显,添加铜、锰等元素后将进一步提高合金强度,改善塑性和耐应力腐蚀性能。这类合金固溶强化温度范围比较广(460~475℃),可热处理强化且热处理强化效果明显,在人工时效状态下使用。超硬铝合金可运用于飞机制造业,用于制造飞机结构中主要受力元件。

(6)特殊铝合金(LT)。

在特定条件下使用的一类铝合金,主要是变形铝合金。由于化学成分和使用条件不同,其品种繁多,代号为LT。其具有较好的加工性能和耐蚀性,可用作焊棒、焊条等。

(三)铸造铝合金

1.铸造铝合金的概念及特性

概念:在纯铝中加入一些其他金属或非金属元素所熔制的合金,不仅能保持纯铝的基本性能,而且由于合金化作用,铝合金还获得了良好的综合性能。

配制铝合金的元素主要有硅、铜、镁、锌以及稀土元素等,它们在铝中的加入量较大,能强烈影响铝的力学性能和物理、化学性能。现在世界各国品种繁多的铸造铝合金,基本都是由这几种元素和铝的合金化所派生出来的。

特性:铸造铝合金必须具备以下特性,其中最关键的是流动性和可填充性。

(1)有填充狭槽窄缝部分的良好流动性;

(2)有适应其他许多金属所要求的低熔点;

(3)导热性能好,熔融铝的热量能快速向铸模传递,铸造周期较短;

(4)熔体中的氢气和其他有害气体可通过处理得到有效的控制;

(5)铝合金铸造时,没有热脆开裂和撕裂的倾向;

(6)化学稳定性好,有高的耐蚀性能;

(7)不易产生表面缺陷,铸件表面有良好的光泽和低的表面粗糙度,而且易于进行表面处理;

(8)铸造铝合金的加工性能好,可用压模、硬(永久)模、生砂和干砂模、熔模、石膏型铸造模进行铸造生产,也可用真空铸造、低压和高压铸造、挤压铸造、半固体铸造、离心铸造等方法形成,生产不同用途、不同品种规格、不同性能的各种铸件。

2.各类铸造铝合金的特点简述

用来制作铸件的铝合金称为铸造铝合金。一般机械制造工业中,铸造铝合金应用比较广泛。铸造铝合金与变形铝合金不同,它含有较多的合金元素,低熔点的共晶组织含量较多,这样就保证了合金在铸造时具有较好的铸造性。

(1)Al-Si系铸造铝合金。

Al-Si系铸造铝合金是目前使用最多的铸造铝合金,通常称为硅铝明,其中不含其他合金元素的称为简单硅铝明,除Si外尚含有其他合金元素的称为特殊硅铝明。

Al-Si二元合金相图如图9-4所示。

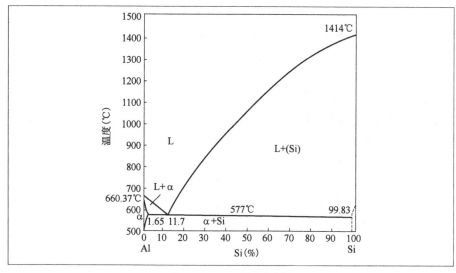

图 9-4 Al-Si 二元合金相图

简单硅铝明:简单硅铝明中含有 11%～13%Si,铸造后几乎全部得到共晶组织,因而这种合金的流动性很好,铸件发生热裂的倾向小。但是,铸件的致密度不高,这是由于合金的吸气性很高,结晶时能生成大量分散气孔。所以这种合金适于铸造形状复杂但致密度要求不高的铸件。对于致密度要求较高的铸件,应当消除气体或采用压力铸造。在一般情况下,简单硅铝明的金相组织主要是粗大的硅的针状晶体和 α 固溶体构成的共晶体(α+Si),如图 9-5a)所示。由于硅的脆性很大,又呈大的针状存在,大大降低了铝合金的机械性能、强度、塑性,故直接应用不多。为了提高它的机械性能,往往采用一种"变质处理"的方法,即在浇铸前向合金溶液中加入占合金重量 2%～3% 的变质剂(2/3NaF+1/3NaCl),可使铸造铝合金的金相组织显著细化。一般认为变细的原因是钠能促进 Si 的形核,又能阻碍硅晶体长大,使结晶温度降低,并使共晶成分向右移动,因而共晶成分的合金结晶后呈亚共晶组织。图 9-5b)为简单硅铝明 ZL102 变质处理后的金相组织。亮色晶体为初生 α 固溶体,暗色为球状的共晶体(α+Si)。

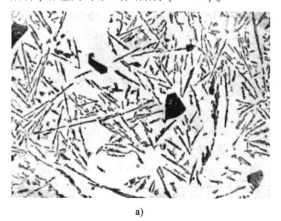
a)

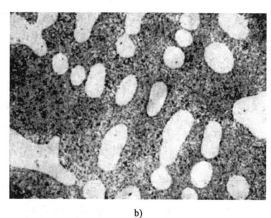
b)

图 9-5 简单硅铝明 ZL102 合金的金相组织
a)变质处理前;b)变质处理后

简单硅铝明除有优越的铸造性能外,尚有焊接性能良好、比重小、耐蚀性和耐热性也相当好等优点。其缺点是:铸件的致密度较小、强度不够高、不能进行时效强化,因而这种合金仅用于制造形状复杂但对强度要求不高的铸件,如内燃机、汽车拖拉机活塞、飞机及仪表外壳等。

特殊硅铝明:变质处理后的硅铝明,其强度提高不多,满足不了负荷较大的零件的要求。为了提高硅铝明的强度,可少许降低合金中的含硅量,同时,向合金中加入能形成强化相 $CuAl_2$、Mg_2Si、Al_2CuMg 等的合金元素 Cu、Mg 等,这样的合金除变质处理外,还能进行淬火时效,因而可以进一步提高硅铝明的强度。ZL101、ZL107、ZL105、ZL108、ZL109 和 ZL110 都属于特殊硅铝明。这类合金的应用很广,常用来制造形状复杂、性能要求较高和在较高温度下工作的零件和重载荷的大铸件。例如用特殊硅铝明制造的发动机活塞、电动机壳体、汽缸体、电机叶片等质量轻,耐蚀性好,线膨胀系数较小,强度、硬度较高,较耐磨、耐热而且铸造性能也比较好。

(2) Al-Cu 系铸造铝合金。

这是一种比较陈旧的铸造铝合金。由于合金中只含有少量共晶体,故铸造性能不好,耐蚀性及强度也较一般优质硅铝明低,故目前大部分已被其他铝合金所代替。ZL201、ZL202、ZL203 属于这一类。

(3) Al-Mg 系铸造铝合金。

这类合金的优点是耐蚀性好、强度高、比重小(为 2.55,比纯铝还轻);缺点是铸造性能不及铝-硅系合金好,而且铸造工艺较复杂。属于这一类的有 ZL301 和 ZL302 两种。Al-Mg 系铸造铝合金多用于制作承受冲击载荷、耐海水腐蚀、外形不太复杂且便于制造的零件,如舰船和动力机械零件等。

(4) Al-Zn 系铸造铝合金。

常用牌号为 ZL401,其主要化学成分为:9%~13% Zn,5%~7% Si。由于它的成分类似于加入大量 Zn 的 Al-Si 系合金,故有"含 Zn 硅铝明"之称。这种合金的铸造性能很好,且铸造冷却时即可自行淬火,经自然时效后有较高的强度。此外由于锌的价格较低,所以这种铸铝价格最便宜。其缺点是耐蚀性不好,热裂倾向大,需变质处理或压力铸造。ZL401 常用于制作汽车、拖拉机的发动机零件。

3. 铸造铝合金的应用

铸造铝合金是在纯铝的基础上加入其他金属或者非金属元素,以熔融金属充填铸型,获得各种形状零件毛坯的铝合金。该合金不仅能保持纯铝的基本性能,而且合金化及热处理的作用,使铝合金具有密度低、强度较高、耐蚀性和铸造工艺性好、受零件结构设计限制小等一系列的优良特性,目前已被广泛地应用于航空、航天、汽车、机械等行业(图 9-6,图 9-7)。现代铸造铝合金按主要加入的元素可分为 Al-Si 系铸造铝合金、Al-Cu 系铸造铝合金、Al-Mg 系铸造铝合金等多个系列。

图9-6 铸造铝合金罐体铸件

图9-7 铸造铝合金尿素箱支架

(1) Al-Si 系铸造铝合金。

该系合金通常含硅量为 4%~13%,Al-Si 系铸造合金具有优良的铸造性能,如流动性好、气密性好,收缩率小和热裂倾向小等,经过变质以及热处理之后,该系合金的组织和性能得到改善,具有良好的力学性能、物理性能、耐腐蚀性能和中等的机加工性能,是铸造铝合金中品种最多、用途最广的一类合金。

(2) Al-Cu 系铸造铝合金。

Al-Cu 系铸造铝合金是指以铜为主要合金元素的铸造铝合金,是最早应用的工业铸造铝合金,该系合金有高的强度和热稳定性,是所有铸造铝合金中耐热性最高的一类合金。Al-Cu 系铸造铝合金中 Cu 的质量分数为 3%~11%,其高温强度随着铜含量的增加而提高。但这种合金的线收缩和热裂倾向大,铸造性和耐蚀性差,易产生热裂纹。这类合金在航空产品上应用较广,主要用作承受大载荷的结构件和耐热零件。

(3) Al-Mg 系铸造铝合金。

Al-Mg 系铸造铝合金是指以镁为主要合金元素的铸造铝合金,Al-Mg 系合金中 Mg 的质量分数为 0.5%~13%。该系合金密度低,具有优良的抗腐蚀性能以及良好的切削加工性能、抛光性能和电镀性能。但由于该类合金熔炼和铸造工艺较复杂,除用作耐蚀合金外,也用作装饰用合金。

(4) Al-Zn 系铸造铝合金。

铝-锌系铸造铝合金是以锌为主要合金元素的铸造铝合金,由于 Zn 在 Al 中的溶解度大,因此当 Al 中加入质量分数大于 10% 的 Zn 时,能显著提高合金的强度。该类合金铸造性能好,不需要通过热处理即可获得高强度,可自然时效强化。但这类合金的缺点是耐腐蚀性能差,密度大,不适宜制作飞机零件,故目前主要用于制造压铸仪表壳体类零件。

(5) 铝稀土金属系合金。

ZL207,含稀土元素(RE)的耐热铸造铝合金。具有很高的耐热性,可在 300~400℃下长期工作,为目前耐热性最好的铸造铝合金。同时高温强度高,铸造性能一般,结晶温度范围只有 30℃左右,充型能力良好,形成针孔的倾向小,气密性高,不易产生热裂和疏松。但该合金室温力学性能较低,还含有铜、硅、锰、镍、镁、锆等元素,合金成分复杂。多采用砂型铸造和低压铸造。适合铸造形状复杂、受力不大,长期在 300～400℃ 工作的各种耐热结构件。如飞机发动机上的活门壳体、炼油行业中的一些耐热构件等,可取代铜或钛合金,显著减轻重量,降低成本。

(四) 铝合金的时效

什么是时效处理呢？下面以 Al-Cu 系合金为例来说明。参看图 9-8,将含 4% Cu 的铝合金加热到 α 相区中某一温度,经过一段时间保温,得到单一的 α 固溶体组织,然后投入水中快速冷却,使次生相 $CuAl_2$ 来不及从 α 相中析出,结果在室温下获得过饱和 α 固溶体组织,这种处理方法常称为固溶处理。固溶处理后的铝合金的强度与处理前比较变化不大,强度仍然较低,但若将此固溶处理后的铝合金在室温下放置 4～5 天后再测其强度,则发现它的强度比固溶处理状态有进一步提高。我们把这种固溶处理后的合金随时间延续而发生进一步强化的现象称为"时效硬化"或"时效强化"。在室温下所进行的时效称为自然时效;在加热的条件下所进行的时效称为人工时效。一般人工时效比自然时效的强化效果低,而且时效温度越高,其强化效果越低,但时效速度越快。

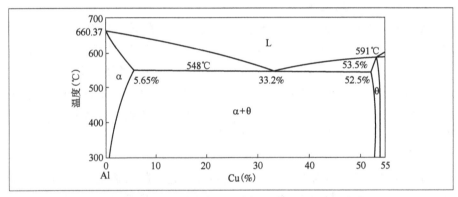

图 9-8 铝-铜系合金相图

由上述可知,铝合金的强化是通过固溶强化和时效强化达到的,尤其是时效强化的效果较为显著。实际生产中进行时效强化的铝合金,大多不是二元合金,而是 Al-Cu-Mg 系合金、Al-Mg-Si 系合金、Al-Si-Cu-Mg 系合金等,虽然强化相的种类有所不同,但是时效强化原理基本是相同的。

9.2 铜及其合金

一、铜及铜合金概述

随着人类社会向电气化、自动化、信息化和网络化的方向迈进,铜在生产建设、人民生活以及高新技术上的重要作用日益凸显。以铜合金为基础材料的微电子工业的兴起,使铜的应用得到快速的发展。所以,铜不仅是一种传统的非常有用的金属,而且还是重要的现代高新技术材料。

铜是IB族元素,元素符号Cu,原子量63.54,密度8.92g/m³,熔点1083℃。虽然地壳中铜只占0.01%,但在自然界中含铜的矿物分布却很广泛,如黄铜矿($CuFeS_2$)、辉铜矿(Cu_2S)、斑铜矿(Cu_2FeS_4)、赤铜矿(Cu_2O)等。铜与金和银为同族元素,具有与贵金属相似的物理和化学性能。它塑性好、易加工、耐腐蚀、无磁性、美观耐用。铜的导电性和导热性除略逊于银以外,是所有金属中最好的,因此被广泛应用于导电体和导热体。铜的化学稳定性强,抗张强度大,易熔接,具有耐蚀性、可塑性、延展性。纯铜可拉成很细的铜丝,制成很薄的铜箔。铜能与锌、锡、铅、锰、钴、镍、铝、铁等金属形成合金,可以进一步提高其强度、硬度、弹性、易切削性、耐磨性以及抗腐蚀性等方面的性能,总之铜的应用领域非常广泛。

纯铜的突出优点是导电及导热性好,其导电性在各种元素中仅次于银而居第二位,故纯铜的主要用途是制作电工导体。

在力学和工艺性能方面,纯铜有极好的塑性,可以承受各种形式的冷热压力加工。

在化学性能方面,铜是比较稳定的金属。纯铜在大气、水中不受腐蚀,但在海水中则会受腐蚀。

在冷变形过程中,铜有明显的加工硬化现象。

纯铜主要用在电器工业上做各种导体材料和用来配制铜合金。

我国生产的工业纯铜的牌号是T1、T2、T3、T4等四种("T"是铜字的汉语拼音字首)。

二、主要铜合金介绍

1. 紫铜(工业纯铜)

紫铜就是工业纯铜,其熔点为1083℃,在固态时具有面心立方晶体结构,无同素异构转变,密度是8.9g/cm³,比普通钢重约15%。它具有玫瑰红色,表面形成氧化膜后呈紫色,故一般称为紫铜。

紫铜是一种逆磁性物质(其磁化系数为一很小的负数),用其制作的各种仪器和机件不受外来磁场的干扰。这一特性在制作各种磁学仪器和其他防磁器械时具有重要意义。

2. 黄铜

(1)性能及牌号。

黄铜是铜与锌的合金。最简单的黄铜是铜-锌二元合金,称为简单黄铜或普通黄铜。改变黄铜中锌的含量可以得到不同力学性能的黄铜。黄铜中锌的含量越高,其强度也较高,但塑性稍低。工业中采用的黄铜含锌量不超过45wt%[1],含锌量再高将会显著变脆,使合金性能变差。为了改善黄铜的某种性能,在简单黄铜的基础上加入其他合金元素的黄铜称为特殊黄铜。常用的

---

[1] 代表质量百分比,单位。

合金元素有硅、铝、锡、铅、锰、铁与镍等。

黄铜的凝固温度范围小,偏析小,流动性好,易形成集中缩孔。高锌黄铜(30wt%~33wt%)的凝固温度较宽,若冷却速度过快则导致铸锭心部含锌量升高,出现少量β相。

单相α黄铜有良好的加工性能,其塑性随着锌含量的增加而增加。α黄铜(尤其是含32wt%~33wt%锌的黄铜)具有很好的冷加工性能。α黄铜的再结晶温度随其锌含量的增加而降低,在350~450℃完成再结晶过程,生产中采用的退火温度为500~700℃,组织为等轴α晶粒,晶粒越细硬度越高。双相黄铜组织中存在硬而脆的β相,强度高、塑性低,但在高温下β相的软化速度比α相的快,因此,它们的热轧温度为β相区范围,同时保证组织中仍有少量α相,以防β相过分长大,降低热轧性能。β黄铜在室温下既硬又脆,但在高温下有良好的塑性,比α黄铜更易加工。黄铜在200~700℃温度区间均存在脆性区,因此,应避免在脆性区进行热加工。脆性区大小与高低决定合金的锌含量。

黄铜在大气、淡水或蒸汽中有很好的耐蚀性,在海水中的腐蚀速度略有增加。脱锌和应力腐蚀破坏是黄铜最常见的两种腐蚀形式。脱锌出现在含锌较高的α黄铜特别是α+β黄铜中。锌电极电位远低于铜,电极电位低的锌在中性盐水溶液中首先被溶解,铜则呈多孔薄膜残留在表面,并与表面下的黄铜组成微电池,使黄铜成为阳极而被加速腐蚀。应力腐蚀是黄铜产品内的残余应力与腐蚀介质氨、SO_2及潮湿空气的联合作用产生的自裂现象。黄铜含锌量越高,越容易自裂。为避免黄铜自裂,所有黄铜冷加工制品或半制品,均需进行低温(260~300℃)退火来消除残留内应力。

简单黄铜的牌号以"H+含铜量"表示,如H70表示含铜量为70wt%,其余为锌。复杂黄铜牌号以"H+第二主添加元素+除锌以外的元素含量"表示,数字间以"-"隔开。如HSn70-1表示含70wt% Cu、1wt% Sn、余为锌的锡黄铜。

(2)相图与组织。

图9-9为Cu-Zn系合金相图,固态下有α、β、γ、δ、ε、η六个相。α相是以铜为基的固溶体,其晶格常数随锌含量的增加而增大,锌在铜中的溶解度与一般合金相反,随温度降低而增加,在458℃时固溶度达最大值(39wt%);之后,锌在铜中的溶解度随温度的降低而减少。α固溶体具有良好的塑性,可进行冷热加工,并有良好的焊接性能。

β相是以电子化合物CuZn为基的体心立方晶格固溶体。冷却过程中,在458~468℃温度范围时,无序相β转变成有序相β′。β′相塑性低,硬而脆,冷加工困难,所以含有β′相的合金不适宜冷加工。但加热到有序化温度以上,β′→β后,又具有良好塑性。β相高温塑性好,可进行热加工。

γ相是以电子化合物Cu_5Zn_8为基的复杂立方晶格固溶体,硬而脆,难以压力加工,工业上不采用。所以,工业用黄铜的锌含量均小于46wt%,不含γ相。

通常,又按组织的不同将简单黄铜分为三类:α黄铜即单相黄铜,α+β双相黄铜和β黄铜。

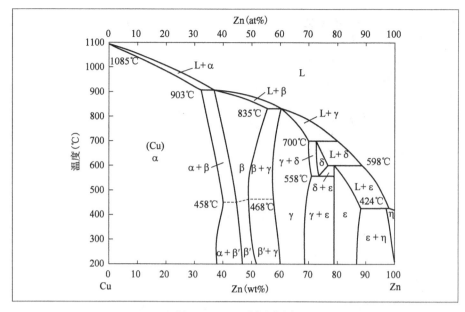

图 9-9 Cu-Zn 系合金相图

α 单相黄铜：含锌在 39wt% 以下的黄铜属单相 α 固溶体，典型牌号为 H70（即三七黄铜），其塑性非常好，适于深冲压和冷拉，大量用于制造炮弹壳，所以 H70 黄铜有"炮弹黄铜"之称。如图 9-10 所示，α 单相黄铜铸态组织呈树枝状，枝晶主轴富铜，呈亮白色，而枝间富锌呈暗色；经变形和再结晶退火，其组织为多边形晶粒，有退火孪晶。退火处理后 α 黄铜能承受极大的塑性变形，可以进行深冲变形。

α+β 双相黄铜：含锌量 36wt%~46wt%，H62 至 H59 均属于此。凝固时发生包晶反应形成 β 相，凝固完毕合金为单相 β 组织，当冷至 α+β 两相区时，α 相自 β 相析出，残留的 β 相冷至有序转变温度时，β 无序相转变为 β′ 有序相，室温下合金为 α+β′ 两相组织。如图 9-10 所示，α+β 黄铜铸态组织中，α 相呈亮色（因含锌少，腐蚀浅），β′ 相呈黑色（因含锌量多，腐蚀深）。经变形和再结晶退火后，α 相具有孪晶特征，β′ 相则没有。

β 黄铜仅用作焊料，在铸造状态下为 β 晶粒组织。

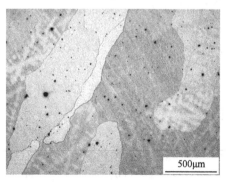
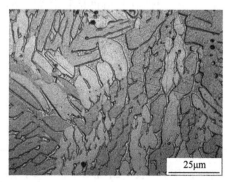

a)

图 9-10

b)

图 9-10 黄铜组织

a) α+β 双相黄铜铸态组织; b) α+β 双相黄铜变形后再结晶组织

3. 青铜

所谓青铜,最早指的是铜和锡的合金。青铜是应用最早的合金。中国的青铜时代以大量使用青铜生产工具、兵器和礼器为特征,自公元前两千年左右形成。我国先秦古籍中的科技著作《周礼·考工记》记录了"金有六齐"的配方,这是我国古代工匠们对青铜合金器物制造的经验总结,根据器物类型的不同,铜和锡的比例也有所区别。

目前,青铜的概念不单单指铜锡合金,人们把除黄铜、白铜之外的铜合金统称青铜,它是锡、铝、硅、铍、铅、锰、铬、锆等元素与铜形成的铜合金。无锡青铜合金也叫特殊青铜。青铜按主添元素分别命名为锡青铜、铝青铜、硅青铜和铍青铜等,青铜合金牌号一般以"Q + 主加元素符号 + 除铜外的成分数字组"表示。比如 QSn6.5-0.1 就表示含 6.5wt% 锡和 0.1wt% 磷的锡青铜;而 QAl10-3-1.5 表示含 10wt% 铝,3wt% 铁和 1.5wt% 锰的铝青铜。

(1) 锡青铜。

锡青铜作为较古老的铜合金,是人类应用较早的合金。它广泛用于制造鼎、钟、武器、铜镜等,工业锡青铜除主要合金元素锡以外,还含有一定量的磷、锌、铅、镍等。锡青铜没有磁性和低温脆性,冲击时不产生火花,具有耐蚀、耐磨、弹性好和铸件体积收缩率小等优良性能且用途广泛。

如图 9-11 所示为 Cu-Sn 系合金相图与组织。其中,α 相为锡溶入铜中的固溶体,面心立方晶体,是锡青铜中最基本的组成相。β 相是以 $Cu_{17}Sn_3$ 为基的固溶体,体心立方晶体,是一种高温相。δ、ζ 和 ε 都是中间相,化学式分别为 $Cu_{41}Sn_{11}$、$Cu_{10}Sn_3$、Cu_3Sn。这里比较重要的恒温反应有四个,在 798℃ 时发生包晶反应 L + α → β,在 586℃ 时发生共析反应 β → α + γ,在 520℃ 时发生共析反应 γ → α + δ,在 350℃ 时发生共析反应 δ → α + ε。然而,锡青铜在铸造时以非平衡条件凝固,凝固温度范围扩大,α 相区缩小,α 相来不及分解,故在铸造锡青铜中,一般不出现 α + (α + ε) 组织,而是出现图 9-11b) 所示的 α 枝晶 + (α + δ) 共析体的铸态组织。δ 相是硬脆相,不能进行塑性变形,它的出现会导致合金的塑性下降。

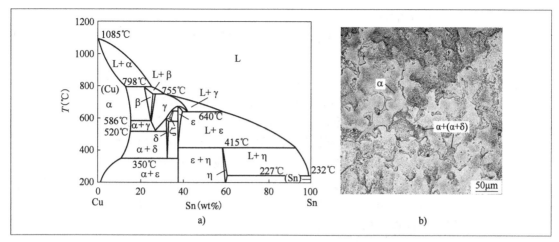

图 9-11 Cu-Sn 系合金相图与组织
a) Cu-Sn 二元平衡相图; b) Cu-Sn 系合金凝固组织

锡青铜的铸造性能,主要表现为以下几个特点。

①结晶温度范围宽。凝固速度较慢时,易形成缩松,可通过均匀化退火,消除枝晶偏析,防止铸件渗漏,提高塑性;但分布均匀的显微缩松能储存润滑油,对于有耐磨性要求的零件是有利的。

②热裂倾向大。锡青铜凝固时呈现糊状凝固,枝晶发达,在铸件内很快形成枝晶骨架,并开始收缩;此时,凝固层较薄,高温强度又低,容易产生开裂。

③容易出现反偏析缺陷。铸件在凝固时,富锡的易熔组分在体积收缩和析出气体的影响下,由中心往表面移动,在铸件表面渗出灰白色颗粒状的富锡分泌物,俗称"冒锡汗"(即富集 δ 相),导致铸件内外成分不均匀,力学性能降低,组织变得疏松,容易引起渗漏。而表面富集的坚硬 δ 相也会恶化铸件的切削加工性能,加工后表面出现灰白色斑点,影响表面质量。降低反偏析倾向可以通过放置冷铁,提高冷却速率或者调整化学成分(如加入锌)缩小结晶温度范围。也可采取有效的精炼除气措施,减少合金中的含气量。

④铸造工艺简单。锡不容易氧化,锡青铜铸件氧化倾向小,熔炼工艺简单,不需要设置复杂的挡渣系统,一般采用雨淋式浇口即可。

⑤线收缩率在铜合金中最小,铸造内应力小,冷裂倾向小,适用于铸造形状复杂的铸件或艺术铜像。

锡青铜的机械性能与含锡量是密不可分的,当锡含量小于 6wt% 时,锡溶于铜中,形成 α 固溶体,随着含锡量的增加,合金的强度和塑性都增加;当锡含量大于 6wt% 时,锡青铜的室温组织为 α + (α + δ) 共析体。δ 相是一个硬脆相,随着强度继续升高,塑性会下降。当 Sn 含量大于 20wt% 时,由于出现过多的 δ 相,合金变得很脆,强度也显著下降。因此,工业上用的锡青铜的含锡量一般为 3wt% ~ 14wt%。

锡青铜在大气、水蒸气和海水中具有很高的化学稳定性,而且在海水中的耐蚀性比紫铜、黄铜优良。因此那些暴露在海水、海风和大气中的船舶和矿山机械广泛应用锡青铜作铸件,但盐酸和硝酸会强烈腐蚀锡青铜。锡青铜在钠碱溶液、氨溶液及甲醇溶液中腐蚀也比较强烈。

（2）铝青铜。

铝青铜分为简单铝青铜和复杂铝青铜。只含铝的为简单铝青铜，除铝外另含铁、镍、锰等其他元素的多元合金为复杂铝青铜。

如图 9-12 为 Cu-Al 二元平衡相图，可以看到，含铝小于 7.4wt% 的合金在所有温度下均具有单相 α 固溶体组织。α 相塑性好，易加工。含 7.4wt% ~ 9.4wt% 铝的合金在 565 ~ 1036℃ 为 α + β 组织，但在实际生产中，β→α 转变不完全，总会保留一部分 β 相，随后发生 β→α + γ_2 共析分解。γ_2-Cu_9Al_4 是立方结构（a = 8.72Å）❶硬脆相，它使合金硬度、强度升高，塑性下降。铝含量 9.4wt% ~ 15.6wt% 的合金缓慢冷却到 565℃ 时，发生 β→α + γ_2 转变，形成层状（α + γ_2）共析组织，如图 9-13a）所示。铝含量 10wt% ~ 11.8wt% 的亚共析铝青铜在 β 单相区快速淬火时，β 相发生无扩散相变，形成针状 β′ 相和马氏体组织。含铝量大于 11.8wt% 的青铜最初由 β 固溶体过渡到有序固溶体 $β_1$，随后再转变为 β′ 马氏体（图 9-13b）或者 β′ + γ′ 混合物，此时形成的马氏体 β′（或 γ′）因铝的浓度不同而有所差别。

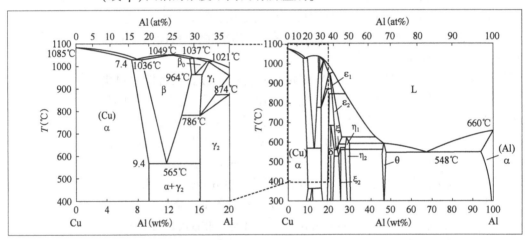

图 9-12 Cu-Al 二元平衡相图

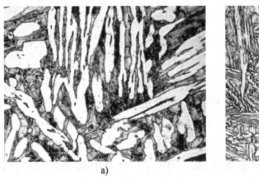 

图 9-13 Cu-Al 金相组织

a）铸态组织：白色 α + 黑色（α + γ_2）共析组织；b）930℃固溶处理 + 淬火组织：β′马氏体

---

❶ 1Å = 10^{-10}m。

铝青铜也有优良的铸造性能、机械性能及耐蚀性能,且用途广泛。

首先是铸造性能。铝青铜结晶温度间隔仅为 10~80℃,流动性很好,几乎不生成分散缩孔,易获得致密铸件,成分偏析也不严重,但容易生成集中缩孔,形成粗大柱状晶,使压力加工变得困难。为防止铝青铜晶粒粗大,除严格控制铝含量外,还用复合变质剂(如钛、钒、硼等)细化晶粒。加钛和锰能有效改善其冷、热变形性能。

铝青铜的机械性能与铝含量密切相关。其塑性在铝含量 4wt% 左右达最大值,其后下降,而强度在 10wt% 铝左右达到最大值。工业铝青铜含铝量一般在 5wt%~11wt%。铝青铜具有机械性能高、耐蚀、耐磨、冲击时不发生火花等优点。α 单相合金塑性好,能进行冷热压力加工。α+β 合金能承受热压力加工,但主要用挤压法获得制品,不能进行冷变形。

铝青铜的耐蚀性比黄铜、锡青铜好,在大气、海水和大多数有机酸(如柠檬酸、醋酸、乳酸等)中均有很高的耐蚀性,在某些硫酸盐、苛性碱等溶液中的耐蚀性也较好。

(3) 铍青铜。

铍青铜是以铍作为主要合金组元的一种无锡青铜。含有 1.7wt%~2.5wt% 铍及少量镍、铬、钛等元素,经过淬火时效处理后,强度极限可达 1250~1500MPa,硬度 350~400HB,接近中等强度钢的水平。在淬火状态下塑性很好,可以加工成各种半成品。铍青铜具有很高的硬度、弹性极限、疲劳极限和耐磨性,还具有良好的耐蚀性、导热性和导电性,受冲击时不产生火花,广泛用作重要的弹性元件、耐磨零件和防爆工具等。

如图 9-14 为 Cu-Be 二元平衡相图,可以看到铍青铜有 α、β、γ 三个单相区。α 相为铍溶解于铜形成的固溶体,面心立方晶格,有良好的塑性,可冷热变形。由于铍原子半径(111.3pm)比铜(127.8pm)小,造成铜的晶格严重畸变。温度对 α 相的溶解度有显著影响,可以看到在 866℃、620℃(1.55%)以及室温下,铍在铜中的固溶度依次为 2.7wt%、1.55wt% 和 0.16wt%,因而可以产生强烈的时效强化效应。β 相是以电子化合物 Cu_2Be 为基的无序固溶体,体心立方结构,高温塑性好,也可冷变形。β 相在缓冷时发生 β→α+γ 共析分解,其中 γ 相是以电子化合物 CuBe 为基的有序固溶体,是一种低温稳定相,室温硬而脆。

铍青铜的固溶处理温度区间一般为 760~790℃,保温一段时间后进行水淬,防止固溶体冷却分解,淬火后冷变形 30%~40% 再进行时效。铍青铜淬火状态具有极好的塑性,可冷加工成管材、棒材和带材等。

铍青铜过饱和固溶体的分解以连续脱溶和不连续脱溶两种方式同时进行。连续脱溶是 α 过饱和固溶体的主要分解方式,其脱溶过程为:过饱和固溶体先生成 γ″ 相,然后再生成 γ′ 相,最后生成室温 γ 相。其中,γ″ 为原子有序排列的过渡相,为过渡晶体结构的片状沉淀物。γ″ 密度高,与母相的比容差别大,其周围形成很大应力场,对位错滑移造成阻力。随着时效时间的增加,γ″ 尺寸增大,与母相之间的共格应力场增大,最后转变为与母相半共格的中间过渡相 γ′。铍青铜的最高机械性能是在 γ″ 即将开始向中间相 γ′ 转变时获得的。

不连续脱溶开始于晶界,然后长入相邻晶粒中,形成片层状结构,此种现象又称"晶界反应"。不连续脱溶的产物为中间过渡相 γ′，当不连续脱溶胞自晶界向晶内长大时，晶内才开始按正常（连续脱溶）方式脱溶。因此，当晶内由于脱溶而强化时，晶界部分早已过时效，造成组织和性能的不均匀，合金的耐蚀性能和机械性能降低。

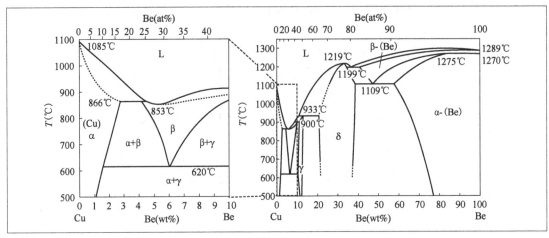

图 9-14　Cu-Be 二元平衡相图

当时效温度低于 380℃ 时，铍青铜以连续脱溶为主，不连续脱溶只在晶界周围相当小的区域内发生。在 380℃ 以上时效时，则不连续脱溶占优势。因此，铍青铜的时效温度一般为 310～330℃。此外，铍青铜时效时，伴随第二相的析出，其体积收缩约 0.2%，因此铍青铜制品应留足够的加工余量。

铍青铜具有良好的综合性能。其力学性能，即强度、硬度、耐磨性和耐疲劳性居铜合金之首。其导电、导热、无磁、抗火花等性能其他铜材无法与之相比。在固溶软态下铍青铜的强度与导电性均处于最低值，加工硬化以后，强度有所提高，但电导率仍是最低值。经时效热处理后，其强度及电导率明显上升。

铍青铜对各种大气都有很强的抵抗能力。即使在高温下其氧化速度也比紫铜及某些铜合金小。在海水及淡水中的腐蚀速度很小，并耐冲击腐蚀，是制造船舰零部件和电缆增音器外壳的良好材料。铍青铜的晶间腐蚀倾向小，但由于潮湿氨和空气的作用，处于受力状态的铍青铜件也会产生应力腐蚀破裂。卤素气体在高温时会引起铍青铜中的富铍组分优先腐蚀。铍青铜在氯化物和硫化物环境中不会发生应力腐蚀开裂，在硫化氢中会产生全面腐蚀。

9.3　钛及其合金

一、钛及钛合金概述

与钢铁、铜、铝等常用材料相比，钛最突出的特点是密度低、比强度高、耐蚀性强、耐高温、耐低温、可焊；同时还具有耐海水腐蚀、无磁性、无冷脆性、高透声系数及优异的中子辐照衰减性能等特点，被称为"太空金属""海洋金属"

等。在塑性成型、铸造、焊接等方面,与其他常用金属材料一样,可以采用常规的方法进行成型加工,因而钛金属材料在各类工程环境中有广泛的适用性。以海洋工程应用为例,其主要特性如下。

(1)钛的密度比钢低40%,其强度与钢相当,屈强比和比强度在金属中居首位。表9-1为几种舰船常用金属材料的屈强比和比强度的比较,可以看出钛的屈强比和比强度均是最高的。钛的这种特性可十分有效地促进海工装备的小型化、轻量化,可增加舰船的航速、浮力和机动性,增加深潜器的下潜深度和有效载荷。

几种舰船常用金属材料的屈强比和比强度比较　　　　表9-1

材料	R_m(MPa)	$R_{p0.2}$(MPa)	$R_{p0.2}/R_m$	ρ(g/cm³)	$R_{p0.2}/\rho$
TP2	206	60	0.29	8.93	6.72
B10	290	140	0.48	8.91	15.71
steel	750	400	0.53	7.80	51.28
TA2	440	320	0.73	4.50	71.11
TA24	730	630	0.86	4.50	140

(2)钛的耐腐蚀性能优异。钛的平衡电极电位很低($E_{Ti/Ti}^{2+}=-1.630+0.0293\lg Ti^{2+}$V),但钛是一种高钝化性金属,它的可钝化性超过Al、Cr、Ni和不锈钢。而且钛的致钝电位低,临界钝化电流小,因此容易钝化,而且有很强的钝态稳定性,钝化电位区宽达20V,不易产生过钝化,且钝化膜不受氯离子破坏。由于钝化膜的存在,钛在25℃海水中的自然腐蚀电位约为+0.09V,比铜在同一介质中的腐蚀电位还高,这决定了钛在海水中具有十分优异的耐海水腐蚀性能。另外,钛的钝化膜具有非常好的自愈合性,当其被破损之后能迅速自动修复,弥合成新的保护膜。钛在氯化物水溶液和酸性烃类化合物中具有优异的抗腐蚀性能,因而在海水和海洋大气中完全耐蚀,特别耐电腐蚀,这些都胜过了不锈钢和铜合金。因此,钛可以用于直接接触海水和暴露于海洋大气中的各类海工装备或部件,如舰艇壳体、通海管路、泵、阀、管接头、冷凝器、热交换器、海水淡化装置、海上油气开采装置及滨海大桥等。钛管材与常用冷凝器管材的耐蚀性比较见表9-2。

钛管材与常用冷凝器管材耐蚀性比较　　　　表9-2

腐蚀类型	材质及相对耐蚀性				
	钛	海军黄铜	B10	B30	铝黄铜
全面腐蚀	6	2	4	4	3
冲蚀	6	2	4	5	2
孔蚀	6	4	6	5	4
应力腐蚀	6	1	6	5	1
氯离子腐蚀	6	3	6	5	5
氨气腐蚀	6	2	4	5	2

应指出的是,由于钛的电极电位太低,当钛与其他金属并存在复合结构中时,存在电偶腐蚀。电偶腐蚀作用随面积比的增大而增大。一般来说,当钛与异种金属的面积比大于4:1时,对异种金属有加速腐蚀的危险;当面积比等于或小于1时,电偶腐蚀作用明显减轻,甚至是可以接受的。采用含微量镍或贵金属(Pb、Ru、Pt)钛合金,可以有效防止缝隙腐蚀的发生。

(3)耐海水冲刷腐蚀。钛管路的耐冲刷腐蚀能力远高于铜及铜合金管,钛合金管路允许介质流速达10m/s以上,而B30等常用合金,流速不得大于5m/s。几种金属材料在流动海水中腐蚀速率的比较见表9-3。钛允许采用较小的管径、较薄的管壁和较高的流速制造管路系统,实现设备小型化、轻量化及长寿命。

几种金属材料在流动海水中腐蚀速率的比较　　　　表9-3

海水流速(m/s)	腐蚀速率(mm/a)			
	1Cr18Ni9	LF2	B30	TC4[①]
3.0	0.029	0.008	0.011	0
7.5	0.033	0.066	0.027	0
11.0	0.070	0.260	0.058	0

注:①TC4钛合金的腐蚀速率小于0.001mm/a。

(4)抗冲击性能高。几种舰船金属材料的抗冲击性能比较见表9-4,可以看出,钛及钛合金的抗冲击性能最佳,这有利于海工装备抵御海浪周期性冲击的能力,提高设备的安全可靠性。

几种舰船用金属材料的抗冲击性能比较　　　　表9-4

材料	抗冲击性能(10^3in/s)[①]
Gr9	0.95
Gr2	0.63
Inconel 625	0.55
Monel 400	0.24
316SS	0.21
70/30CuNi	0.15

注:①1in≈2.54cm。

(5)良好的工艺性能。钛具有良好的成型、焊接、铸造性能。焊缝强度系数可达0.9以上。钛可以像钢和铝一样制成各种形状、各种规格的实用工程材料,包括板、棒、管、丝、带、箔、锻件、铸件、焊件等。产品单重小至克级、千克级,大至吨级,具有广泛的工程适用性,是海洋工程各部件及装备可广泛选用的材料。

(6)无冷脆性。钛制海工装备,可以在深海低温区、南极与北极等严寒地区安全可靠地工作。钛合金最低工作温度可达-196℃,在该温度下,钛合金依然具有良好的综合性能匹配,包括强度、塑性及抗冲击性能。

(7)无磁性。这有利于提高探测仪器及工具的抗磁干扰能力,保证信号的准确性;有利于减小设备的磁物理场效应,增加军工装备的隐蔽性;无磁性使焊接磁吹偏转倾角减小,有利于提高焊接质量。此外,钛制船舶、舰艇可避免磁性水雷的攻击。

(8) 高透声系数。钛用作潜艇和航母的声呐导流罩材料,可提高设备的声呐探测灵敏度,提高装备的效能与安全可靠性。

(9) 优良的中子辐照衰减性能。在同等强度的中子辐照条件下,普通钢材受到辐射需要近百年才能逐渐衰减,而钛合金的辐照衰减性能是其10倍以上,即8~10年后就可以安全回收,这对核废料的掩埋、核动力设备的回收以及生态环境的保护具有非常重要的意义。

二、钛合金的类型及应用

工业纯钛系指几种具有不同的铁、碳、氮、氧等杂质含量的非合金钛。它不能进行热处理强化。其成型性能优异,并且易于熔焊和钎焊。它主要用于制造各种非承力件,长期工作温度可达300℃。半成品有厚板、薄板、棒材、丝材、管材、锻件和铸件。

按照性能特点,钛合金又可以分为结构钛合金、热强钛合金、耐腐蚀钛合金和功能钛合金四大类。按照应用领域,钛合金可分为航空航天用钛合金和非航空航天用钛合金两大类。

依据钛合金的组织特点,一般将钛合金划分为 α 型、α+β 型、β 型钛合金。近50年来,随着人们对钛合金的研究与钛合金的应用,特别是热处理强化的钛合金,经常遇到的是非平衡状态的组织,因此按照亚稳定状态的相组成进行钛合金的分类更为可取。根据钛合金从 β 相区淬火后的相组成与 β 稳定元素含量关系的示意图(图9-15),各类钛合金的主要特征如图9-16所示。

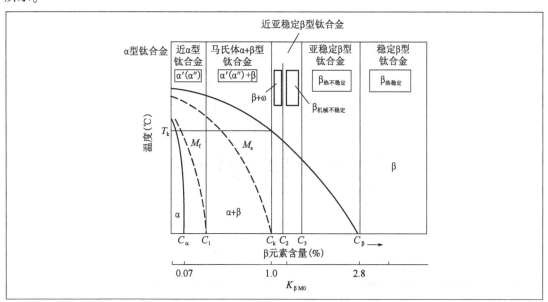

图9-15 钛合金从 β 相区淬火后的相组成与 β 稳定元素含量关系的示意图($K_{\beta M0}$-β 相条件系数)

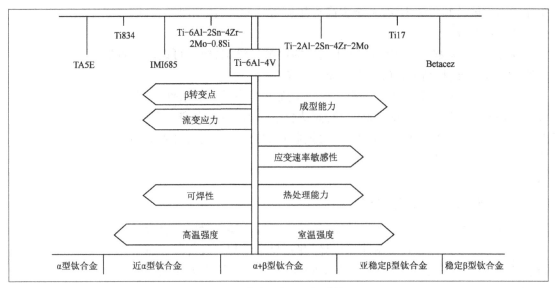

图 9-16　各类钛合金的主要特征
Betacez——一种钛合金的类型

图 9-17 为整个相图中总体上各合金的强度分布水平(退火状态和固溶时效状态)和显微组织的变化规律。在 C_{kp} 附近的合金具有最细最均匀的显微组织和最高的强度等级。成分和显微组织对钛合金的性能有着决定性的作用。对钛合金的成分-组织-性能的研究已经逐步由定性分析转变为定量分析。

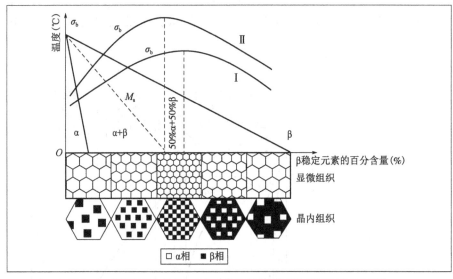

图 9-17　整个相图中总体上各合金的强度分布水平和显微组织变化规律
Ⅰ-退火状态；Ⅱ-固溶时效状态

(1) α 型钛合金。

主要包括 α 稳定元素(如 Al)和中性元素(如 Zr)，在退火状态下一般具有单相 α 组织，β 相转变温度较高，具有良好的组织稳定性和耐热性。焊接性能好，焊缝性能与基体接近。但是 α 合金对热处理和组织类型不敏感，不能通过热处理来提高材料的强度,一般只具有中等强度。典型的 α 型钛合金有工业纯钛(TA1、TA2、TA3)、TA5(Ti-4Al-0.005B)和 TA7(Ti-5Al-2.5Sn)等。

工业纯钛不含其他合金元素,按照氧含量不同分为不同级别,氧作为间隙元素在提高强度的同时可降低塑性。工业纯钛的强度不高,工艺塑性好,一般用于对耐腐蚀性能要求高而强度要求不高的场合,如化工的管道、压力容器等。为了满足更高强度的要求,α 合金还通过添加中性元素(如锡)来强化,典型的例子是 TA7(Ti-5Al-2.5Sn)合金,它是最早开发的钛合金之一,在室温和高温下具有良好的断裂韧性,耐热强度较好,长期工作温度达 500℃,可用于制作机匣壳体、壁板等零件。低间隙元素的 TA7ELI 合金适用于低温条件下,用来制作储氢罐和压力容器。TA7 合金的铝含量高,热加工性差,工艺塑性较低。

(2) 近 α 型钛合金。

合金中含有少量的 β 稳定元素(< 2%),退火组织中含有少量(8% ~ 15%)的 β 相或金属间化合物。近 α 型钛合金具有良好的焊接性和高的热稳定性,对热处理制度不敏感。由于近 α 合金添加了少量 β 稳定元素(如钼、钒、硅等)和中性元素(如锆、锡等),可进一步提高常温及高温性能,具有较高的蠕变强度和高温瞬时强度,最高使用温度可到 600℃。典型的近 α 型钛合金有:IMI834、Ti-1100、BT36、Ti60、TA10(Ti-0.3Mo-0.8Ni)、TA11(Ti-8Al-1Mo-1V)、TA12(Ti-5.5Al-4Sn-2Zr-1Mo-0.25Si-1Nd)、TA18(Ti-3Al-2.5V)、TA19(Ti-6Al-2Sn-4Zr-2Mo)、TA15(Ti-6.5Al-2Zr-1Mo-1V)等。

高铝当量的合金主要用于发展热强钛合金。最早开发的商用高温钛合金是 Ti-8Al-1Mo-1V(TA11),但是由于其高铝含量导致的应力腐蚀问题,以及 $Ti_3Al(\alpha_2)$ 脆性相析出的危险性,所以目前使用的其他传统钛合金的铝含量都控制在 7% 以下。20 世纪 70 年代,RMI 公司在研制高温钛合金 Ti-6Al-2Sn-4Zr-2Mo(TA19)过程中,发现添加少量的硅就可以显著提高合金的抗蠕变性能,这一发现已成为高温钛合金设计的一条重要途径。国内外目前使用温度最高(600℃)的高温钛合金都属于这类合金,如英国的 IMI834(Ti-5.8Al-4Sn-3.5Zr-0.7Nb-0.5Mo-0.35Si-0.06C),美国的 Ti-1100(Ti-6Al-2.75Sn-4Zr-0.4Mo-0.45Si)、俄罗斯的 BT36(Ti-6.2Al-2Sn-3.6Zr-0.7Mo-5.0W-0.15Si)和中国的 Ti60 等。这类合金的特点是具有最好的高温蠕变抗力,良好的热稳定性和较好的焊接性能,工作温度在 500 ~ 600℃ 的范围最适宜。

(3) α + β 型钛合金。

又称为马氏体 α + β 型钛合金,退火组织为 α + β 相,β 相含量一般 5% ~ 40%。α + β 合金中同时加入了 α 稳定元素和 β 稳定元素,使 α 相和 β 相都得到强化。α + β 合金具有优良的综合性能,室温强度高于 α 合金,热加工工艺性能良好,可以进行热处理强化,适用于作航空结构件等。但是其耐热性和焊接性能低于 α 合金,组织不够稳定,使用温度一般只能到 500℃ 左右。这类合金主要有:TC4(Ti-6Al-4V)、TC6(Ti-6Al-2.5Mo-1.5Cr-0.5Fe-0.3Si)、TC11(Ti-6.5Al-3.5Mo-1.5Zr-0.3Si)、TC16(Ti-3Al-5Mo-4.5V)、TC17(Ti-5Al-

2Sn-2Zr-4Mo-4Cr)、TC19(Ti-6Al-2Sn-4Zr-6Mo)和TC21(Ti-6Al-2Zr-2Sn-3Mo-1Cr-2Nb)等。

中等强度 α+β 型钛合金的典型代表是 TC4 合金。它是目前使用最广泛的合金,具有优异的综合性能和加工性能,能进行固溶时效强化,但淬透截面一般不超过 25mm。在航空、航天以及民用等领域中得到了广泛的应用。主要用于制造发动机的风扇、压气机盘及叶片,以及飞机结构件中的梁、接头、隔框等主要承力构件。

高强 α+β 型钛合金的典型代表有:TC17、TC19 和 TC21 等,其特点是含有较多的 β 稳定元素,具有较高的强度和淬透性,TC21 合金还具有高损伤容限性能,适合于制作截面尺寸较大的结构件。

α+β 型钛合金还包含某些热强钛合金,如 TC6 和 TC11 等。其特点是在合金中除了含有 6% 以上的铝和一定数量的锡和锆之外,还含有一定数量的 β 稳定元素,特别是添加少量的 β 共析元素硅,可进一步提高合金的抗蠕变能力,其使用温度大多在 400~500℃ 范围。

此外,某些紧固件用钛合金也属于 α+β 型钛合金,如 TC16 等。其特点是铝含量较少,β 稳定元素较多,退火状态强度中等,塑性非常好,可以像 β 合金一样采用冷镦成型,并可热处理强化到 1030MPa 以上,主要用于制作铆钉及螺栓等紧固件。

(4) 亚稳定 β 型钛合金。

含有高于临界浓度的 β 稳定元素,采用空冷或水淬,几乎可以全部得到亚稳定 β 相。这类合金在退火或固溶状态具有非常好的工艺塑性和冷成型性,焊接性能良好。可热处理强化,经时效处理后可达到很高的强度水平,是发展高强钛合金的基础。这类合金具有优于 α+β 合金的室温强度、断裂韧性和淬透性,可制造大型结构件。亚稳定 β 型钛合金的缺点是对杂质元素敏感性高,尤其是对氧高度敏感。组织不够稳定、耐热性较低,一般只能在 300℃ 以下使用。此外,该类合金的冶金工艺也较一般合金复杂,焊接性较差。这类合金主要有 TB2(Ti-5Mo-5V-8Cr-3Al)、TB5(Ti-15V-3Cr-3Sn-3Al)、TB6(Ti-10V-2Fe-3Al)、TB8(Ti-15Mo-3Al-2.7Nb-0.2Si)、TB9(Ti-3Al-8V-6Cr-4Mo-4Zr)、TB10(Ti-5Mo-5V-2Cr-3Al) 和 Ti-55531(Ti-5Al-5V-5Mo-3Cr-1Zr) 等。

亚稳定 β 型钛合金中包含多种紧固件和钣金件用合金,如 TB2(Ti-5Mo-5V-8Cr-3Al)、TB3(Ti-10Mo-8V-1Fe-3Al)、TB5(Ti-15V-3Cr-3Sn-3Al) 和 TB8(Ti-15Mo-3Al-2.7Nb-0.2Si) 等。这类合金的特点是在固溶状态下具有良好的塑性,冷成型性好,TB2 和 TB3 合金多用作航空、航天的铆钉和螺栓等紧固件。TB5 具有优良的冷轧和冷成型性,可在室温下成型中等复杂的钣金零件,并可冷镦铆钉和螺栓。TB8 钛合金具有与 TB5 钛合金相似的冷轧和冷成型性能。此外,TB8 钛合金还具有高温性能良好,可在 550℃ 下长期工作,抗氧化性好等优点,除生产板材、带材之外,也可生产箔材、丝材和管材。TB8 钛合金箔材是金属基复合材料的主要基体材料。

TB8 是公认的用于飞机的高强度弹簧材料。该合金具有高的强度和良好的抗腐蚀性能,可用于制作多种弹簧、扭杆和各种管道设备。

(5)稳定β型钛合金。

β稳定元素的含量超过一定数值后,β转变温度就会降至室温以下,退火后全为稳定的单相β组织,这种合金称为稳定型β合金。目前稳定β型钛合金很少,只有耐蚀材料TB7(Ti-32Mo)、阻燃钛合金Alloy C(Ti-35V-15Cr)和Ti40(Ti-25V-15Cr-0.2Si)等。TB7合金具有优异的耐蚀性能(耐H_2SO_4、HCl等),因此可以选用其作为一些化工设备等零件;Alloy C和Ti40合金具有良好的抗燃烧性能和高温性能,长期工作温度在500℃左右。但是这类合金比重较大、熔炼比较困难,铸态技术塑性有限,变形抗力大,铸锭开坯有一定的困难。

9.4 钼及其合金

一、钼元素和钼金属简介

自然条件下没有金属形态的钼存在,钼主要以辉钼矿的形式分布在自然界中,地壳中的平均丰度为1.3mg/kg。18世纪的希腊人把方铅矿叫作molyldena。他们把外形和密度大体相同的辉钼矿误认为是方铅矿。1778年,C.W.舍勒用硝酸分解辉钼矿时得到钼酸,并获得了钼盐,同年制出了氧化钼,证实了钼的存在,并且以希腊文molybdos将其命名为molybdenum。1782年,P.J.耶尔姆用亚麻子油调过的木炭和钼酸混合物密闭灼烧成功地还原了这种氧化物,获得一种黑色金属粉末,并称这种金属粉末为"钼"。

虽然钼是18世纪才发现的,但很早就有应用,如曾在14世纪的一把日本武剑中就发现含有钼。由于钼易于氧化、脆性大,加之20世纪前钼冶炼和加工水平有限,钼一直不能进行机械加工,在工业上基本无法进行大量应用,所用的也仅仅是一些钼化合物,如作为磷试剂用的钼酸铵、作为颜料用的钼蓝和其他某些化合物。1891年,法国的公司率先将钼作为合金元素生产了含钼装甲板,发现其性能优越,而且钼的密度约是钨的1/2,在许多钢铁合金领域钼可有效地取代钨,从而拉开了钼工业应用的序幕。1900年,科学家成功地研究出了钼铁生产工艺,同时发现钼钢能满足炮钢材料需要的特殊性能,这使钼钢的生产在1910年迅速发展。此后,钼成为耐热和防腐的各种结构钢的重要成分,也是有色金属——镍和铬合金的重要成分。

金属钼的工业生产以及在电器工业上的广泛应用,大约是与金属钨在同一年代(1909年)开始的。因为生产这两种致密金属的粉末冶金法和压力加工工艺已研究成功,完全可应用于生产。另一个原因是第一次世界大战的爆发,导致了钨需求的剧增和钨铁供应的极度紧张,致使钼在许多高硬度和耐冲击钢中取代了钨。钼需求的增长促使了人们对钼的进一步研究。这时,美国科罗拉多州的大型矿山克莱马克斯(Climax)矿随之开发,并于20世纪初投产。

第一次世界大战的结束导致了钼需求锐减,要解决这个问题就得开发钼在新的民用工业的应用,不久科学家对许多用于汽车工业的新型低钼合金钢进行了试验。20世纪30年代得出了这样一个观点:锻造和热处理钼基高速钢必须要求适当的温度。这一观点的提出是技术上的一个突破。从此,对钼作为合金元素在钢铁和其他领域的开发研究进入了一个新的阶段。20世纪30年代末,钼已经是广泛使用的工业原料。1945年第二次世界大战结束再一次刺激了钼在民用工业领域应用的开发与研究,加上战后重建给许多含钼工具钢的应用开辟了广阔的市场。在第二次世界大战期间,美国的克莱马克斯钼业公司研究出真空电弧熔炼法。用这种方法得到了重450~1000kg的钼锭,从此开辟了用钼作结构材料的道路。不断发展的粉末冶金法在20世纪50年代已能生产重180kg以上的坯料。20世纪50年代后,钼的研究工作主要是积极探索耐热钼基合金的成分和生产工艺。而今,钼材料的高纯化、复合化、纳米化是科学家研究的主要方向。

钼是元素周期表中ⅥB族元素,原子序数42,原子量95.95。高熔点与高沸点是钼的显著特点之一,其熔点为2622℃,沸点约为4839℃。20℃时,钼的密度为$10.22g/cm^3$。钼的线膨胀系数为$(5.8~6.2)\times10^{-6}$,只是一般钢铁的1/3~1/2,与二氧化硅相近。线膨胀系数低使得钼材在高温下尺寸稳定,减少了破裂的危险。钼的热导率数倍于许多高温合金,钼的电导率较高,而且随温度的升高而下降。钼具有很高的弹性模量,是工业中弹性模量最高者之一,而且受温度影响较小,甚至在800℃时仍高于普通钢在室温下的数值。热中子捕获面小也是钼的重要性质之一,这使钼能用于核反应堆中心的结构材料。钼的延伸性能比钨好,可加工成很薄的箔材和很细的丝材。

二、主要钼合金介绍

1. 固溶强化钼合金

为提高纯钼的强度,降低脆性和改善其塑性,人们通过添加合金元素形成固溶强化钼合金来改善纯钼的性能,其中包括添加微量固溶元素的钼合金和添加大量固溶元素的钼合金两种。

在钼中添加微量钴(Co),可以用来制造电子管栅极或其他要求有较高延伸率的钼丝。钴均匀分布在钼的晶格内,利用钴在钼中的固溶强化作用来改善钼丝的延性。钴的掺杂可以使钼丝退火后在大的变形速率下不但具有较纯钼稍高的屈服强度,还具有较大的延伸率。掺钴钼丝在1150℃下退火时延伸率高达32%,甚至在2000℃下退火后,其延伸率仍在20%以上。例如添加质量分数0.05%的钴可使灯泡生产中细钼丝的卷绕螺旋变得更为有利,因此添加微量钴的钼合金在电灯及电子工业领域获得广泛应用。这种微量固溶元素的加入尽管可明显提高钼合金的延性,但强化效果很弱,只稍高于纯钼。

添加大量固溶元素的强化型合金,主要指钼铼、钼钨系列合金。主要是依靠大量合金元素的加入后能与钼形成合金固溶体来提高合金的耐热强度和硬度。

钼铼合金因其高温强度高、低温延性好、焊接性及耐蚀性优良而著称。图 9-18 为退火温度对 φ1mm 钼-铼(Mo-Re)丝材及钼片材料力学性能的影响。从图中可以看出,添加铼提高了钼合金的再结晶温度,退火温度即使升至 2200℃,添加铼的钼合金强度及韧性均优。同时发现,添加 40% 铼的钼合金的性能要优于添加 5% 铼的钼合金。实验结果表明添加 40%~50% 的合金的性能最优,例如 Mo-46% Re 合金,其韧脆转变温度总是低于 -70℃ 及高于 -180℃。钼铼合金的强化系数很低,允许在室温下进行冷变形,直到获得显微尺寸的丝材和箔材。钼铼合金还具有抗中子辐射和耐腐蚀性能。该合金独一无二的力学性能和许多有价值的物理性能综合在一起,使其可以应用在电子器件、电器、无线电技术等方面。有的文献指出,用铼合金化引起金属电子结构发生变化,降低了金属原子键的方向性,以及堆垛缺陷的能量,提高了剪切模量和间隙杂质的溶解度,所有这些因素都促进了金属塑性的提高。但是铼的稀缺和昂贵大大限制了这种合金的广泛应用。

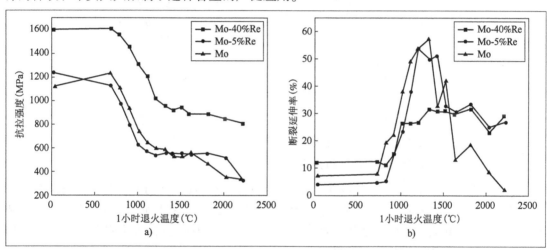

图 9-18 退火温度对 φ1mm 钼-铼(Mo-Re)丝材及钼片材料力学性能的影响
a)抗拉强度;b)延伸率

钼中添加钨可以形成连续固溶体,当钨的添加量不超过 10% 时,对钼的热变形没有影响;当钨的含量超过 20% 时,合金锻造塑性变形抗力增加;当钨的含量继续升高时,合金用自由锻造进行变形很困难,铸件内甚至出现大量裂纹,但是合金的耐热强度明显提高。钼钨合金[Mo-(5%~30%)W]还具有优良的耐液态锌腐蚀的能力,因此该合金在锌材生产工业中取得应用,但钼、钨合金较差的加工性能限制了其应用范围的进一步拓展。

2. ASK 掺杂钼合金

ASK 掺杂钼合金这种方法是 20 世纪 70 年代末开发出来的。所谓 ASK 掺杂钼合金是在氧化钼被还原之前掺杂铝(Al)、硅(Si)及钾(K)的化合物的混合物后所制备的钼合金。ASK 掺杂剂被还原以后,铝、硅和钾元素都混入钼粉颗粒中,铝会在随后洗涤时被排除或在烧结时被挥发,在烧结棒中将残留硅、钾以及硅钾化合物。由于它们在钼中是不溶的,所以最终被封入气泡中,形成的"钾泡"直径很小,并能导致燕尾状的再结晶钼晶粒的形成,这样的晶粒结构使 ASK 掺杂钼合金在高温下具有比纯钼高的强度和韧性(图9-19),以及优良的抗下垂性能和蠕变性能。"钾泡"理论认为 ASK 掺杂钼合金经过大变形加工后,钾泡阻碍了晶界移动和位错运动,从而提高了合金的力学性能。

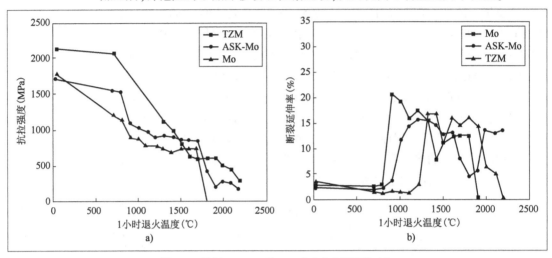

图9-19 纯钼、ASK-Mo 及 TZM 合金的力学性能对比
a)抗拉强度;b)延伸率

由于 ASK 掺杂钼合金制备工艺复杂,对强度和韧性的提高幅度不显著,目前已被稀土氧化物掺杂钼合金所取代。

3. 氧化物/碳化物掺杂钼合金

氧化物/碳化物掺杂钼合金是目前应用最广泛的钼合金。此类掺杂钼合金制备比 ASK 掺杂钼合金制备简单方便,效果更明显,主要包括氧化物掺杂钼合金和碳化物掺杂钼合金两种,也有采用硫化物、氮化物和金属间化合物作为弥散相的研究报道。

碳化物掺杂钼合金是添加钛(Ti)、锆(Zr)、铪(Hf)等活性元素与碳反应生成难熔碳化物(TiC、ZrC、HfC)的钼合金。其中应用最广泛的碳化物掺杂钼合金是添加 TiC 和 ZrC 所制备的 TZM 合金,该合金具有较纯钼及 ASK 掺杂钼合金高的强度和韧性。当 TZM 合金被剧烈地冷加工及在低于再结晶温度下使用时,其蠕变强度高于纯钼金属,纯钼及 TZM 合金的蠕变强度对比如图9-20所示。

在 TiC 和 HfC 掺杂钼合金的研究中发现,弥散颗粒以 $Ti(O_x,C)$ 和 $Hf(O_x,C)$ 化合物的形式出现在钼合金晶界,有效阻止了再结晶晶粒的长大,从而提高了钼合金的高温力学性能。

使用机械合金化和热等静压方法制备的碳化物掺杂钼合金具有细小的晶粒尺寸和高的再结晶温度,质量分数为1.0%的 TiC 掺杂钼合金在1800℃温度下退火1h 后晶粒尺寸还保持在2μm,即使在2000℃温度下退火1h,晶粒尺寸仍仅为4μm。

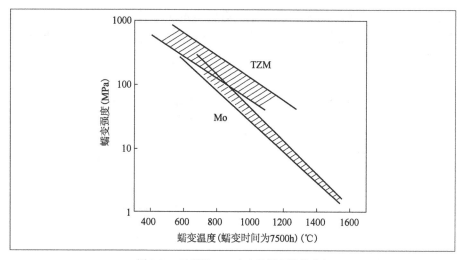

图 9-20 纯钼及 TZM 合金的蠕变强度对比

在对相同含量的碳化物 TiC、ZrC、HfC 和 TaC 掺杂钼合金的研究中发现，由于 ZrC 和 HfC 对阻止晶粒长大的效果优于 TaC 和 TiC，因此 ZrC 和 HfC 掺杂钼合金的性能优于 TaC 和 TiC 掺杂钼合金。

碳化物的弥散强化作用在 1400~1500℃时最为明显，在 1500℃以上使用时由于碳化物软化、不稳定，明显降低了钼合金力学性能，而在此温度条件下高熔点的氧化物掺杂钼合金则表现出优越的性能，因此研究人员选用了各种氧化物来强化钼合金，例如稀土氧化物、CaO、MgO 等。但目前由于稀土氧化物掺杂钼合金的强度和韧性较纯钼和其他钼合金都有明显的提高，如图 9-21 所示，从而稀土氧化物掺杂钼合金受到关注而被广泛研究。稀土氧化物掺杂钼合金，又称氧化物弥散强化钼合金（ODS Mo），是添加 La_2O_3、Nd_2O_3、CeO_2、Y_2O_3 等稀土氧化物的钼合金。这些稀土氧化物的加入不仅提高了钼合金的再结晶温度，也改善了其抗下垂性能，而且使钼合金有较好的高温蠕变性能。已有研究认为，钼中添加稀土氧化物与钼中添加硅、铝和钾不同的是：钼中添加稀土氧化物是稀土氧化物粒子在再结晶时沿轴向排列来影响金相组织；而钼中添加硅、铝和钾是以钾泡存在的方式来使金相组织呈燕尾状搭结结构。稀土氧化物添加的钼合金不仅是新型的结构材料，也是新型的热电子发射材料。

4. 多组元钼合金

将固溶强化与碳化物强化、碳化物强化与 ODS 强化、ODS 强化与气泡强化等结合的综合强化可实现钼合金性能进一步改善，这类合金被称为多组元钼合金。这类多组元钼合金中的一部分可以形变热处理，使其强度进一步提高。碳化物强化钼合金，通过添加稀土氧化物如 $ZHM-Y_2O_3$（$Mo-ZrC-HfC-Y_2O_3$），实现中温和高温应用性能的最优组合。这些稀土元素与锆、铪等合金元素相互作用形成如由 Y-Hf-Zr 氧化物构成的多元相，减缓了间隙杂质碳和氧在晶界处的严重偏析，使晶界结合能力增强，减少了晶界断裂。因而降低了合金的室温脆性，也降低了延脆转变温度，表现出良好的综合力学性能。

添加 CeO_2 和 ZrO_2 的多组元钼合金还具有优良的半导体性能。但由于多组元钼合金的制备工艺较复杂，在生产中较难控制，目前尚未在工业化中得到广泛应用。

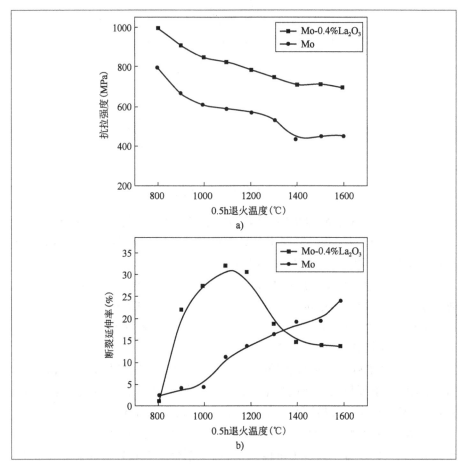

图 9-21　纯钼和三氧化二镧(La_2O_3)掺杂钼合金丝的力学性能对比
a)抗拉强度；b)延伸率

三、钼及钼合金的应用

钼及其合金已在机械工业、化学工业、石油工业、冶金工业、金属加工工业、航空航天工业、核能工业等领域得到了成功应用。现代高新技术的迅猛发展为钼及其合金开辟了广阔的应用前景。其中最主要的应用如下。

(1) 机械工业。钼合金可用作模具材料(如铸铝、黄铜和锌)的模具，也可用作黑色金属压铸模具材料(如压铸手术器械刀具、汽轮机叶片)等部件。在轴承生产中，钼合金可用作小直径厚壁轴承钢管的穿孔顶头，也可用作铆合滚动轴承的电铆头材料，代替模具钢，使轴承使用寿命大大提高。

(2) 钢铁工业。钼主要用作钢的添加剂，可使钢具有均匀的微晶结构，降低共析分解温度，扩大热处理温度范围和淬透深度；铁中添加钼可使生铁合金化，铁晶粒细化等。

(3) 金属加工行业。合金顶头是穿制不锈钢钢管的重要工具,添加钼的模具可用于加工铜、铝的型材。

(4) 电子工业。钼丝、钼棒、钼带材可用于制作电子管栅极、阴极、辅助电极、吸气器支撑材料、发射管等;钼丝、钼棒可作为汽车、摩托车卤素聚光前照灯制光环,增加灯的亮度;钼丝可用作白炽灯钨丝支柱、挂钩,作为钨丝绕丝芯杆,还可用作高精密度灯丝螺旋线可耗心轴,以及高低压水银蒸气灯、卤素灯等电极;钼在半导体器件中可作晶体管圆盘支架、阴极接点环、电话机继电开关、各种接点材料和硅整流器用圆盘;钼片用于硅管中的基材;钼硒化合物可作为半导体,用于光电池,钼锗化合物具有超导性;钼及其合金还可用作微波设备的内部部件、高性能电子插件及散热装置、医疗电力电子设备、X 射线管内部元件(靶、支架和隔热屏)、X 射线探伤器、集成电路部件的低膨胀材料、设备供电和散热用的缓冲器、一些部件中硅基片的代用品等。

(5) 冶金工业。钼用作高温炉的发热体、支承架的结构件、隔热屏和高温器皿,钨丝和钼丝配合可作热电偶。所使用的钼产品是钼丝、高温钼丝、TZM 结构材料、坩埚、热电偶套管、硅钼棒等。

(6) 化学工业。钼及钼合金可做直接接触熔融玻璃、高温化学试剂及液态金属的有关部件和设备。钼还是一种比较理想的喷涂材料。

(7) 建材工业。以钼代铂,用于生产硅酸铝纤维的钼电极棒、流口和生产玻璃纤维的钼电极板。

(8) 宇航、军事工业。用钼合金制造模具以及在高温、高压下工作的火箭装置和飞机零件。主要用于火箭、导弹部件,如喷嘴、发动机的燃气轮片、冲压发动机喷管、火焰导向器、燃烧室等。在液体燃料火箭发动机上广泛使用金属钼和钼合金作为燃烧室、喉部套管筒。特别是宇宙飞船发射和返回通过大气层时由于速度非常快,暴露于空气中的部件温度高达 1482~1646℃,因而采用钼做蒙皮、喷管、火焰挡板、翼面、导向叶片等。

(9) 核能工业。钼具有热中子俘获截面较小、持久强度高、可抵抗液体金属的腐蚀等特性,因此钼和 TZM 合金可用作核反应堆的结构材料、气体冷却反应堆的燃料包壳元件、释放元件等。

9.5 镁及其合金

一、纯镁

纯镁密度为 $1.74g/cm^2$,熔点为 651℃,具有密排六方结构。纯镁强度不高,室温塑性较低,耐蚀性较差,易氧化。工业纯镁代号用 M + 顺序号表示。纯镁主要用于配制镁合金和其他合金,还可用作化工与冶金的还原剂。

二、镁合金

在纯镁中加入 Al、Zn、Mn、Zr 及稀土等元素,制成镁合金。目前应用的镁合金主要有 Mg-Mn 系、Mg-Al-Zn 系、Mg-Zn-Zr 系和 Mg-Re-Zr 等合金系。它们分为变形镁合金和铸造镁合金两大类。

1. 变形镁合金

变形镁合金的代号用 MB + 顺序号表示。MB1、MB8 为 Mg-Mn 系合金，该类合金具有良好的耐蚀性和焊接性，一般在退火态使用，用于制作蒙皮、壁板等焊接件及外形复杂的耐蚀件。MB2、MB3、MB5、MB6、MB7 为 Mg-Al-Zn 系合金，较常用的为 MB2 和 MB3，具有较高的耐蚀性和热塑性。MB15 为 Mg-Zn-Zr 系合金，具有较高的强度，焊接性能较差，使用温度不超过 150℃。MB22 为 Mg-Y-Zn-Zr 系合金，焊接性能很好，使用温度较高。MB15 和 MB22 都可热处理强化，主要用于飞机及宇航结构件。

Mg-Li 系合金是一种新型的镁合金，它密度小，强度高，塑性、韧性好，焊接性好，缺口敏感性低，在航空、航天工业中具有良好的应用前景。

2. 铸造镁合金

铸造镁合金的代号用 ZM + 顺序号表示。Mg-Al-Zn 系的 ZM5 和 Mg-Zn-Zr 系的 ZM1、ZM2、ZM7、ZM8 具有较高的强度、良好的塑性和铸造工艺性能，但耐热性较差，主要用于制造 150℃ 以下温度工作的飞机、导弹、发动机中承受较高载荷的结构件或壳体。Mg-Re-Zr 的 ZM3、ZM4 和 ZM6 具有良好的铸造性能，常温强度和塑性较低，但耐热性较高，主要用于制造温度 250℃ 以下工作的高气密零件。

9.6 铌及其合金

一、铌及铌合金概述

铌是元素周期表ⅤB族元素，是较轻的难熔金属，其熔点高（约 2468℃），但密度相对较低（约 $8.56g/cm^3$），热导率为 53.7 W/(m·K)，热膨胀系数为 7.3μm/(m·K)，具有良好的高温强度、低温塑性以及较好的延展性，能承受一定量的机械变形。金属铌不仅机械加工性能优良，而且物理化学性质稳定，耐酸碱和金属液腐蚀，抗辐射，韧脆转变温度仅为 -160℃，固溶能力强。基于以上特性，铌合金被认为具有替代镍基高温合金的潜力，并且已广泛应用于液、固火箭发动机的喷管，同时也是航空、航天与核工业中高温结构件的重要候选材料之一。然而，铌及铌合金的高温抗氧化性很差，在 600℃ 左右就开始氧化，随着温度的升高，氧化更加严重。出现氧化现象后，生成的粉末状氧化物不断从基体上剥落，其氧化物主要由 NbO、NbO_2 和 Nb_2O_5 组成。氧化造成铌合金的高温力学性能大幅下降，使热端部件发生严重的烧损失效、服役寿命降低。因此，提高铌及铌合金的抗氧化性能是十分重要的研究内容，当前提高铌合金高温抗氧化性能的有效途径主要为合金化和涂层防护法。

20 世纪 50 年代中期到 60 年代初主要发展具有优异抗氧化性能的铌合

金和具有高强度的铌合金。1964年开始,国外报道了铌基合金用于涡轮发动机的试车报告,其影响铌合金用于航空涡轮发动机部件的主要障碍是其高温抗氧化性能差,之后开始研究改进铌合金的抗氧化性能以适用于发动机叶片。

1970年前后,国外对于中、低强度铌合金的研制技术已经比较成熟,已应用的铌合金主要有C-103、SCb-291、C-129Y和FS85等,其中C-103合金加工、焊接性能优异,虽然室温强度较低,但综合性能良好,特别是高温强度,可以满足喷管的工作条件。SCb-291合金塑性较好而且高温强度比较高。C-129Y合金也具有较好的塑性和焊接性能,但蠕变强度较低。FS85合金蠕变强度高,塑性中等,焊接性能良好。随后,人们开始研究以固溶强化或弥散强化为主的高强度铌合金。

另外,20世纪90年代初到现在,为满足发动机对减重的要求,研发了多种低密度铌基高温合金,如Nb-Ti-Al、Nb-Ti-Al-Cr、Nb-Ti-Al-Hf等(密度在$5.5 \sim 8.0 \text{ g/cm}^3$)。我国自2005年开始研制低密度铌合金,国内各研究机构也陆续开发出Nb-Ti-Al系、Nb-31Ti-7Al-xV-1.5Zr系、Nb-Ti-Al-Cr系、Nb-Ti-Al-Zr系合金等系列。

二、主要铌合金介绍

1. 高强度铌合金。

高强度铌合金具有比重小、强度高、韧性好、易焊接等优点,一般添加W、Mo和Hf元素进行固溶强化,多数合金还添加0.06%~0.12%的C进行沉淀强化。高强度Nb-Ta-W-Zr系合金通过加入大量的Ta、W元素对基体进行固溶强化,通过合金中的Nb、Zr、C元素形成的细小、均匀分布的碳化物质对基体进行弥散强化,使合金拥有室温和高温下均很优异的性能,近些年研制的Nb-5W-2Mo-1Zr-0.1C和Nb-5W-2Mo-1.7Zr合金,添加适当的W和Mo可以提高合金的高温强度和室温强度,改善材料的抗蠕变性能;但是,W和Mo含量太高会降低合金的工艺性能,如可焊接性和塑性,使其不易加工;这类合金在1300~1600℃有相当高的抗拉强度、蠕变强度和疲劳强度,适用于高温构件的制造。

2. 中强度铌合金

中强度铌合金主要是以铌为基体,添加不超过10%的W、Mo、Ta、V、Ti、Zr、Hf等金属元素和少量的C元素,形成固溶强化的ZrO_2和$(Nb,Zr)C$沉淀强化相结合的铌合金,如Nb521合金。这些合金在室温下的强度为400~600MPa,延伸率为20%~30%;在1000~1400℃的高温下仍有相当高的强度,如果时间较短的话,工作温度可以更高。由于该类合金含有适量的W、Ta、Ti、Zr、Hf,所以再结晶温度提高到1150~1250℃。同时,由于该类合金的塑-脆性转变温度比纯铌高,焊接状态下的转变温度一般在室温以上,对O、N、H等间隙元素比较敏感,所以需要严格控制O、N、H的污染,合金中的氧含量必须控制在80ppm❶以下。

---

❶ ppm:百万分之一。

3. 低强度铌合金

低强度、高塑性铌合金是以铌为基体,添加元素周期表中的第Ⅳ族的 Ti、Zr、Hf 等金属元素形成固溶强化的合金。属于该类合金的有液态金属容器和管道用的 Nb-1Zr;离子发动机用的蜂窝结构 Cb-753 合金,以及火箭发动机推力室、辐射套筒和热屏蔽用的 C-103 合金,该合金通过加入 Hf、Ti 和 Zr 合金元素实现固溶强化,其中 Zr 强化作用比较显著,Hf 及微量的 W 主要是改善高温性能。该类铌合金其再结晶温度和纯铌差不多,一般为 1000～1100℃。合金的室温强度一般为 320～420MPa,断后伸长率为 20%～40%。此类合金的熔焊性能良好,塑-脆性转变温度较低。这类合金与中、高强度合金相比,在室温下具有良好的塑性,具有优良的工艺性能,主要用于宇宙飞船、航天飞行器发动机、武器推进系统的喷管、燃烧室、喷注器等。

4. 低密度铌合金

低密度铌合金又称为轻质铌合金,以金属铌为基体,在此基础上添加 Al、V、Cr、Zr 等合金元素,以及少量的 Mo、W、Hf 或 C 等,形成密度 $<8g/cm^3$,高温强度与镍基合金相当的一种铌基合金。苏联和美国研发了约 50 种低密度铌合金,有 Nb-Ti-Al、Nb-Ti-Al-Hf、Nb-Ti-al-Cr、Nb-Ti-Al-Cr-Hf 等合金体系,国外已经将低密度铌合金应用于火箭和航空发动机受热零部件,如美国制造军用飞机发动机的增压喷嘴用板材,俄罗斯用于飞机发动机的排气管道。国内研究机构研发的是 Nb-Ti-Al 系合金,该合金是一种可以用于液体火箭发动机推力室部位的材料,使用温度在 1100～1200℃,以满足液体火箭发动机对轻质化的迫切要求。

9.7 锌及其合金

一、纯锌

纯锌密度为 $7.1g/cm^3$,熔点为 419℃,晶体结构为密排六方,无同素异构转变。纯锌具有一定的强度和较好的耐蚀性,主要用于配制各种合金和钢板表面镀锌。

二、锌合金

1. 变形锌合金

变形锌合金包括 Zn-Al 系合金(如 ZnAl4-1、ZnAl10-5)和 Zn-Cu 系合金(如 ZnCul、ZnCul.5)两类。Zn-Al 系合金常用于制造各类挤压件,Zn-Cu 系合金常用于制造轴承和日用五金等。

锌合金熔点低,流动性好,耐磨性好,价格低廉,但抗蠕变性和耐蚀性较低,广泛应用于汽车、机械制造、印刷制版、电池阴极等。Zn-Cu-Ti 系合金是新发展起来的合金,具有较高的蠕变极限和尺寸稳定性。

2. 铸造锌合金

铸造锌合金可分为压铸锌合金、高强度锌合金、模具用锌合金等。

(1) 压铸锌合金。代号有 ZZnAl4、ZZnAl4-1、ZZnAl4-0.5。ZZnAl4 主要用于压铸大尺寸、中等强度和中等耐蚀性的零件。ZZnAl4-1 和 ZZnAl4-0.5 主要用于压铸小尺寸、高强度和高耐蚀性的零件。

(2) 高强度锌合金。该合金铝含量较高,具有较高的强度和铸造性能,常用代号有 ZZnAl27-1.5 等,主要用于制造轴承、各种管接头、滑轮及各种受冲击和磨损的壳体铸件。

(3) 模具用锌合金。代号为 ZZnAl4-3,主要用于制造冲裁模、塑料模、橡胶模等。锌合金模具成本低。

3. 热镀锌合金

代号有 RZnAl0.36,RZnAl0.15,主要用于钢材热镀锌。

习 题

1. 铝合金是如何分类的?
2. 不同铝合金可通过哪些途径达到强化目的?
3. 何谓硅铝明?为什么硅铝明具有良好的铸造性能?在变质处理前后其组织及性能有何变化?这类铝合金主要用在何处?
4. 铜合金分哪几类?不同的铜合金的强化方法与特点是什么?
5. 试述 H62 黄铜和 H68 黄铜在组织和性能上的区别。
6. 青铜如何分类?含 Sn 量对锡青铜组织和性能有何影响?试分析锡青铜铸造性能特点。
7. 下列零件用铜合金制造,请选用合适的铜合金牌号:①船用螺旋桨;②子弹壳;③发动机轴承;④高级精密弹簧;⑤冷凝器;⑥钟表齿轮。
8. 钛合金如何分类?钛合金有何性能特点?
9. 钛及钛合金耐蚀性有何特点?

第 10 章 高分子材料

高分子材料主要是指以有机高分子化合物(不包括无机高分子化合物)为主体组成的或加工而成的具有实用性能的材料。

按照高分子材料的来源,高分子材料分为天然高分子材料和合成高分子材料两大类。天然的高分子化合物有松香、纤维素、蛋白质、天然橡胶等,人工合成的高分子化合物有各种塑料、合成橡胶、合成纤维等。合成塑料、合成纤维、合成橡胶的产量大、品种多,统称为三大合成材料。工程上使用的高分子合成材料主要是人工合成的高分子化合物。

按照用途,高分子材料主要分为塑料、化学纤维、橡胶、胶黏剂、涂料和复合材料等几类。

按照材料学观点,高分子材料分为结构高分子材料和功能高分子材料,前者主要利用它的强度、弹性等力学性能,后者主要利用它的声、光、电、磁和生物等功能。

10.1 高分子合成材料的力学状态与基本特点

1. 线型非结晶态高分子化合物的力学状态

在恒定应力下,线型非结晶态高分化合物的温度-形变曲线如图 10-1 所示。由图可知,高分子化合物呈现三种状态。

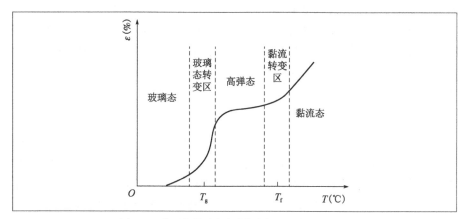

图 10-1　线型非结晶态高分化合物的温度-形变曲线

(1) 玻璃态。

在这一区段,高分子化合物的内部结构类似玻璃,故称玻璃态。在这一区段,温度低,受到外力时,只能使高分子的链段和链节做轻微的伸缩与振动,导致了较小形变的产生。同时,这种微小的形变是可逆的。也就是当外力去除后,形变马上消失而恢复原状。这种可逆形变称为普弹性形变。

(2) 高弹态。

在常温下处于高弹态的高分子化合物,可以作为弹性材料使用。从图 10-1 中可看出,随温度的增加,高分子化合物便由玻璃态转变到高弹态。在这中间,在外力作用下,伴有一种较大的形变产生。随着时间的增加,形变缓慢增大,有时可达 100%～1000%。在此区段主要发生了大分子的链段位移运动,但整个大分子间并未发生相对位移。因而在外力去除后,经过一段时间,形变也可以消除,所以也是可逆的弹性形变,称为高弹性形变。与玻璃态相比较,在同样的作用力下,其形变比较大,且高弹性形变的产生和恢复要比普弹性形变慢得多。这时物体的性质类似橡胶,柔软有弹性,所以称为高弹态。

(3) 黏流态。

当温度继续升高,分子动能增加到使链段与整个大分子都可以移动时,高分子化合物成为可流动的黏稠液体,称为黏流态。黏流态不同于玻璃态和高弹态,它不是高分子化合物的使用状态,而是工艺状态。黏流态是在温度增加到较高时出现的,这时发生了分子黏性流动,其形变猛然剧增,形变值很大,而且是不可逆的,即产生塑性变形。

一般将玻璃态与高弹态之间的转变温度 T_g 称为玻璃化温度,而由高弹态到黏流态的转变温度 T_f 称为黏流温度。T_g 是高分子材料使用的最高温度。如使用温度高于 T_g,则会产生较大的形变或断裂。T_f 决定高分子材料加工成型的难易程度,通常成型温度选择在黏流温度以上。

一般将常温下处于玻璃态的高分子化合物称为塑料,而将常温下处于高弹态的高分子化合物称为橡胶。T_g 显然应当作为塑料使用温度的上限,否则,温度过高,将进入高弹态,使塑料失去刚性。橡胶的使用温度不应低于 T_g,因为低于 T_g 时,物体将进入玻璃态,变硬、变脆而失去弹性。$T_g \sim T_f$ 是弹性材料的使用温度范围。作为塑料使用的高分子化合物,其玻璃化温度 T_g 越高越好,因为这样可以在较高的温度下仍保持玻璃态;作为橡胶使用的高分子化合物,其玻璃化温度 T_g 越低越好,因为这样可以在温度很低时仍不失去其弹性。

2. 线型结晶态高分子化合物的力学状态

线型结晶态高分子化合物的温度-形变曲线如图 10-2 所示。图中曲线 1 代表一般分子量的结晶态高分子化合物;曲线 2 代表分子量很大的结晶态高分子化合物。由图中曲线可知,一般结晶态高分子化合物只有两态:在 T_m 以下处于晶态,这时与非结晶态高分子化合物的玻璃态相似,可以作为塑料或纤维使用;当温度高于 T_m 时,高分子化合物处于黏流态,可以进行成型。而分子量很大的结晶态高分子化合物则不同,它在温度达到 T_m 时进入高弹态,当温度达到了 T_f 时才进入黏流态。因此,分子量很大的结晶态高分子化合物有三个状态:温度在 T_m 以下时为结晶态,温度在 T_m 与 T_f 之间为高弹态,温度在 T_f 以上为黏流态,此时才能加工成型。T_m 表示了结晶态高分子化合物结晶熔化的温度,通常称为熔点。由于高弹态不便于成型,而温度高了又容易分解,成型产品质量降低,所以结晶态高分子化合物的分子量不宜太高。

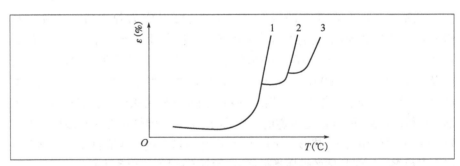

图 10-2 线型结晶态高分子化合物的温度-形变曲线

3. 体型高分子化合物的力学状态

体型高分子化合物由于交联束缚着大分子链,大分子链不能产生相互滑动,因此没有黏流态,只有玻璃态和高弹态。体型高分子化合物受热后仍保持坚硬状态,当加热到很高温度时才发生分解而导致高分子化合物的破坏。这种高分子化合物呈现不溶的特性,机械强度较线型高分子化合物更高,且耐热性很好,工业上常用作结构材料使用,如酚醛塑料。

4. 高分子化合物的基本特点

(1) 质轻:高分子合成材料都比金属轻。纯塑料中较轻的是聚丙烯,其密度为 $0.91g/cm^2$,比纸还轻。有些泡沫的密度甚至可达 $0.01g/cm^2$,密度是水的十分之一。

(2) 弹性:由于高分子化合物的分子键是蜷曲的、缠绕在一起的,当受外力拉伸时,这种蜷曲的分子可以被拉长,当外力去掉时,又会恢复到原来形状。

(3) 抗射线:高分子化合物对多种射线(如 α、β、γ、χ 射线)的抵抗能力好。

(4) 耐磨性:由于高分子化合物有较高分子量,因此耐磨性和抗撕裂强度都比较高。如尼龙、聚四氟乙烯不仅耐磨,而且自润滑比金属和天然材料都强。合成橡胶比天然橡胶耐磨,合成纤维也比天然纤维耐磨。

(5) 难结晶:由于高分子化合物的分子很大,分子链蜷曲,所以不容易排列成为整齐形式,也就是不容易结晶。

(6) 绝缘:由于高分子化合物的化合键是共价键,不能电离,因此不能传递电子;又因为高分子化合物的分子细长、蜷曲,在受热、声作用之后、分子间振动不大,因此具有对电、热、声的良好绝缘性。

(7) 可塑性:由于高分子化合物由许多很长的分子链构成,当分子链的某一部分受热时,其他部分有的则受热不多,有的部分甚至还没有受热。因此,高分子化合物受热后,不是立刻就变成液体,而是先经过一个软化过程,即具有可塑性。

(8) 耐腐蚀:由于高分子化合物的分子链是缠绕在一起的,因此许多分子链上的基团被包在里面。当接触到能与它分子中的某一基团起反应的试剂时,只有露在外边的基团才比较容易与试剂起反应,而被包围在里面的基团不易发生反应。由此可知高分子化合物比较稳定,具有耐酸、耐腐蚀的特性。

(9) 高比强度:由于一个高分子化合物分子中有几万个甚至百万个原子,而且分子的长度超过直径几万倍,是细长的,分子与分子之间接触点很多,相互间作用力就很大;同时,高分子化合物的分子键是蜷曲的、互相缠绕在一起的,这样,高分子化合物就具有高比强度特性。例如,玻璃钢的比强度比合金钢高 1.7 倍,而其质量却比金属轻。

10.2 高分子化合物的合成方法

由低分子化合物合成为高分子化合物的反应称为聚合反应,其方法有加成聚合反应(简称加聚反应)和缩合聚合反应(简称缩聚反应)

1. 加聚反应

参与加聚反应的单体一般是含有双键的有机化合物,如:烯烃和二烯烃。它们经过光照、加热或用化学药品处理等引发作用,就可以把双键打开,第一个分子就会和第二个分子连接起来,第二个分子又会和第三个分子连接起来,一直到连接成为一条长长的分子链。这样的化合作用就像一个个分子相加起来成为一个大分子,所以这种反应称为加聚反应。例如氯乙烯在化学药品(引发剂)的作用下,打开双键逐个地连接起来就成为聚氯乙烯,其反应式为

$$n \begin{matrix} H & H \\ | & | \\ C = C \\ | & | \\ H & Cl \end{matrix} \xrightarrow{聚合} \begin{bmatrix} H & H \\ | & | \\ C = C \\ | & | \\ H & Cl \end{bmatrix}_n \quad (10\text{-}1)$$

凡是带有双键的有机化合物,一般都可以发生加聚反应。加聚反应目前是高分子合成工业的基础,有80%左右产量的高分子产品是由加聚反应得到的。

加聚反应有以下特点。

(1)绝大多数加聚反应为连锁反应。这种反应一旦开始,就进行得很快,瞬时完成,中间不能停留在某个阶段上,也不能得到中间产物。

(2)产物链节的化学结构和单体的化学结构相同。

(3)反应中没有低分子副产物生成。

若加聚反应的单体为一种,反应称为均聚反应,产品为均聚物;若单体为两种或两种以上,反应称为共聚反应,产品为共聚物。

加聚反应的实施方法有本体聚合、溶液聚合、悬浮液聚合和乳液聚合四种。

2. 缩聚反应

缩聚反应比加聚反应复杂得多。在有机化合物中含有反应活性的原子团如—OH,—COOH,—NH$_2$,……,这些具有反应活性的原子团称为官能团或官能基。缩聚反应就是两种具有可反应官能团的化合物相互作用,在形成大分子的同时还析出水、HCl 等低分子物质。例如:聚酰胺 66 就是由己二酸和己二胺经缩聚反应生成的。

$$n\text{HOOC}(\text{CH}_2)_4\text{COOH} + n\text{NH}_2(\text{CH}_2)_6\text{NH}_2 \longrightarrow \text{H}[\text{NH}(\text{CH}_2)_4\text{NHCO}(\text{CH}_2)_4 + \text{CO}]_n\text{OH} + (2n-1)\text{H}_2\text{O}$$
　　己二酸　　　　　　　己二胺　　　　　　　　聚酰胺 66

(10-2)

缩聚反应有如下特点。

(1)缩聚反应是逐步进行的而不是连锁反应。反应可以停留在某个阶段上和得到中间产物。基于这一点,我们可以预制一定黏度的线型结构产物,在成型过程中让它进一步反应,最后获得体型结构制件。

(2)缩聚产物的链节化学结构与单体的化学结构不完全相同。

(3)在缩聚反应过程中总要有低分子副产物生成。

若缩聚反应的单体为一种,反应称为均缩聚反应,产品为均缩聚物;若单体为两种或两种以上,反应称为共缩聚反应,产品为共缩聚物。

缩聚反应的实施方法主要有熔融缩聚和溶液缩聚。

10.3 几种常用的高分子合成材料

一、塑料

塑料是以合成树脂为主要成分的高分子有机化合物。但"塑料"这一名词还含有"可塑"的意思。它能在一定的条件下塑制成型,而在使用条件下保持固定的形状。例如:在适当的温度及压力下,可用注射、挤压、浇铸、吹塑、喷涂、焊接及机械切削等方法进行加工,制成各种几何形状的制品。

由于塑料的原料来源丰富易得,制取方便,成本低廉;成型加工简单,性能多种多样,如质轻、透明、强韧、绝缘、减摩、耐磨、消音、吸振、耐腐蚀、美观等,所以塑料正在逐渐取代钢铁、有色金属,成为工业上不可缺少的工程材料。

1. 塑料的组成及其作用

塑料是以人工合成高分子化合物(又称树脂)为主要成分,添加各种不同功能的辅助材料(又称助剂、添加剂)后经混炼而成的一种高分子聚合物。使用何种添加剂根据塑料的种类和性能要求而定。

(1) 树脂:树脂是相对分子质量不固定的,在常温下呈固态、半固态或流动态的有机物质。它在塑料中起胶黏各部分的作用,占塑料的40%~100%。如聚乙烯、尼龙、聚氯乙烯、聚酰胺、酚醛树脂等。大多数塑料以所用树脂命名。

(2) 添加剂。

①填充剂(又称填料):填料在塑料中主要起增强作用,有时也可改善或提高塑料的某些性能,以扩大其应用范围。例如,加入石棉粉可提高塑料的耐热性;加入二硫化钼可提高塑料的自润滑性。一般来说,由于填料比合成树脂便宜,加入后还可降低塑料的成本。

②增塑剂:用来提高合成树脂可塑性与柔软性的一种添加剂。常用的增塑剂是液态或低熔点固体有机化合物。其中主要有甲酸酯类、磷酸酯类、氧化石蜡等。

③稳定剂(又称为防老化剂):其主要作用是防止某些塑料在成型加工和使用过程中,因受热和光的作用而发生老化。常用的稳定剂有硬脂酸盐、铅化合物及环氧树脂等。

④固化剂(又称硬化剂):在热固性树脂成型过程中,为使其由受热可塑的线型结构转变为体型的热稳定结构,成型后获得坚硬的塑料制品,所加物质称为固化剂。如酚醛树脂常用六次甲基四胺;环氧树脂常用乙二胺。

⑤固化剂:固化剂是能将高分子化合物由线型结构转变为体型交联结构的物质,如六次甲基四胺、过氧化二苯甲酰。

⑥发泡剂:发泡剂是受热时会分解放出气体的有机化合物,用于制备泡沫塑料等。常用发泡剂为偶氮二甲酰胺。

2. 塑料的分类和应用

塑料的品种繁多,常用的分类方法有下列两种。

(1)按塑料的应用范围分类。

①通用塑料:主要指产量大、用途广、价格低的一类塑料。常用的有:聚乙烯、聚氯乙烯、聚丙烯、聚苯乙烯、酚醛塑料等。它们的产量占塑料总产量的四分之三以上。用于制作一般普通的机械零件和日常生活用品。

②工程塑料:常指在工程技术中用作结构材料的塑料。这类塑料具有较高的机械强度,或具有耐高温、耐腐蚀、耐辐射等特殊性能。主要有聚酰胺、ABS树脂、聚甲醛、聚碳酸酯、聚砜、聚四氟乙烯、聚甲基丙烯酸甲酯、环氧树脂等。

③特殊塑料:是指具有特殊性能的塑料,如导电塑料、导磁塑料、感光塑料等。

(2)按树脂的特性分类。

①热塑性塑料:这类塑料的合成树脂,其分子具有线型结构,用聚合反应制成。在加热时软化并熔融,成为可流动的黏稠液体,冷却后即成型并保持既得形状。若再次加热,又可软化并熔融,如此反复多次,而化学结构基本不变,性能亦不发生显著变化。它们的碎屑可再生,再加工。这类塑料有聚乙烯、聚酰胺(尼龙)、聚甲基丙烯酸甲酯(有机玻璃)、聚四氟乙烯(塑料王)、聚砜、聚氯醚、聚苯醚、聚碳酸酯等。

②热固性塑料:这类塑料的合成树脂,其分子结构是体型结构,通常用缩聚反应制成。固化前这类塑料在常温或受热后软化,树脂分子呈线型结构,继续加热时树脂变成既不熔融也不溶解的体型结构,形状固定不变。温度过高,分子链断裂,制品分解破坏。碎屑不可再加工。常用的热固性塑料有酚醛塑料(电木)、氨基塑料、环氧树脂、有机硅塑料等。

3. 塑料的成型方法

塑料的成型方法很多,常用的有注射成型、挤出成型、吹塑成型、浇铸成型、模压成型等。根据所用的材料及制品的要求选用不同的成型方法。

(1)注射成型又称注塑成型。将塑料原料在注射机料筒内加热熔化,通过推杆或螺杆向前推压至喷嘴,迅速注入封闭模具内,冷却后即得塑料制品。注射成型主要用于热塑性塑料,也可用于热固性塑料。能生产形状复杂、薄壁、嵌有金属或非金属的塑料制品。

(2)挤出成型又称挤塑成型。塑料原料在挤出机内受热熔化的同时通过螺杆向前推压至机头,通过不同形状和结构的口模连续挤出,获得不同形状的型材,如管、棒、带、丝、板及各种异型材,还可用于电线、电缆的塑料包覆等。挤出成型主要用于热塑性塑料。

(3)吹塑成型。熔融态的塑料坯通过挤出机或注射机挤出后,置于模具内,用压缩空气将此坯料吹胀,使其紧贴模内壁成型而获得中空制品。

(4)浇铸成型。在液态树脂中加入适量固化剂,然后浇入模具型腔中,在常压或低压及常温或适当加热条件下固化成型。此法主要用于生产大型制品,设备简单,但生产率低。

(5)模压成型。将塑料原料放入成型模加热熔化,通过压力机对模具加压,使塑料充满整个型腔,同时发生交联反应而固化,脱模后即得压塑制品。模压成型主要用于热固性塑料,适用于形状复杂或带有复杂嵌件的制品,但生产率低,模具成本较高。

4. 塑料的加工方法

塑料制品可以进行二次加工,主要方法有机械加工、焊接、黏接、表面喷涂、电镀、镀膜、彩印等。

塑料可进行各种机械加工,由于塑料强度低、弹性大、导热性差,塑料切削加工时刀刃应锋利,刀具的前角与后角要大,切削速度要高,切削量要小,装夹不宜过紧,冷却要充分。

5. 常用塑料的性能

常用塑料的性能见表10-1。

常用塑料的性能 表10-1

类别	名称	代号	性能			
			密度（g/cm³）	抗拉强度（MPa）	缺口冲击韧性（J/cm²）	使用温度（℃）
聚烯烃塑料	聚乙烯	PE	0.91~0.965	3.9~38	>0.2	-70~100
	聚氯乙烯	PVC	1.16~1.58	10~50	0.3~1.1	-15~55
	聚苯乙烯	PS	1.04~1.10	50~80	1.37~2.06	-30~75
	聚丙烯	PP	0.90~0.915	40~49	0.5~1.07	-35~120
	聚酰胺	PA	1.05~1.36	47~120	0.3~2.68	<100
	聚甲醛	POM	1.41~1.43	58~75	0.65~0.88	-40~100
	聚碳酸酯	PC	1.18~1.2	65~70	6.5~8.5	-100~130
	聚砜	PSF	1.24~1.6	70~84	0.69~0.79	-100~160
	共聚丙烯腈-丁二烯-苯乙烯	ABS	1.05~1.08	21~63	0.6~5.3	-40~90
	聚四氟乙烯	PTFE	2.1~2.2	15~28	1.6	-180~260
	聚甲基丙烯酸甲酯	PMMA	1.17~1.2	50~77	0.16~0.27	-60~80
热固塑料	酚醛树脂	PF	1.37~1.46	35~62	0.05~0.82	<140
	环氧树脂	EP	1.11~2.1	28~137	0.44~0.5	-89~155

二、橡胶

1. 橡胶的特性

橡胶也是一种高分子材料,它具有极高的弹性,优良的伸缩性和积蓄能量的能力,成为常用的弹性材料、密封材料、减振材料和传动材料。橡胶还有良好的耐磨性、隔音性和阻尼特性。未硫化橡胶还能与某些树脂掺和改性,与其他材料如金属、纤维、石棉、塑料等结合而成为兼有两者特点的复合材料和制品。

橡胶的高弹性与其分子结构有关。橡胶的分子链较长,呈线型结构,有较大的柔顺性。通常它们蜷曲呈线团状,受外力拉伸时,分子链伸直;外力去除后,又恢复蜷曲状,这就是橡胶具有高弹性的缘故。这种线型结构,主要存在于未硫化橡胶中。所谓硫化,就是在橡胶(亦称生胶)中加入硫化剂和其他配合剂,使线型结构的橡胶分子交联成为网状结构。这样,橡胶就具有既不溶解也不熔融的性质,机械性能也有提高,改变了橡胶因温度升高而变软发黏的缺点。因此,橡胶制品只有经硫化后才能使用。硫化后的橡胶叫橡皮,生胶和橡皮可统称为橡胶。

2. 橡胶的组成

橡胶是以生胶为主要成分,加入适量的配合剂组成的高分子弹性体。

(1)生胶:一般将未经硫化的橡胶叫生胶。橡胶制品的性质主要取决于生胶的性质。

(2)橡胶配合剂:橡胶配合剂是为了提高和改善橡胶制品的各种性能而加入的物质。橡胶配合剂的种类很多,根据其在橡胶中的作用可分为硫化剂、促进剂、软化剂、填充剂、防老化剂等。

①硫化剂。硫化剂可使线型结构的橡胶分子相互交联成为网状结构。橡胶的这种交联过程叫硫化。硫化能阻止长分子链间的彼此滑动,从而使橡胶的强度和韧性提高。常用的硫化剂为硫黄等。

②促进剂。促进剂的作用是缩短硫化时间、降低硫化温度,提高制品的经济性。促进剂物质在低温时可与硫形成不稳定的化合物,温度升高时再分解出活性硫,从而促进硫化过程。促进剂多为化学结构较复杂的有机化合物,如乙醛苯胺、二苯胍等。为使其发挥作用,常加入活化剂氧化锌等。

③软化剂。橡胶为弹性体,在加工过程中必须使橡胶具有一定的塑性,才能和各种配合剂配合。加入软化剂就是为了增加橡胶的塑性,改善黏附力,并能降低橡胶的硬度和提高耐寒性。常用的软化剂有硬脂酸、精制蜡、凡士林以及一些油类和脂类。

④填充剂。填充剂的作用是增加橡胶的强度和降低成本。填充剂有粉状填料和织物填料。粉状填料又分为活性填料和非活性填料。活性填料能提高橡胶的机械强度;非活性填料主要是减少橡胶用量。常用的活性填料有炭黑、氧化硅、氧化锌等。常用的非活性填料有滑石粉、硫酸钡等。

⑤防老化剂。橡胶长期存放或使用时逐渐被氧化而产生硬化和脆性现象称为老化。防老化剂的加入可以吸收氧,以防止橡胶的氧化。常用的防老剂有苯胺、二苯胺等。

3. 常用橡胶材料

橡胶可分为天然橡胶和合成橡胶两类。

(1)天然橡胶。

天然橡胶属于天然树脂,它是从橡胶树上流出的浆液,经过凝固、干燥等工序加工而成的弹性固状物。是一种以异戊二烯为主要成分的天然高分子

化合物,其分子结构式为

$$-\!\!-\!\!\operatorname{CH_2}\!=\!\!\begin{array}{c}\operatorname{CH_3}\\|\\\operatorname{C}\end{array}\!\!-\!\!\operatorname{CH}\!=\!\operatorname{CH_2}\!-\!\!\Big]$$

n 为 10000 左右,分子量分布在 $10×10^4 \sim 180×10^4$,平均分子量约为 $70×10^4$。实际上,天然橡胶是多种不同分子量的聚异戊二烯的混合体。天然橡胶的分子结构是线型的、不饱和的非极性分子,通常处于无定形状态。它具有很好的弹性,其弹性伸长率最大可达 1000%。在 300% 范围内伸缩时,其弹性回缩率达 85%,而永久变形在 15% 以内。天然橡胶当外力作用而高度伸长时,分子会在受力方向进行定向排列,因此具有较高的断裂强度($17 \sim 19MN/m^2$)。另外,天然橡胶的耐磨性、气密性、介电性和耐低温性能都很好。当温度降到 -73℃ 时便成为脆性体。天然橡胶的加工工艺性比合成橡胶好,容易和其他配合剂混合。

天然橡胶的缺点是耐油、耐溶剂性差,耐臭氧老化性也较差,不耐高温,使用温度在 $-70 \sim 110$℃。

天然橡胶一般用作轮胎、电线电缆的绝缘护套及胶带、胶管、胶鞋等通用制品。

(2) 合成橡胶。

合成橡胶是用人工方法,将低分子物质经过合成反应而制成的具有类似橡胶性质的各种高分子化合物。

①氯丁橡胶。它是用氯丁二烯聚合制成的。其分子结构式为

$$-\!\!\operatorname{CH_2}\!-\!\!\begin{array}{c}\operatorname{Cl}\\|\\\operatorname{C}\end{array}\!=\!\operatorname{CH}\!-\!\operatorname{CH_2}\!-\!\!\Big]_n$$

氯丁橡胶的分子主链与天然橡胶一样,所不同的只是侧基上带有氯原子,因此,氯丁橡胶的机械性能与天然橡胶相近,耐氧、耐臭氧、耐油、耐溶剂等性能较好,它既可作为通用橡胶,又可作为特种橡胶,所以称为"万能橡胶"。但其密度大,成本高,电绝缘性差。主要用作胶管、胶带、电缆胶黏剂、压制品和汽车门窗嵌条等。

②丁苯橡胶。丁苯橡胶是目前合成橡胶中产量最大,应用最广的通用橡胶,其消耗量占合成橡胶总消耗量的 80%。它是以丁二烯和苯乙烯为单体共聚而成。

主要品种有丁苯-10、丁苯-30、丁苯-50,其中数字表示苯乙烯在单体总量中的百分比。数值越大,橡胶的硬度和耐磨性越高,而耐寒性越差。丁苯橡胶耐磨、耐热、耐老化,价格便宜,是天然橡胶理想的代用品,或与天然橡胶共混后使用。主要用于制造轮胎、胶带、胶管、胶鞋、胶布等制品。

③硅橡胶。属于特种橡胶,其独特的性能是耐高温和低温(既耐热又耐寒),使用温度范围在 $-70 \sim 300$℃,它是目前使用温度范围最宽的一种橡胶。

其分子结构式为

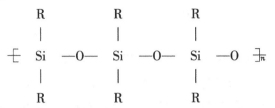

式中 R 为有机基团,可以是相同的,也可以是不同的;可以是烃基,也可以是含有其他元素的基团。不同的侧链基(R)使硅橡胶呈现出不同的性能,因此硅橡胶的品种很多,如二甲基硅橡胶,其侧链基(R)全部由甲基(CH_3)组成。

可见,硅橡胶的结构与一般橡胶不同,其分子主链是由硅原子和氧原子相互交替构成的。分子主链(—Si—O—)是柔性链,所以硅橡胶在低温下具有较好的弹性。又由于硅—氧键的键能比一般橡胶中碳—碳键的键能高,从而分子间的结合力强,因此硅橡胶具有很高的热稳定性。其缺点是机械强度较低、价格较贵。其主要用于制作各种耐高温的橡胶制品。如各种耐热密封垫圈、衬垫、耐高温电线、电缆的绝缘层等。

④氟橡胶。也属于特种橡胶。氟橡胶是指主链或侧链的碳原子上含有氟原子的一种合成高分子弹性体。其最突出的性能是耐蚀性好。它的耐酸、耐碱及耐强氧化剂腐蚀的能力在各类橡胶中最好。其耐热性与硅橡胶相仿,即具有耐高温、耐油、耐化学腐蚀的特性,是国防和尖端科学技术中的重要材料,但由于其价格昂贵,耐寒性差,加工性能不好,所以,目前仅限于某些特殊用途的耐化学腐蚀制品、高级密封件、高真空橡胶件等。

三、胶黏剂

胶黏剂又称黏接剂。是能把两个固体表面牢固地黏合在一起的物质。胶黏剂以各种树脂、橡胶、淀粉等为基体材料,添加各种辅料而制成。胶黏剂可分天然胶黏剂和合成胶黏剂两类。天然胶黏剂使用范围较窄,已不能适应发展的需要。随着高分子化学工业的发展,合成出一系列新型的性能良好的胶黏剂,能黏结木材、皮革、玻璃等非金属,也能黏结钢、铝、铜等金属材料。

1. 胶结特点

用胶黏剂把物品连接在一起的方法称为胶接,也称为黏接。和其他连接方法相比,它有以下几个特点。

(1)整个胶接面都能承受载荷,因此强度较高,而且应力分布均匀,避免了应力集中,而且耐疲劳强度好。

(2)可连接不同种类的材料,而且可用于薄型零件、脆性材料,以及微型零件的连接。

(3)胶接结构质量轻,表面光滑美观。

(4)具有密封作用,而且胶黏剂电绝缘性好,可以防止金属发生电化学腐蚀。

(5)胶接工艺简单,操作方便。

胶接的主要缺点是不耐高温,胶接质量检查困难,胶黏剂有老化问题。另外,操作技术对胶接性能影响很大。

2. 胶黏剂的分类

迄今为止,已经问世的胶黏剂牌号复杂,品种繁多,为便于掌握,需要加以分类,常见的胶黏剂分类见表10-2。

胶黏剂的分类 表10-2

分类	胶黏剂												
	有机胶黏剂									无机胶黏剂			
	合成胶黏剂						天然胶黏剂						
	树脂型		橡胶型		混合型		动物胶黏剂	植物胶黏剂	矿物胶黏剂	天然橡胶胶黏剂	磷酸盐	硅酸盐	硫酸盐	硼酸盐
	热固性胶黏剂	热塑性胶黏剂	单一橡胶	树脂改性	橡胶与橡胶	树脂与橡胶	热固性树脂与热塑性树脂								
典型代表	酚醛聚酯、环氧树脂、不饱和聚酯	α-氰基丙烯酸酯	氯丁胶浆	氯丁-酚醛	氯丁-丁腈	酚醛-丁腈	环氧-聚硫	酚醛-缩醛环氧-尼龙	骨胶、虫胶	淀粉、松香、桃胶	沥青	橡胶水	磷酸-氧化铜	水玻璃	石膏	

3. 常用胶黏剂

(1)环氧胶黏剂。基料主要使用环氧树脂,我国使用最广的是双酚A型。它的性能较全面,应用广,俗称"万能胶"。为满足各种需要,有很多配方。

(2)改性酚醛胶黏剂。酚醛树脂胶的耐热性、耐老化性好,黏结强度也高,但脆性大、固化收缩率大,常加其他树脂改性后使用。

(3)聚氨酯树脂胶黏剂。这类胶黏剂具有良好的黏接力,不仅加热能固化,而且也可室温固化。其起始黏结力高,胶层柔韧,具有优良的抗剥离强度、抗弯强度和抗冲击性能等,耐冷水、耐油、耐稀酸、耐磨性也较好。但其耐热性不够高,毒性大、固化时间长,故常用作非结构型胶黏剂,广泛应用于非金属材料的黏接。随着宇航的发展,这类胶黏剂已用于液氮和液氢容器等极低温方面的黏接。

(4)厌氧胶。这是一种常温下有氧时不能固化,当排出氧气后即能迅速固化的胶。它的主要成分是甲基丙烯酸,根据使用条件加入引发剂。厌氧胶有良好的流动性、密封性,其耐蚀性、耐热性、耐寒性均比较好,主要用于螺纹的密封。

(5)特种胶黏剂。为了适应宇航、电子工业的需要,科学家研制了一系列具有特种性能的胶黏剂。如聚芳杂环系胶黏剂可耐250℃以上高温,环氧和聚酯类胶黏剂可耐$-200℃$以下的超低温。另外,还有添加银粉的导电胶黏剂以及水下胶黏剂等,都已在生产中应用。

习　题

1. 简述高分子材料的力学性能、物理性能和化学性能特点。
2. 何谓高聚物的老化？如何防止高聚物老化？
3. 比较加聚反应与缩聚反应的反应特点。
4. 简述线型非结晶态高分子化合物力学状态。
5. 简述塑料的组成及其作用。
6. 简述常用胶黏剂的种类及性能特点。
7. 简述胶接的特点。
8. 简述工程材料的种类和性能特点。
9. 列举两种塑料的成型方法并简述成型过程。
10. 简述橡胶的组成及各自的特点。

第 11 章
CHAPTER 11
陶瓷材料

传统上陶瓷包括"陶"和"瓷"两类材料,"陶"通常指胎体没有致密烧结的黏土和瓷石制品;"瓷"是经过高温烧结,胎体烧结程度较为致密、釉色品质优良的黏土和瓷石制品。随着材料科学的发展,现代陶瓷材料是包括所有以天然硅酸盐矿物(黏土、石英、长石等)或人工合成化合物(氧化物、碳化物、氮化物等)的粉体为原料,经过成型和烧结而制得的无机非金属材料。

按照原料来源不同,陶瓷材料可分为普通陶瓷和特种陶瓷。普通陶瓷即传统概念中的陶瓷,这类陶瓷以天然的硅酸盐矿物为原料。根据使用领域,又可分为日用陶瓷、建筑卫生陶瓷、化工陶瓷、化学陶瓷、电子陶瓷及其他工业用陶瓷。特种陶瓷又称现代陶瓷,一般采用纯度较高的人工化合物为原料。这种陶瓷一般具有各种独特的物理、化学性能或机械性能,主要用于化工、冶金、机械、电子、能源和某些新技术领域。

按照化学成分,陶瓷材料可分为氧化物陶瓷、碳化物陶瓷、硼化物陶瓷、氮化物陶瓷等。

按照性能和功能,陶瓷材料可分为结构陶瓷和功能陶瓷。常用的结构陶瓷包括 Al_2O_3 陶瓷、ZrO_2 陶瓷、TiB_2 陶瓷、SiC 陶瓷、Si_3N_4 陶瓷、AlN 陶瓷等。功能陶瓷包括耐磨陶瓷、高温陶瓷、耐酸陶瓷、压电陶瓷、光学陶瓷、生物抗菌陶瓷等。

11.1 陶瓷材料的结构

陶瓷的结构(图 11-1)中存在三种相,即晶体相、玻璃相和气相。决定陶瓷材料物理化学性质的主要因素是晶体相,而玻璃相的作用是充填晶粒间隙,黏结晶粒,提高材料致密程度,降低烧结温度和抑制晶粒长大。气相是在工艺过程中形成并保留下来的气孔,它对陶瓷的电性能及热性能影响很大。

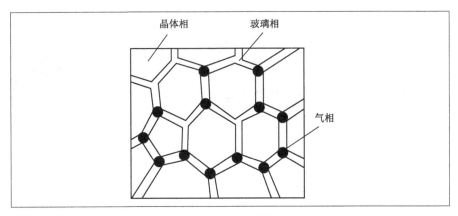

图 11-1 陶瓷的结构

一、晶体相

晶体相是陶瓷材料中的主要组成相,陶瓷材料的物理、化学性质主要由晶体相决定。晶体相主要是离子键或共价键结合的氧化物结构或硅酸盐结构和非氧化物结构。氧化物是大多数陶瓷特别是特种陶瓷的主要组成和主要晶体相。氧化物结构多是由氧离子排列成简单立方、面心立方或密排六方的晶体结构,而金属阳离子则位于其间隙之中,主要是以离子键结合。硅酸盐是传统陶瓷的主要原料,也是陶瓷材料中的重要晶体相,由硅氧四面体 $[SiO_4]^{4-}$ 为基本结构单元所组成。硅酸盐的结合键是以离子键为主,兼有共价键的混合键。非氧化物结构是以共价键为主,包含部分金属键和离子键的金属氮化物、硼化物和碳化物等。

二、玻璃相

玻璃相是陶瓷烧结时各组成物及杂质产生一系列物理、化学变化后形成的一种非晶态物质,它的结构是由离子多面体(如硅氧四面体)构成短程有序排列的空间网络。在陶瓷中常见的玻璃相有 SiO_2、B_2O_3 等。玻璃相可以充填晶粒间隙,黏结晶粒,提高材料致密程度,降低烧结温度和抑制晶粒长大。但是,玻璃相的强度较低,热稳定性较差。工业陶瓷中玻璃相含量一般控制在 20%~40%。

三、气相

普通陶瓷材料中含有 5%～10% 的气相(即气孔),气孔降低了材料的力学性能,也造成电击穿强度下降。除保温陶瓷和化工用过滤陶瓷外,均应控制气孔量。

11.2 陶瓷材料的性能

一、机械性能

陶瓷材料受力后有一定的弹性变形,其弹性模量在 $10^3 \sim 10^5$ MPa 数量级。多数陶瓷室温的弹性模量高于金属。陶瓷在室温下几乎没有塑性,在外力作用下不产生塑性变形,而呈脆性断裂。图 11-2 为陶瓷、钢、橡胶的应力-应变曲线。

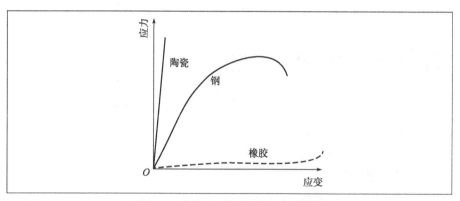

图 11-2　陶瓷、钢、橡胶的应力-应变曲线

普通陶瓷内部由于含有较多的气孔,所以抗拉强度较低。但是在受压时气孔不会导致裂纹的扩展,所以陶瓷的抗压强度高。铸铁的抗拉强度与抗压强度的比值约为 1/3,而陶瓷在 1/10 左右。

陶瓷的硬度远高于一般金属和高聚物。

二、化学性能

陶瓷材料的组织结构非常稳定,在离子晶体中金属原子被周围的非金属元素(氧原子)所包围,屏蔽于非金属原子的间隙之中,形成非常稳定的化学结构。所以,一般情况下不再同介质中的氧发生作用,不但室温下不会氧化,即使在一千多摄氏度的高温下也不会氧化。陶瓷对酸、碱、盐及熔融有色金属等的腐蚀有较强的抵抗能力。

三、热性能

陶瓷材料是工程上常用的耐高温材料。多数金属在 1000℃ 以上高温时即丧失强度,而陶瓷此时却能保持其室温下的强度,而且高温抗蠕变能力强。因而陶瓷常用作燃烧室喷嘴、火箭、导弹的雷达保护罩等。

多数陶瓷的热膨胀系数较小。一般低于金属和高分子材料。

陶瓷的抗热振性较差,当温度急剧变化时容易破裂。此外,陶瓷的热膨胀系数和导热系数一般都比金属低。

四、电性能

陶瓷材料的导电性差异较大。大多数陶瓷都具有良好的电绝缘性,因为陶瓷中无自由运动的电子,是传统的绝缘材料。但有些陶瓷具有一定的导电性,目前已出现了压电陶瓷、磁性陶瓷等电性能好的功能陶瓷。

五、光学性能

陶瓷材料由于有晶界、气孔的存在,一般是不透明的。但近些年来,由于工艺技术的进展,可将某些不透明氧化物陶瓷烧结成能透光的透明陶瓷和光致发光陶瓷,可用于红外光学材料、光传输材料、激光材料等领域。

11.3 陶瓷材料制造工艺

陶瓷的种类繁多,生产制作过程各不相同,但一般都要经历以下三个阶段:坯料制备、成型与烧结。

一、坯料制备

采用天然的岩石、矿物、黏土等作为原料时,一般要经过原料粉碎→精选(除去杂质)→磨细→配料(保证制品性能)→脱水(控制坯料水分)→练坯、陈腐(去除空气)等过程。

当采用高纯度可控的人工合成粉状化合物作原料时,在坯料制备之前如何获得成分、纯度及粒度均达到要求的粉状化合物是坯料制备的关键。微米陶瓷、纳米陶瓷的制造成功均与粉状化合物的制备有关。

原料经过坯料制备以后,根据成型工艺要求,可以是粉料、浆料或可塑泥团。

二、成型

陶瓷制品成型方法很多,按坯料的性能可分为三类:可塑法、注浆法和压制法。可塑法又叫塑性料团成型法。坯料中加入一定量水分或塑化剂,使之成为具有良好塑性的料团,通过手工或机械成型。

注浆法又叫浆料成型法。它是把原料配制成浆料,注入模具中成型。分为一般注浆成型和热压注浆成型。

压制法又叫粉料成型法。它是将含有一定水分和添加剂的粉料,在金属模具中用较高的压力压制成型,与粉末冶金成型方法完全一样。

三、烧结

陶瓷生坯在加热过程中不断收缩,并在低于熔点温度下变成致密、坚硬的具有某种显微结构的多晶烧结体,这种现象称为烧结。

陶瓷制品成型后还要进行烧结。未经烧结的陶瓷制品称为生坯,生坯经初步干燥之后即可涂釉或直接送去烧结。生坯是由许多固相粒子堆积起来的聚积体。颗粒之间除了点接触外,尚存在许多孔隙,因此没有多大强度,必须经高温烧结后才能使用。

烧结时,主要发生晶粒尺寸及其外形的变化和气孔尺寸及形状的变化,烧结现象示意图如图11-3所示。生坯气孔是连通的,颗粒之间是点接触。在烧结温度下,以表面能的减少为驱动力,物质通过不同的扩散途径向颗粒点接触的颈部和气孔部位填充,使颈部渐渐扩大,减小气孔体积,细小颗粒之间开始形成晶界,并不断扩大晶界,使坯体致密化,连通的气孔缩小为孤立的气孔,分布在几个晶粒交界处。晶界上的物质继续向气孔扩散,使之进一步致密化,直到气孔基本排除。一般气孔体积分数小于10%。烧结过程中,晶粒将不断长大,长大方式也是大晶粒吞食小晶粒。烧结后,坯体体积减小,密度增加,强度、硬度增加。微观的晶相并没发生变化,只是变得更致密,结晶程度更高。

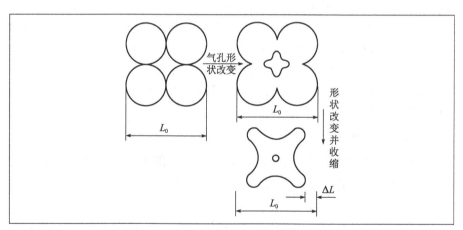

图11-3 烧结现象示意图
L_0-气孔长度;ΔL-气孔收缩量

常见的烧结方法有:常压烧结、热压或热等静压、液相烧结、反应烧结。

常压烧结是陶瓷粉末在室温下成型,然后在空气中烧结使其致密化的过程。常压烧结具有工艺简单、成本低等优点;缺点是易出现晶粒长大及形成孔洞,加入稳定剂可抑制晶粒的长大。

热压或热等静压都是在压力和温度的联合作用下使之烧结,烧结速度快,致密度高,由于烧结时间短,晶粒来不及长大,因此具有很好的力学性能。

液相烧结可得到完全紧密的陶瓷产品,例如:在烧结Al_2O_3陶瓷时加入少量MgO可形成低熔点的玻璃相,玻璃相沿各颗粒的接触界面分布,原子通过液体扩散传输,扩散系数大,使烧结速度加快。其缺点对陶瓷高温强度有损坏,高温易蠕变。

反应烧结是烧结过程中伴有固相反应,如 Si_3N_4 陶瓷的烧结。将硅粉放在氮气中加热,其反应为

$$3Si + 2N_2 \rightarrow Si_3N_4 \tag{11-1}$$

当坯的表面生成 Si_3N_4 薄膜后,反应由气-固反应变为固相内部的反应,氮气很难扩散到内部,故烧结时间要长达几十个小时,烧结温度高达 1400℃ 时,产品中仍然有 1%~5% 的硅没有参加反应。反应烧结的优点是无体积收缩,适合制备形状复杂、尺寸精度高的产品,但致密度远不及热压法,烧结后仍有 15%~30% 的气孔率。为增加致密度,可在瓷料中加入 MgO、Al_2O_3 等金属氧化物,形成低熔点玻璃相,增加成品致密度,使之接近理论密度。

11.4 常用陶瓷材料

一、工程陶瓷

1. 普通陶瓷

普通陶瓷即传统陶瓷,它是以黏土、长石、石英为原料,经配制、烧结而成。其组织中主晶体相为莫来石,占总体积的 25%~30%;次晶体相为 SiO_2;玻璃相占总体积的 35%~60%,它是以长石为溶剂,在高温下溶解一定量的黏土和石英后得到的;气相占总体积的 1%~3%。这类陶瓷加工成型性好、成本低,产量大,应用广。除日用陶瓷外,大量用于电器、化工、建筑、纺织等工业部门,如耐蚀要求不高的化工容器和管道、供电系统的绝缘体、纺织机械中的导纱零件等。

2. 氧化铝陶瓷

氧化铝陶瓷的主要成分为 Al_2O_3 和 SiO_2。一般所说的氧化铝陶瓷是指 Al_2O_3 含量在 45% 以上的陶瓷,按 Al_2O_3 的含量不同分为 75 瓷、95 瓷和 99 瓷等(75 瓷属刚玉-莫来石瓷,95 瓷和 99 瓷属刚玉瓷)。

氧化铝陶瓷的强度大大高于普通陶瓷,硬度很高,仅次于金刚石、立方氮化硼、碳化硼和碳化硅;耐高温性能好,刚玉瓷能在 1600℃ 的高温下长期使用,蠕变很小,也不会氧化;具有优良的电绝缘性能;由于铝、氧之间控合力很大,氧化铝又具有酸碱两重性,所以氧化铝陶瓷特别能耐酸碱的侵蚀,高纯度的氧化铝陶瓷也非常能抵抗金属或玻璃熔体的侵蚀,广泛用于冶金、机械、化工、纺织等行业,其可用于制造耐磨、耐蚀、绝缘和耐高温材料。

3. 氧化锆陶瓷

ZrO_2 晶型有三种变体:单斜晶型、四方晶型、立方晶型。氧化锆陶瓷热导率小、化学稳定性好、耐腐蚀性高,可用于高温绝缘材料、耐火材料,如熔炼铂和铑等金属的坩埚、喷嘴、阀芯、密封器件等。氧化锆陶瓷硬度高,可用于制造切削刀具、模具、剪刀、高尔夫球棍头等。ZrO_2 具有敏感特性,可做气敏元

件,还可作为高温燃料电池固体电解质隔膜、钢液测氧探头等。

在 ZrO_2 中加入适量的 MgO、Y_2O_3、CaO、CaO_2 等氧化物后,可以显著提高氧化铝陶瓷的强度和韧性,形成的陶瓷称为氧化锆增韧陶瓷,如含 MgO 的 Mg-PSZ、含 Y_2O_3 的 Y-TZP 和 TZP-Al_2O_3 复合陶瓷。PSZ 为部分稳定氧化锆,TZP 为四方多晶氧化锆。可以用来制造发动机的汽缸内衬、推杆、连杆、活塞帽、阀座、凸轮、轴承等。

4. 氧化镁、氧化钙、氧化铍陶瓷

MgO、CaO 陶瓷抗金属碱性熔渣腐蚀性好,热稳定性差。MgO 高温易挥发,CaO 易水化。MgO、CaO 陶瓷可用于制造坩埚、热电偶保护套、炉衬材料等。

BeO 具有优良的导热性,热稳定性高,具有消散高温辐射的能力,但强度不高。可用作真空陶瓷、高频电炉的坩埚、有高温绝缘要求的电子元件和核用陶瓷。

5. 氮化硅陶瓷

氮化硅陶瓷的常用生产工艺有两种:反应烧结法和热压烧结法。反应烧结法是将硅粉制成生坯,置于氮气炉中在1200℃的温度下进行预氮化,使坯体有一定强度。而后在机床上进行切削加工,以得到一定的尺寸精度,再放在炉中,在1400℃的温度下进行20~35h 的氮化处理,将硅氮化成氮化硅,最后得到尺寸精确的氮化硅陶瓷制品。

热压烧结法是以 Si_3N_4 粉为原料,并加入少量添加剂(如氧化镁)以促进烧结,提高密度。而后将原料装在石墨制成的模具里,在 20~30MPa 压力下加热到1700℃成型烧结,从而得到致密的氮化硅陶瓷制品。

氮化硅是共价键形成的化合物。原子间结合很牢固,其晶体结构是六方晶系。因此,氮化硅陶瓷化学稳定性好,硬度高,摩擦系数小,并具有自润滑性以及优异的电绝缘性能。尤其是其抗热振性是其他陶瓷材料所不能比的。在强度方面,由于热压氮化硅陶瓷比反应烧结氮化硅陶瓷气孔少,因而组织致密、强度高。反应烧结氮化硅可获得精度较高、形状复杂的制品。

反应烧结氮化硅陶瓷常用于制作耐磨、耐蚀、耐高温、绝缘的零件。如耐蚀水泵密封环、热电偶套管及高温轴承等。热压氮化硅陶瓷由于组织致密和高的强度,可用于制作燃气轮机转子叶片及转子发动机刮片、切削刀具等。

6. 氮化硼陶瓷

氮化硼陶瓷是将硼砂和尿素通过氮的等离子气体加热制成 BN(六方氮化硼的化学式)粉末,然后采用冷压法或热压法等制成。

氮化硼晶体属六方晶系,结构与石墨相似,故有"白石墨"之称。六方 BN 具有良好的耐热性,高温介电强度,是理想的高温绝缘材料和散热材料。还有良好的化学稳定性和自润滑性。

六方 BN 晶体用碱金属或碱土金属(如 Mg)为触媒,在 1500~2000℃、6000~9000MPa 下转变为立方 BN。立方 BN 晶格结构牢固,其硬度与金刚石相近,是优良的耐磨材料。

氮化硼陶瓷常用于制作半导体散热绝缘件,冶金用的高温容器和管道、高温轴承、玻璃制品的成型模具。

立方 BN 目前只用于磨料和金属切削刀具。高压型 BN 为立方晶系,硬度接近金刚石,用于磨料和金属切削刀具。

7. 氮化铝陶瓷

氮化铝是一种具有六方纤锌矿结构的共价晶体,呈白色或灰白色,无熔点,在 2200~2250℃ 升华分解。氮化铝是综合性能优良的新型先进陶瓷材料,具有优良高热导率、可靠的电绝缘性、低的介电常数和介电损耗、无毒以及与硅相匹配的线胀系数等系列优良特性,被认为是新一代高集成度半导体基片和电子器件封装的理想材料。

8. 碳化硅陶瓷

碳化硅是将石英、碳和木屑装在电弧炉里在 1900~2000℃ 的高温下合成的,与氮化硅一样是键能高而稳定的共价晶体。其成型方法有反应烧结法和热压烧结法两种。由于碳化硅表面有一层薄氧化膜,很难烧结,故需要添加烧结助剂来促进烧结,常加的烧结助剂有硼、碳、铝等。

碳化硅陶瓷的最大特点是高温强度高,在 1400℃ 时抗弯强度仍保持在 500~600MPa 的较高水平,故可用作耐火材料,如火箭喷嘴、浇铸金属用的喉管、热电偶套管、炉管、燃气轮机叶片及轴承等。碳化硅陶瓷有很好的耐磨损、耐腐蚀、抗蠕变性能,其热传导能力很强。

碳化硅的硬度很高,莫氏硬度为 9.2~9.5,显微硬度为 33400MPa,仅次于金刚石、立方氮化硼和碳化硼少数几种物质,是常用的磨料材料之一,用于制造砂轮和各种磨具。

碳化硅陶瓷的抗蠕变性能好,热稳定性好。它可用在火箭发动机尾气喷管、燃烧室内衬,还可以用于制造燃气轮机的轴承和叶片。

9. 碳化硼陶瓷

碳化硼晶体中,碳原子和硼原子的原子半径均很小,且很接近,所以具有强的共价键结合。碳化硼陶瓷的莫氏硬度为 9.3,是超硬材料,所以主要用于磨料和制作磨具。

碳化硼的熔点高,为 2350℃,密度低,仅为 $2.52g/cm^3$。它可以用来制造防弹衣或防弹装甲。

碳化硼的化学稳定性好,具有好的耐酸、耐碱的能力,能用来制造化工行业中的耐酸、耐碱零件。

10. 莫来石陶瓷

莫来石陶瓷是主晶相为莫来石的陶瓷的总称。莫来石陶瓷具有高的高温强度和良好的抗蠕变性能,低的热导率。高纯莫来石陶瓷韧性较低,不宜作为高温结构材料,主要用于 1000℃ 以上高温氧化气氛下工作的长喷嘴、炉管及热电偶套管等。

为了提高莫来石陶瓷的韧性,常加入 ZrO_2,形成氧化锆增韧莫来石

（ZTM），或加入 SiC 颗粒、晶须形成复相陶瓷。ZTM 具有较高的强度和韧性，可作为刀具材料或绝热发动机的某些零部件。

11. 赛隆陶瓷

赛隆陶瓷是在 Si_3N_4 中添加有一定量的 Al_2O_3、MgO、Y_2O_3 等氧化物形成的一种新型陶瓷。它具有很高的强度、优异的化学稳定性和耐磨性，抗热振性好。赛隆陶瓷主要用于切削刀具，金属挤压模内衬，与金属材料组成摩擦副，汽车上的针形阀、底盘定位销等。

12. 金属陶瓷

金属陶瓷是以金属氧化物（如 Al_2O_3、ZrO_2 等）或金属碳化物为主要成分，加入适量金属粉末，通过粉末冶金方法制成的具有某些金属性质的陶瓷。典型的金属陶瓷就是硬质合金。

二、功能陶瓷

具有热、电、声、光、磁、化学、生物等功能的陶瓷称为功能陶瓷。功能陶瓷大致可分为电功能陶瓷、磁功能陶瓷、光功能陶瓷、生化功能陶瓷等。下面就重要的展开介绍。

1. 铁电陶瓷

有些陶瓷的晶粒排列是不规则的，但在外电场作用下，不同取向的电畴开始转向电场方向，材料出现自发极化，在电场方向呈现一定电场强度，这类陶瓷称为铁电陶瓷，广泛应用的铁电材料有钛酸钡、钛酸铅、锆酸铝等。

铁电陶瓷应用最多的是铁电陶瓷电容器，还可用于制造压电元件、热释电元件、电光元件、电热器件等。

2. 压电陶瓷

铁电陶瓷在外加电场作用下出现宏观的压电效应，这样的陶瓷材料称为压电陶瓷。目前所用的压电陶瓷主要有钛酸钡、钛酸铅、锆酸铝、锆钛酸铅等。压电陶瓷在工业、国防及日常生活中应用十分广泛。如压电换能器、压电电动机、压电变压器、电声转换器件等。利用压电效应将机械能转换为电能或把电能转换为机械能的元件称为换能器。

3. 半导体陶瓷

导电性介于导电和绝缘介质之间的陶瓷材料称为半导体陶瓷，主要有钛酸钡陶瓷。钛酸钡陶瓷具有正电阻温度系数，应用非常广泛。如用于电动机、收录机、计算机、复印机、变压器、烘干机、暖风机、电烙铁、彩电消磁、燃料的发热体、阻风门、化油器、功率计、线路温度补偿等。

4. 氧化锆固体电解质陶瓷

ZrO_2 中加入 CaO、Y_2O_3 等后，提供了氧离子扩散的通道，所以氧化锆固体电解质陶瓷主要用于氧敏传感器和高温燃料电池的固体电解质。

5. 生物陶瓷

氧化铝陶瓷和氧化锆陶瓷与生物肌体有较好的相溶性,而且耐腐蚀性和耐磨性能都较好,因此常被用于生物体中承受载荷部位的矫形整修,如人造骨骼等。

表 11-1 为一些常用工程陶瓷材料的性能。

常用工程陶瓷材料的性能 表 11-1

类别	材料		密度 (g/cm^3)	抗弯强度 (MPa)	抗拉强度 (MPa)	抗压强度 (MPa)	断裂韧性 ($MPa \cdot m^{1/2}$)
普通陶瓷	普通工业陶瓷		2.2~2.5	65~85	26~36	460~680	—
	化工陶瓷		2.1~2.3	30~60	7~12	80~140	0.98~1.47
特种陶瓷	氧化铝陶瓷		3.2~3.9	250~490	140~150	1200~2500	4.5
	氮化硅陶瓷	反应烧结	2.20~2.27	200~340	141	1200	2.0~3.0
		热压烧结	3.25~3.35	900~1200	150~275	—	7.0~8.0
	碳化硅陶瓷	反应烧结	3.08~3.14	530~700	—	—	3.4~4.3
		热压烧结	3.17~3.32	500~1100	—	—	—
	氮化硼陶瓷		2.15~2.3	53~109	110	233~315	—
	立方氧化锆陶瓷		5.6	180	148.5	2100	2.4
	Y-TZP 陶瓷		5.94~6.10	1000	1570	—	10~15.3
	Y-PSZ 陶瓷(ZrO_2 + 3% $molY_2O_3$)		5.00	1400	—	—	9
	氧化镁陶瓷		3.0~3.6	160~280	60~98.5	780	—
	氧化铍陶瓷		2.9	150~200	97~130	800~1620	—
	莫来石陶瓷		2.79~2.88	128~147	58.8~78.5	687~883	2.45~3.43
	赛隆陶瓷		3.10~3.18	1000	—	—	5~7

习 题

1. 什么是陶瓷?陶瓷的组织是由哪些相组成的?它们对陶瓷改性有什么影响?
2. 简述陶瓷材料的力学性能、物理性能及化学性能。
3. 常用工程陶瓷有哪几种?有何应用?
4. 陶瓷的成型和制造工艺是什么?
5. 简述陶瓷材料大量广泛应用的原因是什么?通过什么方法进一步提高其性能、扩大其使用范围?

第 12 章
CHAPTER 12
复合材料

　　复合材料是由具有独立物理和化学性质的多个物理相组成的材料体系。这种材料不仅保留了组成材料的各自的优点，而且使各组成材料之间取长补短，共同协作，形成优于原组成材料的综合性能。

　　近几十年来，由于航空、运输和建筑等工业的迅速发展，特别是宇航等尖端技术的发展，对材料的性能提出了越来越高的要求，传统的单一材料无法满足要求，因而促进了复合材料的迅速发展。

12.1 复合材料的结构

复合材料的结构一般由基体和增强相组成,基体与增强相之间存在界面。

一、基体

基体是复合材料的主要组成部分,主要作用是利用其黏附特性,固定和黏附增强体,将复合材料所受的载荷传递并分布到增强相上。复合材料的基体可以是聚合物材料、无机非金属材料、金属材料等。

二、增强相

增强相是主要承载相,起着提高强度或韧性的作用。增强相的形态各异,有纤维状、颗粒状、片状等。在设计复合材料时,应根据性能要求选用合适的增强相。此外,增强相的大小、表面状态、体积分数及其在基体中的分布对复合材料的性能有着重要的影响,其作用还与增强体的类型、基体的性质密切相关。

三、界面

复合材料中的界面起到连接基体与增强相的作用,界面连接强度对复合材料的性能有很大的影响。基体与增强相之间的界面特性决定着基体与增强相之间结合力的大小。一般认为,基体与增强相之间结合力的大小应适度,其强度只要足以传递应力即可。结合力过小,增强体和基体间的界面在外在作用下易发生开裂;结合力过大,易使复合材料失去韧性。

复合材料的界面设计是复合材料研制的重要方面。应根据基体和增强体的性质来控制界面的状态,以获得适宜的界面结合。

12.2 复合材料的分类和特点

一、复合材料的分类

按照基体材料种类不同,复合材料可分为高聚物基复合材料、金属基复合材料、陶瓷基复合材料、碳基复合材料等。

按照增强相形态,复合材料可分为颗粒增强复合材料、纤维增强复合材料、层状复合材料、编织复合材料等。

按照使用性能,复合材料可分为结构复合材料和功能复合材料。结构复合材料是作为承载结构用的复合材料;而功能复合材料是具有某种特殊的物理或化学性能的复合材料。功能复合材料按其功能可分为导电、换能、磁性、阻尼、屏蔽等复合材料。

二、复合材料的特点

1. 抗疲劳性能好

大多数金属材料的疲劳极限是其抗拉强度的 40%~50%，而碳纤维增强的复合材料则可高达 70%~80%。这是因为复合材料中，基体和增强纤维间界面能够有效地阻止疲劳裂纹的扩展，因此，具有较高的疲劳极限。

2. 抗断裂性能强

纤维增强复合材料是由大量单根纤维合成，承载后即使有少量纤维断裂，载荷也会迅速重新分布，由未断裂的纤维承担，使构件不至于一时失去承载能力而断裂。这一现象表明复合材料抗断裂性能强，断裂安全性好。

3. 比强度和比模量高

复合材料突出的性能特点是比强度（抗拉强度/密度）与比模量（弹性模量/密度）比其他材料高得多。例如碳纤维增强环氧树脂复合材料的比强度为钢的 8 倍，比模量为钢的 3.5 倍。这对需要减轻自重而保持高强度和高刚度的结构件尤为重要。

4. 减振性能好

结构的自振频率除与结构本身的质量、形状有关外，还与材料比模量的平方根成正比，材料的比模量大，则其自振频率也高，可避免在工作状态下产生共振。纤维增强复合材料的自振频率高，同时，纤维与基体的界面具有吸振能力，阻尼很高，所以即使产生振动，也会很快衰减。

5. 高温性能好

由于增强纤维一般在高温下仍保持高的强度和弹性模量，所以用它们增强的复合材料的高温强度和弹性模量均较高，特别是金属基复合材料，通常具有好的高温性能。例如，一般铝合金其强度在 400℃ 时降至室温的 1/10 以下。而用石英玻璃增强铝基复合材料，在 500℃ 以下能保持室温强度的 40%。

6. 可设计性好

影响复合材料性能的因素很多，包括基体的成分，增强体的成分、形态、分布及含量，增强体与基体的界面结合情况，复合材料的结构及成型工艺等。通过调整上述因素，可按对材料性能的需要进行材料的设计和制造。

此外，复合材料还有其他特殊性能，如隔热性及特殊的电、光、磁等性能。但是，复合材料抗冲击性能差；横向强度和层间剪切强度低，成本也较高等。这些问题的解决，将会推动复合材料进一步发展和应用。

12.3 复合材料的增强机理和复合原则

根据增强相类型不同，复合材料的增强机理主要包括颗粒增强机理、纤维增强机理以及晶须增强机理。下面主要介绍前两种机理。

一、颗粒增强机理

颗粒增强复合材料是将粒子高度弥散地分布在基体中,使其阻碍导致塑性变形的位错运动(金属基体)或分子链运动(聚合物基体)。

根据颗粒增强机理,对基体和粒子有如下基本要求,作为复合原则。

(1)粒子与基体应有一定的结合强度。

(2)粒子增强的效果与粒子相的体积含量、分布和粒子直径有关。例如粒子的体积含量不应少于20%,否则达不到最佳的强化效果;粒子应均匀弥散分布在基体中,以起到均匀阻碍塑性变形的作用,从而提高了强度;当粒子直径为 $0.01 \sim 0.1 \mu m$ 时增强效果最好,这是由于粒子直径过小时,对金属基体中位错运动或高聚物的大分子链运动的阻碍作用会降低,而粒子直径过大时,则易引起应力集中。

二、纤维增强机理

在纤维增强复合材料中,纤维是材料主要承载组分,它不仅能使材料显示出较高的抗拉强度和刚性,而且能够减小收缩,提高热变形温度和低温冲击强度。相对于纤维而言,基体的强度和弹性模量很低,基体材料的作用主要是把增强体纤维黏结为整体,提高塑性和韧性,保护和固定纤维,使之能够协同发挥作用;当部分纤维产生裂纹时,基体能阻止裂纹扩展并改变裂纹扩展方向,将载荷迅速重新分布到其他纤维上,基体同时保护纤维不受腐蚀和机械损伤,并传递和承受切应力。

纤维增强复合材料中纤维的增强效果主要取决于纤维的特征、纤维与基体间的结合强度、纤维的体积分数、尺寸和分布。

根据纤维增强的机理,对基体和纤维有如下基本要求。

(1)纤维比基体有更高的强度和弹性模量,而基体必须有一定的塑性和韧性,以保护纤维,并阻止裂纹扩展。

(2)纤维和基体间应有适当的结合强度。结合强度过高则复合材料失去韧性,容易发生脆断,过低,则纤维不能承载,不能起到增强的作用。

(3)增强纤维必须有适当的含量、细而长的尺寸形状、与应力方向平行的分布,以获得好的增强效果。

(4)纤维和基体间的热膨胀系数要匹配,以免在冷热温度变化时削弱结合强度。

(5)纤维和基体间不能发生有害的化学反应,以免降低它们的性能。

12.4 常用复合材料

一、纤维增强复合材料

1. 纤维增强聚合物基复合材料

纤维增强聚合物基复合材料主要是纤维和树脂的复合。

(1) 玻璃纤维-树脂复合材料。

玻璃纤维-树脂复合材料是以玻璃纤维或玻璃纤维制品(如玻璃布、玻璃带、玻璃毡等)为增强材料,以合成树脂为基体材料制成。

玻璃纤维是由熔化的玻璃液以极快的速度控制形成细丝状玻璃,直径一般为 $5 \sim 9\mu m$。玻璃虽然呈脆性,但玻璃纤维质地柔软,比玻璃的强度和韧性高得多,纤维越细,强度越高。单丝抗拉强度高达 $1000 \sim 2500$MPa,比高强度钢约高两倍,比普通天然纤维高 $5 \sim 30$ 倍。玻璃纤维的弹性模量为 70×10^3MPa,约为钢的 $1/3$,而其相对密度为 $2.5 \sim 2.7 g/cm^3$,因此,它的比强度和比模量都比钢高。

玻璃纤维与热塑性树脂制成的复合材料称为玻璃纤维增强塑料。它比普通塑料具有更高强度和冲击韧性。其增强效果随所用树脂种类不同而异,以尼龙的增强效果最为显著,聚碳酸酯、聚乙烯、聚丙烯的增强效果也较好。

玻璃纤维与热固性树脂制成的复合材料,通常叫作玻璃钢。常用的树脂是环氧树脂、酚醛树脂、聚酯树脂及有机硅树脂等。玻璃钢的性能随着玻璃纤维和树脂的种类不同而异。其共同的特点是强度较高,强度指标接近或超过铝合金及铜合金。由于玻璃钢的相对密度小(为 $1.5 \sim 2$),因此它的比强度高于铝合金和铜合金,甚至超过合金钢。此外,玻璃钢还有较好的介电性能和耐蚀性能。但玻璃钢的弹性模量小,只有钢的 $1/5 \sim 1/10$,因此刚性差,易产生变形。此外,玻璃钢耐热性差,易老化等。玻璃钢常用于要求自重轻的受力结构件,如飞机、舰艇以及火箭上的高速运动的零部件,各类车辆的车身、驾驶室门窗、发动机舱盖、油箱以及齿轮泵、阀、轴承、压力容器等。

(2) 碳纤维-树脂复合材料。

碳纤维-树脂复合材料是由碳纤维与合成树脂复合而成的一类新型材料。目前用于制造碳纤维-树脂复合材料的合成树脂主要有热固性的酚醛树脂、环氧树脂、聚酯树脂和热塑性的聚四氟乙烯等。工业中生产碳纤维的原料多为聚丙烯腈纤维,经预氧化处理、碳化处理工艺而制得高强度碳纤维(即Ⅱ型碳纤维),或再经石墨化处理而获得高弹性模量、高强度的石墨纤维,又称高模量碳纤维(即Ⅰ型碳纤维)。

从基体看碳纤维-树脂复合材料与玻璃钢相似,而碳纤维-树脂复合材料的许多性能优于玻璃钢,其关键是碳纤维。碳纤维与玻璃纤维相比,相对密度更小,弹性模量比玻璃纤维高 $4 \sim 5$ 倍,强度也略高,因此比模量和比强度均优于玻璃纤维,并有较好的高温性能。碳纤维-树脂复合材料不仅保留了玻璃钢的许多优点,而且某些特性远远超过玻璃钢。

碳纤维-树脂复合材料在宇航、航空、航海等领域内可作为结构材料,取代或部分取代某些金属或其他非金属材料,用来制造某些要求比强度、比模量高的零部件。在机械工业中,用作承载零件(如连杆)和耐磨零件(如活塞、密封圈)以及齿轮、轴承等承载耐磨零件。还可用作有耐腐蚀要求的容器、管道、泵、阀等。

(3) 芳纶纤维-树脂复合材料

芳纶纤维诞生于 20 世纪 60 年代末,由聚对苯二甲酰对苯二胺纺丝制备而成,具有超高强度、高弹性模量和耐高温、耐酸、耐碱、质量轻等优良性能,并具有优异的韧性、抗冲击性、抗蠕变性和耐疲劳性。芳纶纤维是一种热塑性聚合物,但其耐烧蚀性、耐高温性要远高于一般的高分子材料,机体间的相溶性要优于碳纤维和玻璃纤维。最常见的是环氧树脂和芳纶纤维组成的复合材料,其主要性能特点是抗拉强度较高、延展性好,耐冲击性超过碳纤维增强塑料,有优良的抗疲劳性能和减振性,一般用通常用于制造飞机机身、雷达天线罩、轻型舰船等。

2. 纤维增强金属基复合材料

纤维增强金属基复合材料通常是由低强度、高韧性的基体与高强度、高弹性模量的纤维组成的。常用的纤维有硼纤维、碳化硅纤维、碳纤维、氧化铝纤维、钙纤维、钢丝等,装备结构常用的是铝基复合材料。下面就主要的纤维增强金属基复合材料加以介绍。

(1)碳纤维增强金属基复合材料。碳纤维-铝复合材料具有高比强度和比模量、较高的耐磨性、较好的导热性和导电性、较小的热膨胀和尺寸变化。碳纤维-铝复合材料在宇航和军事方面得到应用。例如,采用碳纤维-铝复合材料制造的卫星用波导管具有良好的刚性和极低的热膨胀系数,比原碳纤维-环氧树脂复合材料轻30%。

(2)氧化铝纤维增强金属基复合材料。氧化铝纤维-铝复合材料具有高比强度和比模量、高疲劳强度及高耐蚀性,因此,在飞机、汽车工业上得到应用。

(3)碳化硅纤维增强金属基复合材料。碳化硅纤维是一种高熔点、高强度、高弹性模量的陶瓷纤维。它以碳纤维做底丝,用二甲基二氯硅烷结反应生成聚硅烷,经聚合生成聚碳硅烷纺丝,再烧结产生碳化硅纤维。

由于尼可纶的密度与铝十分相近,因此能容易地制造非常稳定的复合材料,并且强度较高,在400℃以下随着温度的升高,碳化硅纤维尼可纶-铝复合材料强度降低也不大,可作为飞机材料。

(4)硼纤维增强金属基复合材料。硼纤维-铝复合材料具有高比强度和比模量,因此在飞机部件、喷气发动机、火箭发动机上得以应用。早在20世纪70年代,美国就把硼纤维-铝复合材料用到航天飞机轨道器主骨架上,比原设计的铝合金主骨架减重44%。这种复合材料用于航空发动机风扇和压气机叶片、飞机和卫星构件,减重效果达20%~60%。

3. 纤维增强陶瓷基复合材料

在陶瓷材料中加入增强纤维,能够大幅度提高陶瓷的强度,改善韧性并提高使用温度。由碳纤维或石墨纤维与陶瓷组成的复合材料能大幅度地提高陶瓷的冲击韧性和防热、防振性,降低陶瓷的脆性,而陶瓷又能保持碳(或石墨)纤维在高温下不被氧化,因而具有很高的高温强度和弹性模量。例如,碳纤维-氮化硅复合材料可在1400℃温度下长期使用,用于制造飞机发动机叶片;碳纤维-石英陶瓷复合材料,冲击韧性比烧结石英陶瓷大40倍,抗弯强度大5~12倍,比强度、比模量成倍提高,能承受1200~1500℃高温气流冲击,是一种很有发展前途的新型复合材料。

二、颗粒增强复合材料

颗粒增强复合材料是由一种或多种材料的颗粒均匀分散在基体材料内所组成的材料,包括颗粒增强金属基复合材料、颗粒增强陶瓷基复合材料等。

(1)颗粒增强金属基复合材料。

颗粒增强金属基复合材料是由一种或多种陶瓷颗粒或金属基颗粒增强相与金属基体组成的先进复合材料。此种材料一般选择具有高模量、高强度、高耐磨和良好的高温性能,并且在物理化学上与机体相匹配的颗粒为增强相,通常为碳化硅、氧化铝、硼化铁等陶瓷颗粒,有时也用金属颗粒作为增强相。

(2)颗粒增强陶瓷基复合材料。

在制备颗粒增强陶瓷基复合材料时只需将增强颗粒(SiC、TiC 等)分散后与基体粉末混合均匀,然后对混合好的粉末进行热压烧结,即可制得致密的颗粒增强陶瓷基复合材料。目前,这些复合材料已广泛用来制造刀具。

三、层状复合材料

层状复合材料是由两层或两层以上不同材料结合而成。其目的是更有效地发挥各分层材料的最佳性能而得到更为有用的材料。用层叠法增强的复合材料可使强度、刚度、耐磨、耐腐蚀、绝热、隔音等性能得到改善。常用的层叠复合材料有双层金属或三层金属复合材料、塑料-金属多层复合材料、夹层结构复合材料等。

最典型的双层金属或三层金属复合材料是合金钢与普通钢复合钢板、锡基轴承合金等。

塑料-金属多层复合材料常用于制作自润滑轴承,如 SF 型三层复合材料是以钢为基体,烧结铜网或铜球为中间层,塑料为表面层的自润滑材料。

夹层结构复合材料是由两层薄而强的面板(或称蒙皮),中间夹着一层轻而弱的芯子组成的。面板(金属、玻璃钢、增强塑料等)在夹层结构中主要起抗拉和抗压作用。夹芯结构(实芯或蜂窝格子)起着支承面板和传递剪力的作用。常用的实心芯子为泡沫塑料、木屑等,蜂窝格子常用金属箔、玻璃钢等。面板与芯子的连接,一般采用胶黏剂胶结或焊接方法连接起来。夹层结构的特点是相对密度小、比强度高,刚度和抗压稳定性好,以及可根据需要选配面板和芯子材料,以获得所需要的绝热、隔音,绝缘等性能。该材料已用于飞机上的天线罩、隔板,火车车厢、运输容器等方面。

四、碳/碳复合材料

碳纤维增强碳元素的复合材料称为碳/碳复合材料,它几乎 100% 由碳元素组成,是一种新型特种工程材料。碳/碳复合材料强度、刚度都相当好,有极好的耐热冲击能力,温度从 1000℃ 升高到 2000℃,强度反而呈上升趋势,化学稳定性好。由于其造价高,主要用于一般复合材料不能胜任的场合,如刹车片、重返大气层的导弹外壳、火箭及超音速飞机的鼻锥、喉衬、石化工业的各种反应器等。碳/碳复合材料的缺点是抗氧化性能差,需对其表面进行抗氧化处理。

表12-1总结了部分复合材料的主要特点和用途。

部分复合材料的主要特点和用途　　　　　　　　　　　　　　表12-1

名称	详解	类别
玻璃纤维复合(包括织物,如布、带)	热固性树脂与纤维复合后,抗拉、抗弯、抗压、抗冲击等强度提高,脆性降低,收缩减小。 热塑性树脂与纤维复合后,抗拉、抗弯、拉压、弹性模量、抗蠕变性能均提高,热变形温度显著上升,冲击强度有所下降,缺口敏感性改善。 主要用于减摩、耐磨及一般机械零件、密封件、仪器仪表零件、管道泵阀、汽车及船舶壳体、槽车等	细粒复合材料
碳纤维、石墨纤维复合(包括织物,如布、带)	碳与树脂复合、碳-碳复合、碳-金属复合、碳-陶瓷复合等,其比强度、比模量高,线胀系数小,耐摩擦、磨损和自润滑性能好。 在航空、宇航及原子能等工业中用于压气机叶片、发动机壳体、轴瓦、齿轮等。 硼与环氧树脂复合,用于飞机结构件,可减轻质量25%~40%	
硼纤维复合	硼与环氧树脂复合,用于飞机结构件,可减轻质量25%~40%	
晶须复合(包括自增强纤维复合)	晶须是单向晶体,无一般材料的空穴、位错等缺陷,机械强度特别高,有Al_2O_3、SiC、AlN等晶须。 用晶须毡与环氧树脂复合的层压板,抗弯模量可达70000MPa,可用于涡轮叶片	层叠复合材料
石棉纤维复合(包括织物,如布、带)	具有良好的抗拉强度和抗热振性,同时还具有优良的耐热、绝缘和耐化学腐蚀等特性。 有温石棉及闪石棉,前者不耐酸,后者耐酸、较脆。 与树脂复合用于密封件、制动件、绝热材料等	
植物纤维复合(包括木板单板、纸、棉布、带等)	木纤维或棉纤维与树脂复合而成的层压纸板、层布板,用于电器绝缘、轴承	骨架复合材料
合成纤维复合	合成纤维复合材料的特点主要包括高强度、耐磨性、耐腐蚀性以及良好的物理和化学性能。 少量尼龙或聚丙烯腈纤维加入水泥,可大幅度提高冲击强度	

习　题

1. 名词解释。
单体:
链节:
聚合度:
加聚反应:
缩聚反应:

热固性：

热塑性：

高聚物的老化：

2. 什么是复合材料？有哪些种类？其性能有什么特点？

3. 高聚物有哪几种聚集状态？对高聚物的性能有何影响？

4. 热固性塑料和热塑性塑料在性能上有何区别？要求耐热性好的应选用何种塑料？

5. 列举几个常用的复合材料并简述其性能。

6. 简述常用纤维增强金属基复合材料的性能特点及应用。

7. 简述复合材料的增强机理与复合原则。

参考文献

[1] 徐自立,夏露. 工程材料[M]. 2版. 武汉:华中科技大学出版社,2020.
[2] 刘新佳,姜世航,姜银方. 工程材料[M]. 2版. 北京:化学工业出版社,2012.
[3] 沈莲. 机械工程材料[M]. 5版. 北京:机械工业出版社,2024.
[4] 石德珂,王红洁. 材料科学基础[M]. 3版. 北京:机械工业出版社,2020.
[5] 闫康平,吉华,罗春晖. 工程材料[M]. 3版. 北京:化学工业出版社,2017.
[6] 江树勇. 工程材料[M]. 北京:高等教育出版社,2010.
[7] 朱征. 机械工程材料[M]. 2版. 北京:国防工业出版社,2011.
[8] 王章忠. 机械工程材料[M]. 3版. 北京:机械工业出版社,2018.
[9] 王忠. 机械工程材料[M]. 2版. 北京:清华大学出版社,2009.
[10] 戴起勋. 金属材料学[M]. 3版. 北京:化学工业出版社,2011.
[11] 赵品,谢辅洲,孙振国. 材料科学基础教程[M]. 哈尔滨:哈尔滨工业大学出版社,2015.
[12] 齐民,王伟强. 机械工程材料[M]. 11版. 大连:大连理工大学出版社,2022.
[13] 韩永生. 工程材料性能与应用[M]. 北京:化学工业出版社,2004.
[14] 周玉. 材料分析测试技术:材料X射线衍射与电子显微分析[M]. 2版. 哈尔滨:哈尔滨工业大学出版社,2007.
[15] 江树勇. 工程材料[M]. 北京:高等教育出版社,2010.
[16] 刘云. 工程材料应用基础[M]. 2版. 北京:国防工业出版社,2011.
[17] 崔忠圻,覃耀春. 金属学与热处理[M]. 3版. 北京:机械工业出版社,2020.
[18] 蒲永峰,梁耀能. 机械工程材料[M]. 北京:北京交通大学出版社,2005.
[19] 安继儒,刘耀恒. 实用有色金属材料手册[M]. 北京:化学工业出版社,2008.
[20] 全国有色金属标准化技术委员会. 钛及钛合金牌号和化学成分:GB/T 3620.1—2016[S]. 北京:中国标准出版社,2017.
[21] 丁厚福,王立人. 工程材料[M]. 武汉:武汉理工大学出版社,2001.